电磁测深勘探多分量资料处理

苏朱刘　著

国家重大科技专项“稠油火驱提高采收率技术研究与应用”
(2016ZX05012-003)　　资助

科学出版社
北　京

内 容 简 介

本书基于人工源电磁测深法五个单独电场和磁场分量的研究，归纳总结相关电磁分支方法并形成统一的资料处理流程。主要内容包括“全区”和“全期”视电阻率的定义和计算，电场水平分量“几何测深态”的特殊处理手段，正演修正法一维反演(含初始模型构造法)，降维单参数法二维反演，人工源电磁测深法与大地电磁测深法的关联性及相互转换方法，频率域和时间域五分量的二维近似正、反演方法，复视电阻率法激发极化和电磁效应的分离及二维反演技术，有限长线源和张量源勘探策略下实用资料处理技术。本书部分插图配有彩图二维码，见封底。

本书可供从事电磁测深法的科研工作者和电磁勘察生产技术人员参考阅读，也可作为地球物理学、地球探测与信息技术、环境和工程地球物理等专业研究生和本科生的参考书。

图书在版编目（CIP）数据

电磁测深勘探多分量资料处理/苏朱刘著．—北京：科学出版社，2020.8

ISBN 978-7-03-065746-6

Ⅰ．①电…　Ⅱ．①苏…　Ⅲ．①电磁法勘探－测深　Ⅳ．①P631.3

中国版本图书馆 CIP 数据核字（2020）第 135020 号

责任编辑：何　念　赵　颖／责任校对：彭珍珍

责任印制：张　伟／封面设计：图阅盛世

科学出版社 出版

北京东黄城根北街 16 号

邮政编码：100717

http://www.sciencep.com

北京凌奇印刷有限责任公司 印刷

科学出版社发行　各地新华书店经销

*

2020 年 8 月第　一　版　开本：787 × 1092　1/16

2022 年 2 月第二次印刷　印张：12 1/2

字数：293 000

定价：118.00 元

（如有印装质量问题，我社负责调换）

前　　言

人工源电磁测深法涉及频率域和时间域五个分量(两个水平电场、两个水平磁场和一个垂直磁场)的测量。鉴于电磁测深方法种类庞杂，资料处理方式也很多，本书试图将各种单列的电磁分支方法(可控源音频大地电磁测深法、长偏移距瞬变电磁测深法、复视电阻率法、直流垂向电测深法等)统一归纳在人工源电磁测深法的框架之内。天然平面波场源的大地电磁测深法在数学上可等效为收发距为无穷远的可控源音频大地电磁测深法，故一并予以讨论。

人工源电磁测深法资料处理的主要难点来源于有限长线源(间或采用张量源)、变动长度的收发距、各场分量测量带有方位角、频率域和时间域两种激发方式等因素。因此，其资料处理相比天然平面波场源的大地电磁测深法更趋于复杂化。视电阻率的定义和计算，及正、反演方法是人工源电磁测深法资料处理的技术关键。而精细研究均匀半空间和一维介质中五个分量的特性则是解决这些技术关键的基础，是打开人工源电磁测深诸方法之门的一把总钥匙。考虑到人工源电磁测深法的最终目的是反演，工程单位更多地关注其实用功能，本书力图给出完整的、数值化的和现实可行的资料处理方法。

本书主要讨论人工源电磁测深法各分支方法的理论统一和归类、视电阻率定义和计算、“远区、近区”和“早期、晚期”问题的处置、电场水平分量“几何测深态”分析、反演初始模型的构造、频率域和时间域二维正反演、复视电阻率法激发极化效应的分离、有限长线源和张量源勘探策略及其资料处理、人工源方法与大地电磁测深法的关联性分析、实现三维的全方位和大小收发距全覆盖人工源电磁测深法勘探的可行性分析等方面的问题。

本书是我近年来研究工作的总结，大部分内容为首次公开，其中部分内容为已被授权和正在申请的专利技术，所陈述的理论和方法体系按章节顺序继承和演进，是不可分割的整体。本书注重公式和方法的实用性，省略经典和基础理论公式的演变及推导过程。书中的图是由我开发的相应资料处理、正演、反演软件绘制的。期待本书能起到“抛砖引玉”的作用。

感谢我的妻子鲍恨英女士在本书写作期间所做的各方面协助，感谢女儿苏颖的理解和支持。由衷地感谢我在长江大学地球物理与石油资源学院的同事多年来相互间有深度和广度的学术讨论和思想启发。同时，对中国地质大学罗延钟教授和陈乐寿教授、同济大学王家林教授和吴健生教授、中南大学戴世坤教授等给予的指教和鼓励表示诚挚的谢意。此外，感谢中国石油天然气股份有限公司新疆油田分公司霍进先生、中国石油化工股份有限公司南方勘探分公司陈高先生、北京勘察技术工程有限公司赵金水先生、安徽省勘察技术院许传建先生、中石化石油工程地球物理有限公司江汉分公司陈孝雄先生和张忠坡先生等长期以来与我就电磁勘探理论和实践结合点所展开的十分有益的讨论，他们的实践经验给本书的写作提供了极大的启发。

由于水平有限，疏漏之处在所难免，也请读者批评指正！另外，本书所涉及的处理和反演技术均有相对应的配套软件，有需求者请发送邮件至 1539212418@qq.com。

苏朱刘

2019 年 8 月 27 日于武汉蔡甸

目　录

第 1 章　电磁测深勘探方法综述

本章首先给出电磁测深法的电磁场基本方程，并试图将常用的电磁测深各分支方法归入统一的框架内进行描述;然后在均匀半空间电磁场五个分量的解析解的分析基础上，阐述水平层状大地中电磁分量的一维正演数值计算方法。

1.1　电磁测深方法中电磁场基本方程

电磁测深方法以麦克斯韦方程组(陈重和崔正勤，2002)为理论基础，分频率域和时间域两种情形，基于有损耗介质背景，以忽略位移电流而不忽略电磁感应的似稳场为研究对象。

1.1.1　时间域波动方程

麦克斯韦方程组描述了电磁场最基本的规律，在时间域的表达式(陈乐寿 等，1989)为

$$\begin{cases} \nabla\times\boldsymbol{E}=-\dfrac{\partial\boldsymbol{B}}{\partial t} \\ \nabla\times\boldsymbol{H}=\boldsymbol{J}+\dfrac{\partial\boldsymbol{D}}{\partial t}+\boldsymbol{J}_0 \\ \nabla\cdot\boldsymbol{B}=0 \\ \nabla\cdot\boldsymbol{D}=Q \end{cases} \tag{1.1}$$

式中：$\boldsymbol{E}$ 为电场强度，V/m；$\boldsymbol{B}$ 为磁感应强度，$\mathrm{Wb/m^3}$；$\boldsymbol{H}$ 为磁场强度，A/m；$\boldsymbol{J}$ 为电流密度，$\mathrm{A/m^2}$；$\boldsymbol{D}$ 为电感应强度，$\mathrm{C/m^2}$；$\boldsymbol{J}_0$ 为人工加载的一次场源的电流密度，$\mathrm{A/m^2}$；Q 为自由电荷密度，$\mathrm{C/m^3}$；。

对于线性和各向同性介质，物质方程(本构关系)为

$$\boldsymbol{J}=\sigma\boldsymbol{E},\quad \boldsymbol{B}=\mu\boldsymbol{H},\quad \boldsymbol{D}=\varepsilon\boldsymbol{E} \tag{1.2}$$

式中：σ 为介质电导率，S/m；介质电阻率 $\rho=1/\sigma$，$\Omega\cdot\mathrm{m}$；$\mu=\mu_\mathrm{r}\mu_0$ 为介质磁导率，H/m；$\varepsilon=\varepsilon_\mathrm{r}\varepsilon_0$ 为介质介电常数，F/m；μ_r 为介质相对磁导率，无量纲；ε_r 为介质相对介电常数，无量纲；真空中的磁导率 $\mu_0=4\pi\times10^{-7}\,\mathrm{H/m}$；真空中的介电常数 $\varepsilon_0=8.85\times10^{-12}\,\mathrm{F/m}$。如无特别指出，取 $\varepsilon=\varepsilon_0$ 和 $\mu=\mu_0$。

在各向同性分区均匀的导电介质中，麦克斯韦方程组的表达式为

$$\begin{cases}\nabla\times\boldsymbol{E}=-\dfrac{\partial\boldsymbol{B}}{\partial t}\\ \nabla\times\boldsymbol{H}=\sigma\boldsymbol{E}+\dfrac{\partial\boldsymbol{D}}{\partial t}\\ \nabla\cdot\boldsymbol{H}=0\\ \nabla\cdot\boldsymbol{E}=0\end{cases}\tag{1.3}$$

若令

$$\begin{cases}\boldsymbol{H}=\nabla\times\boldsymbol{A}\\ \nabla\cdot\boldsymbol{A}+\sigma\varPhi+\varepsilon\dfrac{\partial\varPhi}{\partial t}=0\end{cases}\tag{1.4}$$

则可得电磁场矢量位 $\boldsymbol{A}$、标量位 $\boldsymbol{\varPhi}$、磁感应强度 $\boldsymbol{B}$、电场强度 $\boldsymbol{E}$ 和电流密度 $\boldsymbol{J}$ 所满足的同一形式的波动方程：

$$\begin{cases}\nabla^2\boldsymbol{\varTheta}=\mu\sigma\dfrac{\partial\boldsymbol{\varTheta}}{\partial t}+\mu\varepsilon\dfrac{\partial^2\boldsymbol{\varTheta}}{\partial t^2}\\ \boldsymbol{\varTheta}=\boldsymbol{A},\boldsymbol{\varPhi},\boldsymbol{B},\boldsymbol{E},\boldsymbol{J}\end{cases}\tag{1.5}$$

1.1.2 频率域波动方程

假定谐变因子取 $\mathrm{e}^{-\mathrm{i}\omega t}$，频率域波动方程(陈乐寿 等，1989)为

$$\begin{cases}\nabla^2\boldsymbol{\varTheta}=k^2\boldsymbol{\varTheta}\\ k^2=-\mathrm{i}\omega\mu\sigma-\omega^2\mu\varepsilon\end{cases}\tag{1.6}$$

式中：$\mathrm{i}=\sqrt{-1}$；k 为复波数，在大部分的电磁测深法中，考察似稳场，有

$$k^2\approx-\mathrm{i}\mu\omega\sigma\tag{1.7}$$

后文只涉及标量的电磁场五个分量(可能为复数)，将不再出现矢量的电磁场量。

1.2 电磁测深方法的统一表述

电磁测深方法的分支繁多，归类不易。以人工源电偶极子源激发时地球表面上电磁场五个分量为切入点，尽可能将已有的各电磁分支方法纳入统一的架构内。这将有益于理解常用的电磁分支方法的本质和建立系统的资料处理反演体系。

1.2.1 人工源电磁测深法总论

将人工源激发，在地面观测包括两个水平电场分量 E_x 和 E_y、两个水平磁场分量 H_x 和 H_y，及一个垂直磁场分量 H_z 等五个电磁场量的方法，统称为人工源电磁测深法(artificial source electromagnetic method，ASEM)[图 1.1，取直角坐标系 (x,y,z)]。激发源可以是电偶极子也可以是磁偶极子。本书将主要讨论电偶极子源的情况。

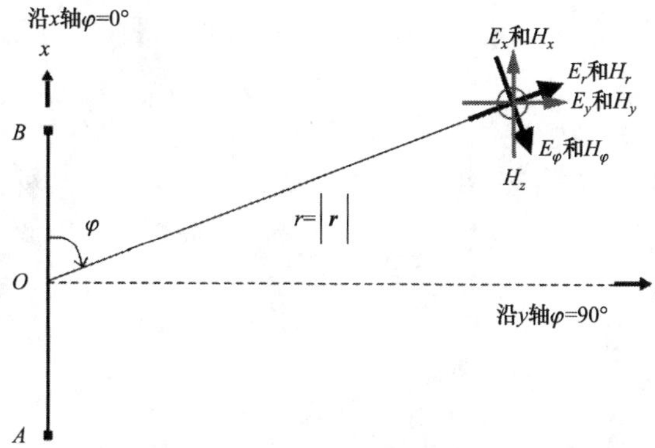

图 1.1　人工源电磁测深法五分量观测野外布置简图(直角坐标系)

涉及的参数和物理量有：$P_E = IL$ 为发射电偶极子极矩，A · m；I 为供电电流强度振幅，A；L 为发射电偶极子 AB 长度(当 L 很小时，发射源看成电偶极子；当 L 比较大时，发射源为有限长线源)，m；φ 为发射电偶极子方向与电偶极子中心点和接收点连线之间的夹角(简称方位角)，(°)；$r=|\boldsymbol{r}|$ 为收发距(偏移距)，m；Δx 和 Δy 为电场测量时的接收偶极距，m；s 为接收线圈面积，m^2；n 为接收线圈匝数；sn 为磁探头的有效接收面积，m^2，对三个磁分量探头，sn 可能是不同的。

在频率域，电磁场五个分量均为 ω (圆频率，Hz)的函数，记为 $E_x(\omega)$、$E_y(\omega)$、$H_x(\omega)$、$H_y(\omega)$和 $H_z(\omega)$；$\omega=2\pi f$ (f 为频率，Hz)。有时称圆频率为频率。各场量的下标表示对应场量的测量方向。在时间域，电磁场五个分量均为 t (延迟时间，s)的函数，记为 $e_x(t)$、$e_y(t)$、$h'_x(t)$ 、$h'_y(t)$ 和 $h'_z(t)$ 。

实际直接测量的物理量是电位差ΔU_x和ΔU_y，V；感应电动势ε_x、ε_y和ε_z，V。

在频率域(ΔU_x、ΔU_y、ε_x、ε_y和ε_z均为复数)：

$$\begin{cases} E_{x,y}(\omega) \cong \dfrac{\Delta U_{x,y}(\omega)}{\Delta x, y} \\ H_{x,y,z}(\omega) = \dfrac{B_{x,y,z}(\omega)}{\mu} = \dfrac{\varepsilon_{x,y,z}(\omega)}{-\mathrm{i}\omega\mu \cdot sn} \end{cases} \tag{1.8}$$

在时间域(ΔU_x、ΔU_y、ε_x、ε_y和ε_z均为实数)：

$$\begin{cases} e_{x,y}(t) \cong \dfrac{\Delta U_{x,y}(t)}{\Delta x, y} \\ \dfrac{\partial h_{x,y,z}(t)}{\partial t} = \dfrac{1}{\mu}\dfrac{\partial B_{x,y,z}(t)}{\partial t} = \dfrac{\varepsilon_{x,y,z}(t)}{\mu \cdot sn} = h'_{x,y,z}(t) \end{cases} \tag{1.9}$$

可以在频率域或时间域测量五个分量中的一个或某几个。

为处理方便，可以利用电磁场的径向($\boldsymbol{r}, r=|\boldsymbol{r}|$)和法向(φ)分量[取圆柱坐标系(r,φ,z)]：W_r 和 W_φ 。由于布设探测器比在直角坐标系中要麻烦，通常不会直接测量这两个分量，而是由直角坐标分量间接转换而得，其相互转换计算公式为

$$\begin{cases} W_r = W_x \cos\varphi + W_y \sin\varphi \\ W_\varphi = -W_x \sin\varphi + W_y \cos\varphi \end{cases} \tag{1.10}$$

式中：W 代表水平电场或水平磁场。一般地，转换的数据质量低于直接测量的数据质量。径向($\boldsymbol{r}$)和法向(φ)分量有其一定的优越性，参见第 2 章和第 5 章。

人工源电偶极子通常采用接地方式对地层馈入电流(李金铭，2005)。频率域一般采用正弦波，时间域采用垂直阶跃波。垂直阶跃波(图 1.2)可以有多种占空比，本书讨论占空比为 1∶1(不过零方波)和 1∶1∶1∶1(过零方波)两种方式。因此，时间域瞬变电磁测深法(time domain electromagnetic method，TEM)通常模糊地称为瞬变电磁法(transient electromagnetic method，TEM)。

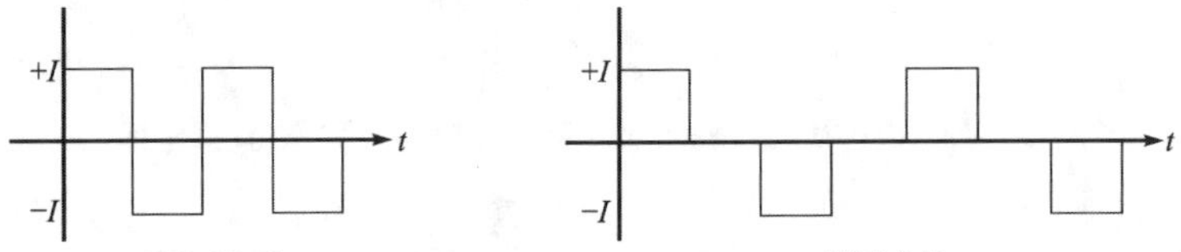

图 1.2 人工源电磁测深法时间域发射源垂直阶跃波波形图

大部分人工源电磁测深分支方法都可由此演变而来，即可视为五分量人工源电磁测深法的特例。下面对可控源音频大地电磁测深法、长偏移距瞬变电磁测深法、大地电磁测深法、复视电阻率法、直流垂向电测深法、中心回线方式和大回线方式瞬变电磁测深法、有偏移距的回线-回线方式瞬变电磁测深法等做简要描述，并指出各自在人工源电磁测深法框架中的地位。

1.2.2 可控源音频大地电磁测深法

可控源音频大地电磁测深法(controlled source audio-frequency magnetotelluric method，CSAMT)(汤井田和何继善，2005)在频率域(频率通常为 0.000 01～100 kHz)测量 $E_x(\omega)$、$E_y(\omega)$、$H_x(\omega)$和 $H_y(\omega)$四个分量，工作区域为供电装置 AB(有限长电偶极子)的两侧几千米以外，$60° < \varphi < 120°$的扇形区域。这个区域的限定是为了尽可能使测区处于“远区”、有较强的总场信号、避开场量的零值点陷阱、一般处理上的方便等。间或附加有垂直磁场分量 $H_z(\omega)$的测量。在不记录场源信息的情况下，研究电场分量和磁场分量的比值，以消除场源项和估算出阻抗，本书根据卡尼亚定义计算视电阻率(朴化荣，1990)；在记录有场源信息的情况下，可以分别对各个分量进行单独处理，且不存在“近区效应”问题。

1.2.3 长偏移距瞬变电磁测深法

长偏移距瞬变电磁测深法(long offset transient electromagnetic method，LOTEM)也称建场法(Strack et al.，1990)。在时间域测量 $\varepsilon_z(t)$后按式(1.9)换算出磁场垂直分量的一次时间导数。在供电装置 AB(长 1～2 km 的电偶极子)的两侧 5～20 km 以外分布在赤道方向的一个扇形区域进行观测。这个区域的限定是为了尽可能在测区获取“早期”和较强的场信号。考虑到垂直磁探头的设计和性能的优势、垂直磁场分量静态位移影响小的特点，这种方法获得广泛应用。

1.2.4　大地电磁测深法

大地电磁测深法(magnetotelluric method，MT)为天然场源的频率域方法(陈乐寿和王光锷，1990)。利用高空垂直入射的天然交变电磁波(0.001～1000 Hz)为激励场源，通过在地表观测相互正交的电场和磁场来研究地下介质的电性结构，测量 $E_x(\omega)$、$E_y(\omega)$、$H_x(\omega)$和 $H_y(\omega)$四个分量，有时也附加对垂直磁场分量的测量。场源是混频的，且场源强度具有随机性(陈乐寿和王光锷，1990)。大地电磁数据处理流程是：对观测记录的五个分量的原始时间序列数据作频谱分析，获得各个场分量的频谱，然后计算它们各自的和相互之间的自功率谱和互功率谱，进而计算反映地下构造的张量阻抗，以及视电阻率和阻抗相位等其他参数。

MT 进入地层的入射场源近似为平面波，因此其观测区域是不受束缚的。由于无法记录场源信息，为避开入射场强度项，仅能研究电场分量和磁场分量的比值，或水平磁场与垂直磁场的比值。

为了提高对地层的横向分辨能力，将 MT 的测点距设置成恰当小的数值(通常为 100～200 m)，即为电磁阵列剖面法(electromagnetic array profiling，EMAP)(Bostick，1986)或同步阵列大地电磁测深法(synchronous array magnetotelluric method，SAMT)(Su et al.，1997)。

进入地层的入射场源近似为平面波，因此 MT 数学形式上相当于 CSAMT 的供电装置处于无穷远($r\to\infty$)的极限情况(等效于将 CSAMT 的人工源替换成 MT 中的天然大地电磁源信号)。换言之，足够长收发距的 CSAMT 与 MT 的响应渐近地趋于一致。基于它的重要性质及其推论，尽管本书仅限于研究人工源电磁测深法，但却给 MT 的研究以相当的篇幅。事实上，如第 2 章和第 4 章中一系列研究表明，关于人工源电磁测深法的诸多议题恰好是企图将人工源方法的问题映射或转化为平面波场源方法的问题。

特别要指出的是，MT 测量时不能同时进行非无穷远收发距的人工源电磁测深法(如 CSAMT)测量，但人工源电磁测深法(如 CSAMT)观测时却无法避免 MT 信号的存在。

图 1.3 一般用于反映全球天然电、磁场强度平均振幅特征。人工源勘探常要将测点处的场值与此图作比对，特定工区具体时间段的天然场可在不加载人工源时得到(空采)。增加接收线圈的匝数和面积、增大接收电极距并不能增强分离人工场和天然场的能力。但

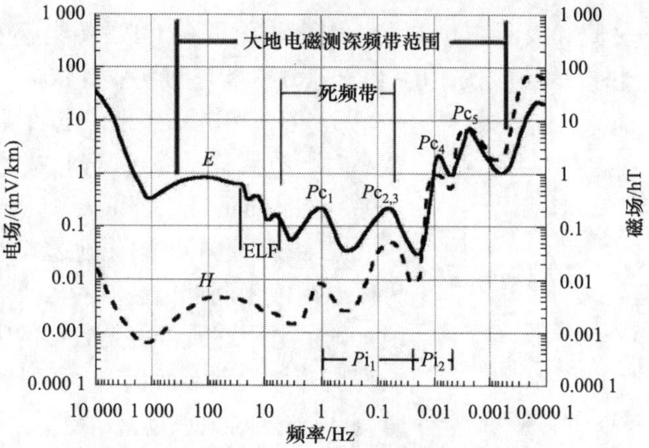

图 1.3　全球天然电、磁场强度平均振幅特征

也存在诸如将激励信号由双极性方波换成伪随机编码(pseudo-random binary sequences，PRBS)信号(张建国 等，2014)的另类方法。

1.2.5 复视电阻率法

复视电阻率(complex apparent resistivity，CR)法，也称为谱激电法，为频率域人工源方法(刘崧，1998；傅良魁，1982)。在地面采用偶极(供电极 *AB*)-偶极(测量极 *MN*)装置，扫频(通常为低频段)观测电场 x 方向水平分量，复视电阻率法被认为是一种高密度几何测深方法。其测点放置在发射源(*AB* 供电装置)的延伸线上(偶极轴方向)，因此复视电阻率法是人工源五分量电磁测深法中取方位角 $\varphi=0°$时的特例。当供电和测量的电极距相等时，即为标准的偶极-偶极装置。若设置多个不同分离距的供电(*AB*)和测量(*MN*)装置，且同时沿测线移动，记录场源信息，则具有了频率测深和几何测深两种功能。频率测深功能通过改变频率而实现(事实上每道电场都含有一定带宽的频谱数据，其频率测深能力毋庸置疑)，几何测深功能则通过改变分离距而实现。

所测得的频谱中包含了由导电性引起的电磁谱(spectrum of electromagnetism，SEM)和由电极化性引起的激电谱(spectrum of induced polarization，SIP)。两种谱在频带上占据不同的位置，用不同的模型做实测视频谱的拟合可以分离出电磁谱和激电谱参数。

采用长脉冲激发的时间域直流激电法(induced polarization，IP)为取ω=0 的特例，测供电瞬间和长延迟时所对应的一次场和总场，仅具有几何测深功能。

1.2.6 直流垂向电测深法

在图 1.1 中取$\varphi = 0°$和$\omega = 0$，且 *AB* 设置为有限长线源。通过逐次加大供电电极 *AB* 的极距大小，在同一测点(通常置于 *O* 点也即 *AB* 的中点)仅观测电场分量 $E_x(\omega)$=0，演变为具有几何测深性质的直流垂向电测深法(vertical electrical sounding，VES)(傅良魁，1983)。几何测深功能是通过改变 *AB* 供电极的几何长度(极距)而实现的。

1.2.7 其他常用的三种方法

方形中心回线方式和大回线方式瞬变电磁测深法(图 1.4)：相当于用四个首尾相接的有限长的电偶极子供电的小收发距的 LOTEM[测量时间域垂直磁场时间一次导数，即 $h_z'(t)$ 分量]，构成不接地供电回线(仅在线源长度足够小时，电偶极子源过渡到磁偶极子源)(朴化荣，1990；Kaufman and Keller，1983)。若为大回线[图 1.4(b)，或称框内回线]，则通常为方形回线，测点为供电回线中间部分区域的若干个点。若是中心回线，则供电回线既可能是方形的[图 1.4(a)，方形可换算出等效的圆形面积]也可能是圆形的[图 1.5(a)，重叠回线或共圈回线]，仅在回线中心一个点上进行测量，且实测时发射线圈和接收线圈同步移动。

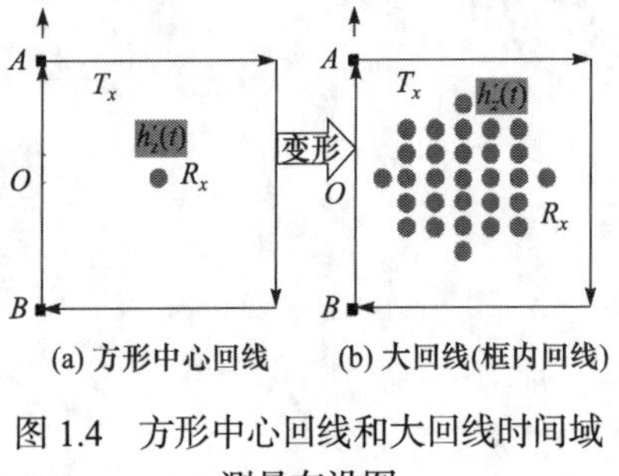

(a) 方形中心回线 (b) 大回线(框内回线)

图 1.4 方形中心回线和大回线时间域测量布设图

T_x为发射源，R_x为接收极

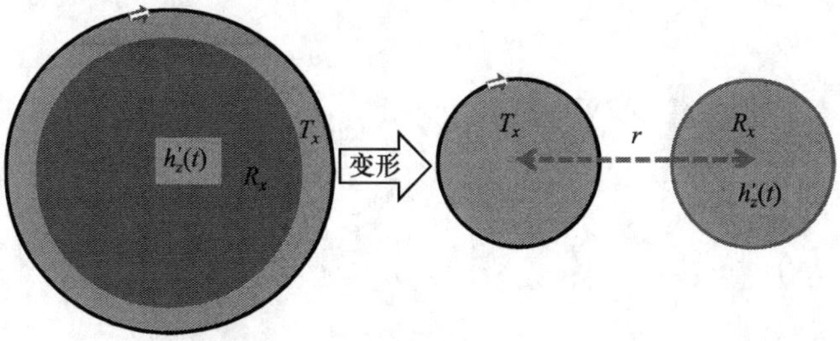

(a) 圆形中心回线　　(b) 共面分离回线

图 1.5　磁偶极子源时间域 S-s 水平共面测量布设图

有偏移距的回线-回线方式(S-s 方式或称发射线圈为圆形的共面分离回线)[图 1.5(b)]瞬变电磁测深法：中心回线方式中的测点跳出发射回线覆盖范围，且通常供电回线和测量线圈几何尺度相当，实测时发射线圈和接收线圈同步移动。在时间域测量 $h_z'(t)$ 一个分量(朴化荣，1990；Kaufman and Keller，1983)。

基于人工源电偶极子方法而派生的变形方法不限于上述三种方法，但都是与频率域或时间域五分量的测量相关，其中一些较特别的方法在第 5 章和第 6 章有涉及。依据电偶极子源和磁偶极子源的过渡关系可知，相应的研究和分析方法万变不离其宗，可以借用到磁偶极子源的方法。限于篇幅，本书不过多涉及与磁偶极子源有关的方法，仅特别指出：①可以直接从磁偶极子源的解析解出发对场的分布特征进行理论分析(Kaufman and Keller，1983)；②不存在现实意义上的纯粹的磁偶极子源，可理解为电偶极子源的叠加。

1.3　均匀半空间介质波动方程解析解

本章主要参考文献为公开出版的《电磁测深法原理》(朴化荣，1990)和 *Frequency and Transiet Soundings*(《频率域时间域电磁测深》)(Kaufman and Keller，1983)。为查询和使用方便，本节有序且完整地罗列出相关公式，但略去参考文献中公式推导和相关结论分析的细节。

1.3.1　频率域电磁场分量解析解

假定地球为电阻率ρ的均匀半空间。本节直接给出频率域中各场量的解析解表达式，以及基于“近区”和“远区”近似的“近区”视电阻率和“远区”视电阻率的定义与相关分析结论。为了公式表达的简练，约定系数因子 $A=P_E/(2\pi r^3)$。

1. 响应解析解表达式

根据经典文献(朴化荣，1990；Kaufman and Keller，1983)，均匀半空间介质下电磁场五个分量的响应解析解表达式如下

$$E_x(\omega)=A\cdot\rho\cdot\left[3\cos^2\varphi-2+(1+kr)\mathrm{e}^{-kr}\right] \tag{1.11}$$

$$E_y(\omega)=A\cdot\rho\cdot 3\sin\varphi\cos\varphi \tag{1.12}$$

$$H_x(\omega)=-A\cdot r\cdot\sin\varphi\cos\varphi\cdot\left[4I_1K_1+0.5kr\left(I_1K_0-I_0K_1\right)\right] \tag{1.13}$$

$$H_y(\omega)=A\cdot r\cdot\left[\left(1-4\sin^2\varphi\right)I_1K_1-0.5\sin^2\varphi\cdot kr\cdot\left(I_1K_0-I_0K_1\right)\right] \tag{1.14}$$

$$H_z(\omega)=A\cdot r\cdot\sin\varphi\cdot(kr)^{-2}\cdot\left[3-\left(3+3kr+(kr)^2\right)\mathrm{e}^{-kr}\right] \tag{1.15}$$

以上各式中：

$$kr=\sqrt{(-\mathrm{i}\omega\mu)/\rho}\,r=(1-\mathrm{i})\sqrt{(\omega\mu)/(2\rho)}\,r=(1-\mathrm{i})a \tag{1.16}$$

k 为复波数；$a=\sqrt{(\omega\mu)/(2\rho)}\,r$ 为频率参数，无量纲；$I_{0,1}$ 和 $K_{0,1}$ 分别是宗量为 $kr/2$ 的零阶和一阶的第一类和第二类变形贝塞尔函数(下标表示其阶数)。欧拉数 e≈2.718 281 828。

由式(1.10)可以得到四个水平的“径向”和“法向”电磁场分量表达式：

$$E_r(\omega)=A\cdot\rho\cdot\cos\varphi\cdot\left[1+(1+kr)\mathrm{e}^{-kr}\right] \tag{1.17}$$

$$E_\varphi(\omega)=A\cdot\rho\cdot\sin\varphi\cdot\left[2-(1+kr)\mathrm{e}^{-kr}\right] \tag{1.18}$$

$$H_r(\omega)=-A\cdot r\cdot\sin\varphi\cdot\left[3I_1K_1+0.5kr\left(I_1K_0-I_0K_1\right)\right] \tag{1.19}$$

$$H_\varphi(\omega)=A\cdot r\cdot\cos\varphi\cdot I_1K_1 \tag{1.20}$$

2. 响应“远区”和“近区”渐近特性

考察当 $\omega\to\infty$ 和/或 $r\to\infty$ 时，有 $kr\to\infty$，场响应的“远区”渐近特性(式中“远区”用上角标 F 表示)：

$$E_x^{\mathrm{F}}(\omega)\approx A\cdot\rho\cdot\left(3\cos^2\varphi-2\right) \tag{1.21}$$

$$E_y^{\mathrm{F}}(\omega)\approx A\cdot\rho\cdot 3\sin\varphi\cos\varphi \tag{1.22}$$

$$H_x^{\mathrm{F}}(\omega)\approx -A\cdot\sqrt{\rho/(-\mathrm{i}\omega\mu)}\cdot 3\sin\varphi\cos\varphi \tag{1.23}$$

$$H_y^{\mathrm{F}}(\omega)\approx A\cdot\sqrt{\rho/(-\mathrm{i}\omega\mu)}\cdot\left(3\cos^2\varphi-2\right) \tag{1.24}$$

$$H_z^{\mathrm{F}}(\omega)\approx A\cdot r^{-1}\cdot\left[3\rho/(-\mathrm{i}\omega\mu)\right]\cdot\sin\varphi \tag{1.25}$$

$$E_r^{\mathrm{F}}(\omega)\approx A\cdot\rho\cdot\cos\varphi \tag{1.26}$$

$$E_\varphi^{\mathrm{F}}(\omega)\approx A\cdot\rho\cdot 2\sin\varphi \tag{1.27}$$

$$H_r^{\mathrm{F}}(\omega)\approx -A\cdot\sqrt{\rho/(-\mathrm{i}\omega\mu)}\cdot 2\sin\varphi \tag{1.28}$$

$$H_\varphi^{\mathrm{F}}(\omega)\approx A\cdot\sqrt{\rho/(-\mathrm{i}\omega\mu)}\cdot\cos\varphi \tag{1.29}$$

从“远区”渐近式看：电场各水平分量均与收发距 r^3 成反比，与电阻率 ρ 成正比；磁场各水平分量均与收发距 r^3 成反比，与电阻率 $\sqrt{\rho}$ 成正比。不考虑方向因子的差异，电场或磁场各水平分量的场值和测量的信噪比在一个数量级上。垂直磁场与电阻率 ρ 成正比，可直接测量的感应电动势近乎与频率无关(有利)，但垂直磁场场值与 r^4 成反比，即随收发距的增大比磁场水平分量衰减要快。

考察$\omega\to 0$和/或$r\to 0$时，有$kr\to 0$，场响应的“近区”渐近特性(式中“近区”用上角标 N 表示)：

$$E_x^{\mathrm{N}}(\omega)\approx A\cdot\rho\cdot\left(3\cos^2\varphi-1\right) \tag{1.30}$$

$$E_y^{\mathrm{N}}(\omega)\approx A\cdot\rho\cdot 3\sin\varphi\cos\varphi \tag{1.31}$$

$$H_x^{\mathrm{N}}(\omega)\approx -\frac{P_E}{4\pi r^2}\cdot\left[2+\frac{(kr)^2}{8}-\frac{(kr)^4}{64}\right]\cdot\sin\varphi\cos\varphi \overset{\omega=0}{=\!=} -A\cdot r\cdot 2\sin\varphi\cos\varphi \tag{1.32}$$

$$\begin{aligned}H_y^{\mathrm{N}}(\omega)&\approx\frac{P_E}{4\pi r^2}\cdot\left\{\left[1+\frac{(kr)^2}{8}\ln\left(\frac{-\alpha kr}{2}\right)+\frac{(kr)^2}{32}\right]-\sin^2\varphi\left[2+\frac{(kr)^2}{8}\right]\right\}\\&\overset{\omega=0}{=\!=} A\cdot r\cdot\left(2\cos^2\varphi-1\right)\end{aligned} \tag{1.33}$$

$$H_z^{\mathrm{N}}(\omega)\approx\frac{P_E\cdot\sin\varphi}{2\pi r^2}\cdot\left[\frac{1}{2}-\frac{(kr)^2}{8}\right]\overset{\omega=0}{=\!=} A\cdot r\cdot\sin\varphi \tag{1.34}$$

$$E_r^{\mathrm{N}}(\omega)\approx A\cdot\rho\cdot 2\cos\varphi \tag{1.35}$$

$$E_\varphi^{\mathrm{N}}(\omega)\approx A\cdot\rho\cdot\sin\varphi \tag{1.36}$$

$$H_r^{\mathrm{N}}(\omega)\approx\frac{-P_E}{4\pi r^2}\cdot\left[1-\frac{(kr)^2}{8}\ln\left(\frac{-\alpha kr}{2}\right)+\frac{3(kr)^2}{32}\right]\cdot\sin\varphi \overset{\omega=0}{=\!=} -A\cdot r\cdot\sin\varphi \tag{1.37}$$

$$H_\varphi^{\mathrm{N}}(\omega)\approx\frac{P_E}{4\pi r^2}\cdot\left[1+\frac{(kr)^2}{8}\ln\left(\frac{-\alpha kr}{2}\right)+\frac{(kr)^2}{32}\right]\cdot\cos\varphi \overset{\omega=0}{=\!=} A\cdot r\cdot\cos\varphi \tag{1.38}$$

式中：$\alpha\approx 0.890\,536\,2$。

从“近区”渐近式看：电场各水平分量均与收发距r^3成反比，与电阻率ρ成正比；磁场各分量则均与收发距r^2成反比，随频率降低而趋于静态场的速度也大致相同。不考虑方向因子的差异，磁场和电场各水平分量的场值和资料采集的信噪比在同一个数量级上，且电场“远区”和“近区”可持续保持信号在同一个数量级上。当频率为零时，电场和磁场均为静态场，且对应磁场的感应电动势为零。总之，在“近区”，电场进入“几何测深态”，“视觉”上表现出对深部电性层难以区分的假象；磁场也进入“静态场”状态，“视觉”上表现出与电阻率无关的假象。然而，大体上，磁场各分量非静态部分的首项都与$(kr)^2$成正比，因此磁场在“近区”也具有区分电性层的测深功能。

3. 响应的零值特征

根据场分量的表达式、“远区”和“近区”特性分析，各场分量在若干特定方位角上取零值。在这些方位角附近，相应场分量的绝对场值较小，测量精度低。常规分析方法采用的“近区”和“远区”视电阻率定义出现奇点；采用单独一个场量或采用电磁场的比值(如 CSAMT)进行后续处理，有出现零值陷阱的可能。为了避开场值的零值陷阱和视电阻率定义奇点，扩张人工源电磁测深方法应用的空间范围，可灵活采用多分量搭配和交错的采集方案，或张量源方法(参见第 6 章)。

1.3.2 时间域电磁场分量解析解

时间域激发场源有过零方波和不过零方波两种方波形式。对过零方波激发，又有上阶跃和下阶跃两种波形的接收方式。将分三种情况(即过零方波激发下的上阶跃，过零方波激发下的下阶跃，不过零方波激发下的上、下阶跃)进行有关“早期”和“晚期”响应渐近特性的分析。理论公式和资料处理方法有相似之处，但亦有差异。为了公式表达的简练，约定系数因子 $B=P_E\cdot\mu/(8\pi tr)$。

1. 过零方波激发下的上阶跃响应

1) 上阶跃响应解析解

在过零方波激发下，场源接通后，五个分量的上阶跃响应解析解分别为(由频率域解析解经傅里叶逆变换得到)

$$e_x^+(t)=B\cdot x^{-2}\cdot\left[1-3\cos^2\varphi+\operatorname{erf}(x)-2\pi^{-0.5}x\mathrm{e}^{-x^2}\right] \tag{1.39}$$

$$e_y^+(t)=B\cdot x^{-2}\cdot 3\sin\varphi\cos\varphi \tag{1.40}$$

$$\frac{\partial h_x^+(t)}{\partial t}=B\cdot\left[(2\sin\varphi\cos\varphi)/(\mu\cdot r)\right]\cdot\mathrm{e}^{-0.5x^2}\cdot\left[I_1(x^2+4)-I_0x^2\right] \tag{1.41}$$

$$\frac{\partial h_y^+(t)}{\partial t}=-B\cdot\left[2/(\mu\cdot r)\right]\cdot\mathrm{e}^{-0.5x^2}\cdot\left[(I_0-I_1)(\cos^2\varphi-1)x^2+I_1(3-4\cos^2\varphi)\right] \tag{1.42}$$

$$\frac{\partial h_z^+(t)}{\partial t}=B\cdot 3\cdot\left[\sin\varphi/(\mu\cdot r)\right]\cdot x^{-2}\left[\operatorname{erf}(x)-2\pi^{-0.5}x\left(1+2x^2/3\right)\mathrm{e}^{-x^2}\right] \tag{1.43}$$

式中：t 为瞬变延迟时间；场量的上角标“+”表示在过零方波激发下(场源接通后)的上阶跃；x 为瞬变参数(类同于频率参数 a)，无量纲；erf(x) 为误差函数，

$$x=r\sqrt{\mu/(4\rho t)} \tag{1.44}$$

$$\operatorname{erf}(x)=\frac{2}{\sqrt{\pi}}\int_0^x \mathrm{e}^{-u^2}\mathrm{d}u \tag{1.45}$$

由式(1.10)可得到水平的“径向”和“法向”分量表达式：

$$e_r^+(t)=B\cdot\cos\varphi\cdot x^{-2}\cdot\left[2-\operatorname{erf}(x)+2\pi^{-0.5}x\mathrm{e}^{-x^2}\right] \tag{1.46}$$

$$e_\varphi^+(t)=B\cdot\sin\varphi\cdot x^{-2}\cdot\left[1+\operatorname{erf}(x)-2\pi^{-0.5}x\mathrm{e}^{-x^2}\right] \tag{1.47}$$

$$\frac{\partial h_r^+(t)}{\partial t}=B\cdot\left[2\sin\varphi/(\mu\cdot r)\right]\cdot\mathrm{e}^{-0.5x^2}\cdot\left[3I_1-x^2(I_0-I_1)\right] \tag{1.48}$$

$$\frac{\partial h_\varphi^+(t)}{\partial t}=-B\cdot\left[2\cos\varphi/(\mu\cdot r)\right]\cdot\mathrm{e}^{-0.5x^2}\cdot I_1 \tag{1.49}$$

2) 上阶跃响应“早期”和“晚期”渐近特性

考察当 $t\to 0$ 和/或 $r\to\infty$ 时，有 $x\to\infty$，场的“早期”渐近特性为

$$e_x^+(t)_{x\to\infty}\approx A\cdot(2-3\cos^2\varphi)\cdot\rho \tag{1.50}$$

$$e_y^+(t)_{x\to\infty}\approx A\cdot 3\sin\varphi\cos\varphi\cdot\rho \tag{1.51}$$

$$\left.\frac{\partial h_x^+(t)}{\partial t}\right|_{x\to\infty}\approx A\cdot 3\sin\varphi\cos\varphi\cdot\sqrt{\frac{\rho}{\pi\mu t}} \tag{1.52}$$

$$\left.\frac{\partial h_y^+(t)}{\partial t}\right|_{x\to\infty}\approx A\cdot(2-3\cos^2\varphi)\cdot\sqrt{\frac{\rho}{\pi\mu t}} \tag{1.53}$$

$$\left.\frac{\partial h_z^+(t)}{\partial t}\right|_{x\to\infty}\approx B\cdot\frac{3\sin\varphi}{\mu\cdot r}\cdot\frac{1}{x^2}=B\cdot\frac{12\sin\varphi}{\mu^2\cdot r^3}\cdot\rho t \tag{1.54}$$

$$e_r^+(t)_{x\to\infty}\approx A\cdot\cos\varphi\cdot\rho \tag{1.55}$$

$$e_\varphi^+(t)_{x\to\infty}\approx A\cdot 2\sin\varphi\cdot\rho \tag{1.56}$$

$$\left.\frac{\partial h_r^+(t)}{\partial t}\right|_{x\to\infty}\approx A\cdot 2\sin\varphi\cdot\sqrt{\frac{\rho}{\pi\mu t}} \tag{1.57}$$

$$\left.\frac{\partial h_\varphi^+(t)}{\partial t}\right|_{x\to\infty}\approx -A\cdot 2\cos\varphi\cdot\sqrt{\frac{2\rho}{\pi\mu t}} \tag{1.58}$$

考察当 $t\to\infty$ 和/或 $r\to 0$ 时，有 $x\to 0$，场的“晚期”渐近特性为

$$e_x^+(t)_{x\to 0}\approx A\cdot(1-3\cos^2\varphi)\cdot\rho \tag{1.59}$$

$$e_y^+(t)_{x\to 0}\approx A\cdot 3\sin\varphi\cos\varphi\cdot\rho \tag{1.60}$$

$$\left.\frac{\partial h_x^+(t)}{\partial t}\right|_{x\to 0}\approx\frac{P_E\cdot 3\sin\varphi\cos\varphi}{768\pi}\cdot\frac{\mu^2 r^2}{t^3\cdot\rho^2} \tag{1.61}$$

$$\left.\frac{\partial h_y^+(t)}{\partial t}\right|_{x\to 0}\approx -\frac{P_E}{64\pi}\cdot\frac{\mu}{t^2\cdot\rho} \tag{1.62}$$

$$\left.\frac{\partial h_z^+(t)}{\partial t}\right|_{x\to 0}\approx -\frac{P_E\cdot\sin\varphi}{40\pi\sqrt{\pi}}\cdot\frac{(\mu)^{3/2}\cdot r}{t^{5/2}\cdot(\rho)^{3/2}} \tag{1.63}$$

$$e_r^+(t)_{x\to 0}\approx A\cdot\cos\varphi\cdot\rho\cdot 2 \tag{1.64}$$

$$e_\varphi^+(t)_{x\to 0}\approx A\cdot\sin\varphi\cdot\rho \tag{1.65}$$

$$\left.\frac{\partial h_r^+(t)}{\partial t}\right|_{x\to 0}\approx -\frac{P_E\cdot\sin\varphi}{64\pi}\cdot\frac{\mu}{t^2\cdot\rho} \tag{1.66}$$

$$\left.\frac{\partial h_\varphi^+(t)}{\partial t}\right|_{x\to 0}\approx -\frac{P_E\cdot\cos\varphi}{64\pi}\cdot\frac{\mu}{t^2\cdot\rho} \tag{1.67}$$

2. 过零方波激发下的下阶跃响应

1) 下阶跃响应解析解

场源断开后，五个分量及水平的“径向”和“法向”分量的下阶跃响应解析解分别为

$$e_x^-(t)=e_x^+(t=\infty)-e_x^+(t)=-A\cdot\rho\cdot\left[\operatorname{erf}(x)-2\pi^{-0.5}x\mathrm{e}^{-x^2}\right] \tag{1.68}$$

$$e_y^-(t)=e_y^+(t=\infty)-e_y^+(t)=0 \tag{1.69}$$

$$e_r^-(t)=e_r^+(t=\infty)-e_r^+(t)=A\cdot\cos\varphi\cdot\rho\cdot\left[\operatorname{erf}(x)-2\pi^{-0.5}x\mathrm{e}^{-x^2}\right] \tag{1.70}$$

$$e_\varphi^-(t)=e_\varphi^+(t=\infty)-e_\varphi^+(t)=-A\cdot\sin\varphi\cdot\rho\cdot\left[\operatorname{erf}(x)-2\pi^{-0.5}x\mathrm{e}^{-x^2}\right] \tag{1.71}$$

$$\frac{\partial h_{x,y,z,r,\varphi}^-(t)}{\partial t}=\frac{\partial h_{x,y,z,r,\varphi}^+(t=\infty)}{\partial t}-\frac{\partial h_{x,y,z,r,\varphi}^+(t)}{\partial t}=-\frac{\partial h_{x,y,z,r,\varphi}^+(t)}{\partial t} \tag{1.72}$$

式中：$t=\infty$时的场值为稳定直流场(对应频率域为$\omega=0$)供电时的场值；场量的上角标“-”表示在过零方波激发下(场源断开后)的下阶跃。

2) 下阶跃响应“早期”和“晚期”渐近特性

考察当$t\to 0$和/或$r\to\infty$时，有$x\to\infty$，场的“早期”渐近特性：

$$e_x^-(t)_{x\to\infty}\approx -A\cdot\rho \tag{1.73}$$

$$e_y^-(t)_{x\to\infty}\approx 0 \tag{1.74}$$

$$\left.\frac{\partial h_x^-(t)}{\partial t}\right|_{x\to\infty}=-\left.\frac{\partial h_x^+(t)}{\partial t}\right|_{x\to\infty}\approx -A\cdot 3\sin\varphi\cos\varphi\cdot\sqrt{\frac{\rho}{\pi\mu t}} \tag{1.75}$$

$$\left.\frac{\partial h_y^-(t)}{\partial t}\right|_{x\to\infty}=-\left.\frac{\partial h_y^+(t)}{\partial t}\right|_{x\to\infty}\approx -A\cdot(2-3\cos^2\varphi)\cdot\sqrt{\frac{\rho}{\pi\mu t}} \tag{1.76}$$

$$\left.\frac{\partial h_z^-(t)}{\partial t}\right|_{x\to\infty}=-\left.\frac{\partial h_z^+(t)}{\partial t}\right|_{x\to\infty}\approx -B\cdot\frac{3\cdot\sin\varphi}{\mu\cdot r}\cdot\frac{1}{x^2}=-\frac{3\cdot P_E\cdot\sin\varphi}{2\pi\mu\cdot r^4}\cdot\rho \tag{1.77}$$

$$e_r^-(t)_{x\to\infty}\approx A\cdot\cos\varphi\cdot\rho \tag{1.78}$$

$$e_\varphi^-(t)_{x\to\infty}\approx -A\cdot\sin\varphi\cdot\rho \tag{1.79}$$

$$\left.\frac{\partial h_r^-(t)}{\partial t}\right|_{x\to\infty}=-\left.\frac{\partial h_r^+(t)}{\partial t}\right|_{x\to\infty}\approx -A\cdot 2\sin\varphi\cdot\sqrt{\frac{\rho}{\pi\mu t}} \tag{1.80}$$

$$\left.\frac{\partial h_\varphi^-(t)}{\partial t}\right|_{x\to\infty}=-\left.\frac{\partial h_\varphi^-(t)}{\partial t}\right|_{x\to\infty}\approx A\cdot\cos\varphi\cdot\sqrt{\frac{\rho}{\pi\mu t}} \tag{1.81}$$

考察当$t\to\infty$和/或$r\to 0$时，有$x\to 0$，场的“晚期”渐近特性：

$$e_x^-(t)_{x\to 0}\approx -P_E\cdot(\mu_0)^{3/2}(\pi t)^{-3/2}\cdot\rho^{-1/2}/12 \tag{1.82}$$

$$e_y^-(t)_{x\to 0}\approx 0 \tag{1.83}$$

$$\left.\frac{\partial h_x^-(t)}{\partial t}\right|_{x\to 0} = -\left.\frac{\partial h_x^+(t)}{\partial t}\right|_{x\to 0} \approx -\frac{P_E \cdot 3\sin\varphi\cos\varphi}{768\pi}\cdot\frac{\mu^2 r^2}{t^3\cdot\rho} \tag{1.84}$$

$$\left.\frac{\partial h_y^-(t)}{\partial t}\right|_{x\to 0} = -\left.\frac{\partial h_y^+(t)}{\partial t}\right|_{x\to 0} \approx \frac{P_E}{64\pi}\cdot\frac{\mu}{t^2\cdot\rho} \tag{1.85}$$

$$\left.\frac{\partial h_z^-(t)}{\partial t}\right|_{x\to 0} = -\left.\frac{\partial h_z^+(t)}{\partial t}\right|_{x\to 0} \approx \frac{P_E\cdot\sin\varphi}{40\pi\sqrt{\pi}}\cdot\frac{(\mu)^{3/2}\cdot r}{t^{5/2}\cdot(\rho)^{3/2}} \tag{1.86}$$

$$e_r^-(t)_{x\to 0} \approx P_E\cdot(\cos\varphi/12)\cdot(\mu_0)^{3/2}(\pi t)^{-3/2}\cdot\rho^{-1/2} \tag{1.87}$$

$$e_\varphi^-(t)_{x\to 0} \approx -P_E\cdot(\sin\varphi/12)\cdot(\mu_0)^{3/2}(\pi t)^{-3/2}\cdot\rho^{-1/2} \tag{1.88}$$

$$\left.\frac{\partial h_r^-(t)}{\partial t}\right|_{x\to 0} = -\left.\frac{\partial h_r^+(t)}{\partial t}\right|_{x\to 0} \approx \frac{P_E\cdot\sin\varphi}{64\pi}\cdot\frac{\mu}{t^2\cdot\rho} \tag{1.89}$$

$$\left.\frac{\partial h_\varphi^-(t)}{\partial t}\right|_{x\to 0} = -\left.\frac{\partial h_\varphi^+(t)}{\partial t}\right|_{x\to 0} \approx \frac{P_E\cdot\cos\varphi}{64\pi}\cdot\frac{\mu}{t^2\cdot\rho} \tag{1.90}$$

3. 不过零方波激发下的上、下阶跃响应

在不过零方波激发下，上、下阶跃响应仅是“±”号的差别。用上角标“±”表示在不过零方波激发下的上、下阶跃场，有

$$e_x^\pm(t) = \pm\left[2e_x^+(t) - e_x^+(t=\infty)\right] = \pm A\cdot\rho\cdot\left\{1-3\cos^2\varphi + 2\left[\operatorname{erf}(x) - 2\pi^{-0.5}x\mathrm{e}^{-x^2}\right]\right\} \tag{1.91}$$

$$e_y^\pm(t) = \pm\left[2e_y^+(t) - e_y^+(t=\infty)\right] = \pm A\cdot\rho\cdot 3\sin\varphi\cos\varphi \tag{1.92}$$

$$e_r^\pm(t) = \pm\left[2e_r^+(t) - e_r^+(t=\infty)\right] = \pm B\cdot\cos\varphi\cdot 2x^{-2}\cdot\left[1-\operatorname{erf}(x) + 2\pi^{-0.5}x\mathrm{e}^{-x^2}\right] \tag{1.93}$$

$$e_\varphi^\pm(t) = \pm\left[2e_\varphi^+(t) - e_\varphi^+(t=\infty)\right] = \pm B\cdot\sin\varphi\cdot 2x^{-2}\cdot\left[0.5+\operatorname{erf}(x) - 2\pi^{-0.5}x\mathrm{e}^{-x^2}\right] \tag{1.94}$$

$$\frac{\partial h_{x,y,z,r,\varphi}^\pm(t)}{\partial t} = \pm 2\frac{\partial h_{x,y,z,r,\varphi}^+(t)}{\partial t} \tag{1.95}$$

磁场分量的“早期”和“晚期”渐近特性与上阶跃激发的响应特性相同，仅场值差两倍，故只列出各电场分量的“早期”和“晚期”渐近特性。

考察场的“早期”渐近特性：

$$e_x^\pm(t)_{x\to\infty} \approx \pm A\cdot 3\sin^2\varphi\cdot\rho \tag{1.96}$$

$$e_y^\pm(t)_{x\to\infty} \approx \pm A\cdot 3\sin\varphi\cos\varphi\cdot\rho \tag{1.97}$$

$$e_r^+(t)_{x\to\infty} \approx 0 \tag{1.98}$$

$$e_\varphi^\pm(t)_{x\to\infty} \approx \pm A\cdot 3\sin\varphi\cdot\rho \tag{1.99}$$

考察场的“晚期”渐近特性：

$$e_x^\pm(t)_{x\to 0} \approx \pm A\cdot(1-3\cos^2\varphi)\cdot\rho \tag{1.100}$$

$$e_y^\pm(t)_{x\to 0} \approx \pm A\cdot 3\sin\varphi\cos\varphi\cdot\rho \tag{1.101}$$

$$e_r^{\pm}(t)_{x\to 0} \approx \pm A \cdot \cos\varphi \cdot \rho \cdot 2 \tag{1.102}$$

$$e_\varphi^{\pm}(t)_{x\to 0} \approx \pm A \cdot \sin\varphi \cdot \rho \tag{1.103}$$

对比式(1.59)、式(1.60)、式(1.64)、式(1.65)和式(1.100)～式(1.103)可知：过零方波激发下的上阶跃电场响应和不过零方波激发下的电场响应的"晚期"渐近特性是一致的。

4. 提高解析解计算精度的措施

高精度的解析解的计算是理论分析的重要基础，为此采用以下几种提高计算精度的措施。

(1) 所有物理量(复数必要和能够拆分时拆分成实部和虚部)的计算均采用双精度计算。

(2) 采用双精度计算误差函数 $\mathrm{erf}(x)$。

(3) 当 $x<0.01$ 时，对 $h_z'(t)$ 和 $e_x^+(t)$ 的相关部分分别采用计算式：

$$\frac{1}{x^2}\left[\mathrm{erf}(x) - 2\pi^{-0.5}x\left(1+2x^2/3\right)\mathrm{e}^{-x^2}\right] \approx \frac{8x^3}{\sqrt{\pi}}\left(\frac{1}{15} - \frac{x^2}{21} + \frac{25x^4}{864}\right) \tag{1.104}$$

$$\frac{1}{x^2}\left[1-3\cos^2\varphi + \mathrm{erf}(x) - 2\pi^{-0.5}x\mathrm{e}^{-x^2}\right] \approx \frac{1}{x^2}\left(1-3\cos^2\varphi\right) + \frac{2x}{\sqrt{\pi}}\left(\frac{2}{3} - \frac{2x^2}{5} + \frac{x^4}{7}\right) \tag{1.105}$$

(4) 当 $|kr|<0.01$ 时，对 $H_z(kr)$ 和 $E_x(kr)$ 的相关部分分别采用计算式：

$$2(kr)^{-2} \cdot \left\{3 - \left[3 + 3kr + (kr)^2\right]\mathrm{e}^{-kr}\right\} \approx (kr)^2 - 0.25(kr)^4 \tag{1.106}$$

$$(kr)^{-2} \cdot \left[3\cos^2\varphi - 2 + (1+kr)\mathrm{e}^{-kr}\right] \approx (kr)^{-2} \cdot \left(3\cos^2\varphi - 2 + 1\right) - 0.5 + kr/3 \tag{1.107}$$

(5) 第一、二类变形贝塞尔函数的近似计算公式。

当 $|z| \leqslant 6.5$ (在时间域可设 $z \leqslant \tau$，τ 取 10～50 之间任意一个数)时，解析解近似公式：

$$I_0(z) = \sum_{k=0}^{\infty}\frac{1}{(k!)^2}\cdot\left(\frac{z}{2}\right)^{2k} \approx 1 + \sum_{k=1}^{500}\left(\frac{z}{2k}\cdot\frac{z}{2(k-1)}\cdot\frac{z}{2(k-2)}\cdot\cdots\cdot\frac{z}{2}\right)^2 \tag{1.108}$$

$$I_1(z) = \sum_{k=0}^{\infty}\frac{1}{k!(k+1)!}\cdot\left(\frac{z}{2}\right)^{2k+1} \approx \frac{z}{2} + \sum_{k=1}^{500}\frac{1}{k!(k+1)!}\cdot\left(\frac{z}{2}\right)^{2k+1} \tag{1.109}$$

$$K_0(z) \approx -\ln\alpha z + \sum_{k=1}^{500}\left[\left(\frac{z}{2k}\cdot\frac{z}{2(k-1)}\cdot\frac{z}{2(k-2)}\cdot\cdots\cdot\frac{z}{2}\right)^2\left(\sum_{m=1}^{k}\frac{1}{m} - \ln\alpha z\right)\right] \tag{1.110}$$

$$K_1(z) \approx \frac{z}{2}\ln\alpha z + \frac{1}{z} - \frac{z}{4} - \sum_{k=1}^{500}\left[\frac{1}{2k!(k+1)!}\cdot\left(\frac{z}{2}\right)^{2k+1}\cdot\left(\sum_{m=1}^{k}\frac{1}{m} + \sum_{m=1}^{k+1}\frac{1}{m} - 2\ln\alpha z\right)\right] \tag{1.111}$$

当 $|z|>6.5$ (在时间域可设 $z>\tau$，τ 取 10～50 之间任意一个数)时，渐近展开近似公式：

$$I_\beta(z) \approx \frac{\mathrm{e}^z}{\sqrt{2\pi z}}\left\{1 + \sum_{n=1}^{\infty}\frac{(-1)^n}{n!(8z)^n}\sum_{m=1}^{n}\left[4\beta^2 - (2m-1)^2\right]\right\} \tag{1.112}$$

$$K_\beta(z) \approx \frac{\pi\mathrm{e}^{-z}}{\sqrt{2\pi z}}\left\{1 + \sum_{n=1}^{\infty}\frac{1}{n!(8z)^n}\sum_{m=1}^{n}\left[4\beta^2 - (2m-1)^2\right]\right\} \tag{1.113}$$

5. 响应的零值特征

根据场分量的表达式、“早期”和“晚期”渐近特性分析，各场分量在若干特定方位角上为零值，“早期”和“晚期”视电阻率定义出现奇点。在这些方位角附近，相应场分量的绝对场值很小，实际测量精度低。资料后续处理时也会出现零值陷阱。此外，$e_x^+(t)$ 和 $h_y'(t)$ 场值本身随延迟时间变化也可能会出现零值点(在非均匀半空间介质情况下)。

1.4　一维介质中电磁场分量积分解及正演数值计算方法

设有 N 层水平层状介质(即一维介质)，电阻率和层厚度记为$\{\rho_j,\ h_j; j=1, 2, \cdots, N\}$，且 $h_N=\infty$。先直接列出一维介质中电磁场五个分量的解析解的积分表达式，经过必要的理论分析后再给出“虚拟积分核法”和“均匀半空间积分核法”两种场的正演数值计算方法。实践表明，完成精确一维正演数值计算的难度不容小觑，更不必说二维正演了，研究精细处理方法以提高精度、与渐近值比对验证至关重要。为了公式的简练，约定系数因子 $C=P_E/(2\pi r)$。

1.4.1　频率域电磁场分量积分解及正演数值计算方法

针对积分公式结构的不同，分电场水平分量、磁场水平分量和磁场垂直分量三类构造相应的正演计算方法。

1. 电场水平分量解析解及正演数值计算方法

1) 电场各水平分量解析解积分表达式

由参考文献(朴化荣，1990；Kaufman and Keller，1983)直接引出电场各水平分量的解析解积分表达式：

$$E_x(\omega)=\frac{\mathrm{i}\omega\mu\cdot P_E}{2\pi\cdot r}\cdot\int_0^\infty\left[\frac{\sin^2\varphi\cdot\lambda}{\lambda+u_1/R_1}\cdot J_0(\lambda r)-\frac{1-2\cos^2\varphi}{r}\cdot\frac{J_1(\lambda r)}{\lambda+u_1/R_1}\right]\mathrm{d}(\lambda r)$$
$$-\frac{P_E\cdot\rho_1}{2\pi\cdot r}\cdot\int_0^\infty\left[\frac{\cos^2\varphi\cdot\lambda\cdot u_1}{R_1^*}\cdot J_0(\lambda r)+\frac{1-2\cos^2\varphi}{r}\cdot\frac{u_1}{R_1^*}\cdot J_1(\lambda r)\right]\mathrm{d}(\lambda r)\quad(1.114)$$

$$E_y(\omega)=\frac{\mathrm{i}\omega\mu\cdot P_E\cdot\sin\varphi\cos\varphi}{2\pi r}\cdot\int_0^\infty\left[\frac{-\lambda}{\lambda+u_1/R_1}\cdot J_0(\lambda r)+\frac{2}{r}\cdot\frac{J_1(\lambda r)}{\lambda+u_1/R_1}\right]\mathrm{d}(\lambda r)$$
$$-\frac{P_E\cdot\sin\varphi\cos\varphi\cdot\rho_1}{2\pi r}\cdot\int_0^\infty\left[\frac{\lambda u_1}{R_1^*}\cdot J_0(\lambda r)-\frac{2}{r}\cdot\frac{u_1}{R_1^*}\cdot J_1(\lambda r)\right]\mathrm{d}(\lambda r)\quad(1.115)$$

$$E_r(\omega)=\frac{\mathrm{i}\omega\mu\cdot P_E\cdot\cos\varphi}{2\pi\cdot r}\cdot\int_0^\infty\left[\frac{1}{r}\cdot\frac{1}{\lambda+u_1/R_1}\cdot J_1(\lambda r)\right]\mathrm{d}(\lambda r)$$
$$-\frac{P_E\cdot\rho_1\cdot\cos\varphi}{2\pi\cdot r}\cdot\int_0^\infty\left[\frac{\lambda\cdot u_1}{R_1^*}\cdot J_0(\lambda r)-\frac{1}{r}\cdot\frac{u_1}{R_1^*}\cdot J_1(\lambda r)\right]\mathrm{d}(\lambda r)\quad(1.116)$$

$$E_\varphi(\omega)=\frac{\mathrm{i}\omega\mu\cdot P_E\cdot(-\sin\varphi)}{2\pi\cdot r}\cdot\int_0^\infty\left[\frac{\lambda}{\lambda+u_1/R_1}\cdot J_0(\lambda r)-\frac{1}{r}\cdot\frac{J_1(\lambda r)}{\lambda+u_1/R_1}\right]\mathrm{d}(\lambda r)$$
$$-\frac{P_E\cdot\rho_1\cdot(-\sin\varphi)}{2\pi\cdot r}\cdot\int_0^\infty\left[\frac{1}{r}\cdot\frac{u_1}{R_1^*}\cdot J_1(\lambda r)\right]\mathrm{d}(\lambda r) \tag{1.117}$$

式中：λ是积分变量(也称为空间频率，具有距离倒数的量纲，单位为 m^{-1})；J_0和J_1分别为零阶和一阶第一类贝塞尔函数；

$$u_i=\sqrt{\lambda^2+k_i^2} \tag{1.118}$$

$$R_1=\coth\left[u_1h_1+\operatorname{arcoth}\frac{u_1}{u_2}\coth\left(u_2h_2+\cdots+\operatorname{arcoth}\frac{u_{N-1}}{u_N}\right)\right] \tag{1.119}$$

$$R_1^*=\coth\left[u_1h_1+\operatorname{arcoth}\frac{u_1}{u_2}\frac{\rho_1}{\rho_2}\coth\left(u_2h_2+\cdots+\operatorname{arcoth}\frac{u_{N-1}}{u_N}\frac{\rho_{N-1}}{\rho_N}\right)\right] \tag{1.120}$$

其中：$k_i=\sqrt{(-\mathrm{i}\omega\mu)/\rho_i}$ 为第 i 个介质层的复波数；$\coth x$ 为双曲余切函数；$\operatorname{arcoth} y$ 为反双曲余切函数。

对均匀半空间介质：地表函数 $R_1=R_1^*=1$。对任意层状介质：$R_1(\omega=0)=1$。

2) 电场各水平分量正演数值计算方法

需要采用数值积分方法获得式(1.114)～式(1.117)的最终解。为了提高计算精度，对 R_1 和 R_1^* 中的递推计算式做如下适当的变形处理是合适的：

$$\coth\left(u_{m-1}h_{m-1}+\operatorname{arcoth}\frac{u_{m-1}\cdot R_m}{u_m}\right)=\frac{(u_{m-1}\cdot R_m+u_m)+\mathrm{e}^{-2u_{m-1}h_{m-1}}(u_{m-1}\cdot R_m-u_m)}{(u_{m-1}\cdot R_m+u_m)-\mathrm{e}^{-2u_{m-1}h_{m-1}}(u_{m-1}\cdot R_m-u_m)} \tag{1.121}$$

对比电场各水平分量的解析解积分表达式，可以写成统一式：

$$E(\omega)=G_0\cdot\int_0^\infty\left[G_1\cdot F_1\cdot J_0(\lambda r)+G_2\cdot F_2\cdot J_1(\lambda r)\right]\mathrm{d}(\lambda r)$$
$$+G_5\cdot\int_0^\infty\left[G_3\cdot F_3\cdot J_0(\lambda r)+G_4\cdot F_4\cdot J_1(\lambda r)\right]\mathrm{d}(\lambda r) \tag{1.122}$$

式中：系数 G_0～G_5，对 E_x、E_y、E_r和 E_φ 四个分量分别按式(1.123)第 1～4 列赋值

$$\begin{array}{lcccc}
G_0= & \mathrm{i}\omega\mu\cdot C & \mathrm{i}\omega\mu\cdot C\cdot\sin\varphi\cos\varphi & \mathrm{i}\omega\mu\cdot C\cdot\cos\varphi & -\mathrm{i}\omega\mu\cdot C\cdot\sin\varphi\\
G_1= & \sin^2\varphi & -1 & 0 & 1\\
G_2= & (2\cos^2\varphi-1)/r & 2/r & 1/r & -1/r\\
G_3= & \cos^2\varphi & 1 & 1 & 0\\
G_4= & -G_2 & -G_2 & -G_2 & -G_2\\
G_5= & -C\cdot\rho_1 & -C\cdot\rho_1\cdot\sin\varphi\cos\varphi & -C\cdot\rho_1\cdot\cos\varphi & C\cdot\rho_1\cdot\sin\varphi
\end{array} \tag{1.123}$$

核函数 F_1～F_4 的表达式为

$$F_1=\lambda/(\lambda+u_1/R_1),\quad F_2=1/(\lambda+u_1/R_1),\quad F_3=\lambda\cdot u_1/R_1^*,\quad F_4=u_1/R_1^* \tag{1.124}$$

统一式为编写正演计算程序提供了方便，减少了多分量同步处理时的计算量，加快了计算速度。为了获得精确的数值解，需要进一步考察积分核函数随变量 λ 增大的特性：

$$\begin{cases}\lambda\left(\lambda+u_1/R_1\right)^{-1}\xrightarrow{\lambda\to\infty}\left(1+1/R_1\right)^{-1}\quad(\text{有界})\\ \left(\lambda+u_1/R_1\right)^{-1}\xrightarrow{\lambda\to\infty}\left(\lambda+\lambda/R_1\right)^{-1}\quad(\text{有界})\\ \lambda u_1/R_1^*\xrightarrow{\lambda\to\infty}\lambda^2/R_1^*\to\infty,\quad u_1/R_1^*\xrightarrow{\lambda\to\infty}\lambda/R_1^*\to\infty\end{cases}\tag{1.125}$$

因为贝塞尔函数随积分变量 λ 增大而呈现慢速的振荡衰减，欲确保计算精度则需要较大的 λ 取值范围，这样在核函数随 λ 增大而增大的情况下可能导致积分不收敛。为此将视不同情况对积分核函数进行适当处理，例如，可将积分核函数减一适当的项，使之随 λ 增大而为有界值，而后补加上该适当项所对应的解析解。实际计算中可以采用以下两种处理方案。

方案一："虚拟积分核法"。

核函数 F_1～F_4 分别被改写为下列虚拟式后将随 λ 增大而有界：

$$\begin{cases}F_{1-1}=\lambda\left(\lambda+u_1/R_1\right)^{-1}-0.5\xrightarrow{\lambda\to\infty}\left(1+1/R_1\right)^{-1}-0.5\quad(\text{有界})\\ F_{2-1}=\left(\lambda+u_1/R_1\right)^{-1}-\left(2\lambda\right)^{-1}\xrightarrow{\lambda\to\infty}\left(\lambda+\lambda/R_1\right)^{-1}-\left(2\lambda\right)^{-1}\quad(\text{有界})\\ F_{3-1}=\lambda u_1/R_1^*-\lambda^2\xrightarrow{\lambda\to\infty}\lambda^2/R_1^*-\lambda^2\quad(\text{有界})\\ F_{4-1}=u_1/R_1^*-\lambda\xrightarrow{\lambda\to\infty}\lambda/R_1^*-\lambda\quad(\text{有界})\end{cases}\tag{1.126}$$

数值积分公式(1.122)则等价为

$$\begin{aligned}E(\omega)=&G_0\cdot\int_0^\infty\left[G_1\cdot F_{1-1}\cdot J_0(\lambda r)+G_2\cdot F_{2-1}\cdot J_1(\lambda r)\right]\mathrm{d}(\lambda r)+0.5G_0(G_1+rG_2)\\&+G_5\cdot\int_0^\infty\left[G_3\cdot F_{3-1}\cdot J_0(\lambda r)+G_4\cdot F_{4-1}\cdot J_1(\lambda r)\right]\mathrm{d}(\lambda r)-r^{-2}G_5(G_3-rG_4)\end{aligned}\tag{1.127}$$

方案二："均匀半空间积分核法"(朴化荣，1990)。

核函数 F_1～F_4 分别置代为下式后，也随 λ 增大而有界：

$$\begin{cases}F_{1-2}=\lambda(\lambda+u_1/R_1)^{-1}-\lambda(\lambda+u_1)^{-1}\xrightarrow{\lambda\to\infty}(1+1/R_1)^{-1}-0.5\quad(\text{有界})\\ F_{2-2}=(\lambda+u_1/R_1)^{-1}-(\lambda+u_1)^{-1}\xrightarrow{\lambda\to\infty}(\lambda+\lambda/R_1)^{-1}-(2\lambda)^{-1}\quad(\text{有界})\\ F_{3-2}=\lambda u_1/R_1^*-\lambda u_1\xrightarrow{\lambda\to\infty}\lambda^2/R_1^*-\lambda^2\quad(\text{有界}),\\ F_{4-2}=u_1/R_1^*-u_1\xrightarrow{\lambda\to\infty}\lambda/R_1^*-\lambda\quad(\text{有界})\end{cases}\tag{1.128}$$

则数值积分公式(1.122)变为等价式：

$$\begin{aligned}E(\omega)=&G_0\cdot\int_0^\infty\left[G_1\cdot F_{1-2}\cdot J_0(\lambda r)+G_2\cdot F_{2-2}\cdot J_1(\lambda r)\right]\mathrm{d}(\lambda r)\\&+G_5\cdot\int_0^\infty\left[G_3\cdot F_{3-2}\cdot J_0(\lambda r)+G_4\cdot F_{4-2}\cdot J_1(\lambda r)\right]\mathrm{d}(\lambda r)+G_{6s}\end{aligned}\tag{1.129}$$

$$\begin{aligned}G_{6s}=&G_0\cdot\int_0^\infty\left[G_1\cdot\frac{\lambda}{\lambda+u_1}\cdot J_0(\lambda r)+G_2\cdot\frac{1}{\lambda+u_1}\cdot J_1(\lambda r)\right]\mathrm{d}(\lambda r)\\&+G_5\cdot\int_0^\infty\left[G_3\cdot\lambda u_1\cdot J_0(\lambda r)+G_4\cdot u_1\cdot J_1(\lambda r)\right]\mathrm{d}(\lambda r)\end{aligned}\tag{1.130}$$

容易理解：常数项 G_{6s} 的表达式即是(取第一层介质电阻率 ρ_1 的)均匀半空间各电场分量频率域的解析解。

方案一和方案二比较：事实上，随积分变量 λ 增大，核函数 F_1 和 F_2 原本就是有界

的。在方案一中，若不对 F_1 和 F_2 作虚拟处理，则式(1.127)可写为(方案一简化式)

$$E(\omega)=G_0\cdot\int_0^{\infty}\left[G_1\cdot F_1\cdot J_0(\lambda r)+G_2\cdot F_2\cdot J_1(\lambda r)\right]\mathrm{d}(\lambda r)$$

$$+G_5\cdot\int_0^{\infty}\left[G_3\cdot F_{3-1}\cdot J_0(\lambda r)+G_4\cdot F_{4-1}\cdot J_1(\lambda r)\right]\mathrm{d}(\lambda r)-r^{-2}G_5(G_3-rG_4)\quad(1.131)$$

可以看出，采用式(1.131)的“虚拟积分核法”相当于在式(1.129)的“均匀半空间积分核法”中取“近区”近似 $(k_1r\to 0)$ 时的极限情况。理论分析和编程数值试验表明，两种方案均可得到收敛的数值积分值。可以根据具体情况灵活选择这两个方案，但方案一对磁场分量的计算有独到之处(参见本小节磁场各水平分量正演计算数值方法的论述)。特别地，因在均匀半空间情况下水平电场 $E_y(\omega)$无“远区”和“近区”之别，故“虚拟积分核法”等效于“均匀半空间积分核法”(证明略)。

3) 电场各水平分量正演数值计算实用公式

此处仅列出采用式(1.131)的“虚拟积分核法”(方案一简化式)处理的计算公式，其他类同。离散化得数值积分式：

$$E(\omega)=G_0\cdot\sum_{n=1}^{200}\left[G_1F_1(n\varDelta)H_{0n}+G_2F_2(n\varDelta)H_{1n}\right]$$

$$+G_5\cdot\sum_{n=1}^{200}\left[G_3F_{3-1}(n\varDelta)H_{0n}+G_4F_{4-1}(n\varDelta)H_{1n}\right]-r^{-2}G_5(G_3-rG_4)\quad(1.132)$$

式中：抽样间隔 $\varDelta=\ln 10/10$；λ 按 $\lambda_n=\mathrm{e}^{n\varDelta}/r$ 取样；H_{0n} 和 H_{1n} 为快速汉克尔变换滤波系数(通常启用 200 个双精度的值即可满足需要)。

4) 电场各水平分量渐近特性

考察当$\omega\to\infty$和/或 $r\to\infty$，即 $kr\to\infty$时，场的“远区”渐近特性。地表函数 R_1 和 R_1^* 具有渐近性质：

$$R_1\big|_{\omega\to\infty,\lambda\to 0}=\coth\left[k_1h_1+\operatorname{arcoth}\sqrt{\frac{\rho_2}{\rho_1}}\coth\left(k_2h_2+\cdots+\operatorname{arcoth}\sqrt{\frac{\rho_N}{\rho_{N-1}}}\right)\right]=\bar{R}_1\quad(1.133)$$

$$R_1^*\big|_{\omega\to\infty,\lambda\to 0}=\coth\left[k_1h_1+\operatorname{arcoth}\sqrt{\frac{\rho_1}{\rho_2}}\coth\left(k_2h_2+\cdots+\operatorname{arcoth}\sqrt{\frac{\rho_{N-1}}{\rho_N}}\right)\right]=\frac{1}{\bar{R}_1}\quad(1.134)$$

式中：$\bar{R}_1=\lim\limits_{\lambda\to 0}R_1\big|_{\omega\to\infty}$。事实上 $\bar{R}_1$ 即为大地电磁测深法(入射波为平面波时)的变换阻抗(陈乐寿和王光锷，1990)，形式上与积分变量 λ 无关。

更进一步分析 $\lambda\to 0$ 时核函数近似式：

$$F_1=\frac{\lambda}{\lambda+u_1/R_1}\approx\bar{R}_1/k_1\cdot\frac{\lambda}{1+\lambda\bar{R}_1/k_1}\approx\left(\bar{R}_1/k_1\right)\cdot\lambda-\left(\bar{R}_1/k_1\right)^2\lambda^2\quad(1.135)$$

$$F_2=\frac{1}{\lambda+u_1/R_1}\approx\bar{R}_1/k_1\cdot\frac{1}{1+\lambda\bar{R}_1/k_1}\approx\bar{R}_1/k_1-\left(\bar{R}_1/k_1\right)^2\lambda\quad(1.136)$$

$$F_3 = \lambda u_1 / R_1^* \approx \lambda k_1 \bar{R}_1, \quad F_4 = u_1 / R_1^* \approx k_1 \bar{R}_1 \tag{1.137}$$

则有

$$E_x(\omega)_{kr\to\infty} \approx -A\cdot\rho_1\cdot(2-3\cos^2\phi)\cdot\bar{R}_1^2 \tag{1.138}$$

$$E_y(\omega)_{kr\to\infty} = A\cdot 3\sin\varphi\cos\varphi\cdot\rho_1\cdot\bar{R}_1^2 \tag{1.139}$$

$$E_r(\omega)_{kr\to\infty} \approx A\cdot\cos\varphi\cdot\rho_1\cdot\bar{R}_1^2 \tag{1.140}$$

$$E_\varphi(\omega)_{kr\to\infty} \approx -A\cdot(-\sin\varphi)\cdot\rho_1\cdot 2\bar{R}_1^2 \tag{1.141}$$

表明在“远区”，电场水平分量具有频率测深功能。当 $\bar{R}_1 = 1$ 时，即退化为均匀半空间的“远区”渐近表达式。

考察当 $\omega\to 0$ 和/或 $r\to 0$，即 $kr\to 0$ 时，场的“近区”渐近特性。注意到 $R_1\big|_{\omega=0} \equiv 1$ 和 $u_1\big|_{\omega=0} \equiv \lambda$，则有

$$R_1^*\Big|_{\omega=0} = \coth\left[\lambda h_1 + \operatorname{arcoth}\frac{\rho_1}{\rho_2}\coth\left(\lambda h_2 + \cdots + \operatorname{arcoth}\frac{\rho_{N-1}}{\rho_N}\right)\right] = \begin{cases}\lambda\to 0: \rho_1/\rho_N \\ \lambda\to\infty: 1\end{cases} \tag{1.142}$$

为了公式的简练，约定因子 $S = 1/R_1^*\big|_{\omega=0}$，从而

$$E_x(\omega=0) = -A\cdot\rho_1\cdot\int_0^\infty S\cdot\left[\cos^2\varphi\cdot(\lambda r)^2\cdot J_0(\lambda r) + (1-2\cos^2\varphi)\cdot\lambda r\cdot J_1(\lambda r)\right]\mathrm{d}(\lambda r) \tag{1.143}$$

$$E_y(\omega=0) = -A\cdot\sin\varphi\cos\varphi\cdot\rho_1\cdot\int_0^\infty S\cdot\left[(\lambda r)^2\cdot J_0(\lambda r) - 2\cdot\lambda r\cdot J_1(\lambda r)\right]\mathrm{d}(\lambda r) \tag{1.144}$$

$$E_r(\omega=0) = -A\cdot\rho_1\cdot\cos\varphi\cdot\int_0^\infty S\cdot\left[(\lambda r)^2\cdot J_0(\lambda r) - \lambda r\cdot J_1(\lambda r)\right]\mathrm{d}(\lambda r) \tag{1.145}$$

$$E_\varphi(\omega=0) = -A\cdot\rho_1\cdot(-\sin\varphi)\cdot\int_0^\infty\left[S\cdot\lambda r\cdot J_1(\lambda r)\right]\mathrm{d}(\lambda r) \tag{1.146}$$

因此，$E_x(\omega=0)$、$E_y(\omega=0)$、$E_r(\omega=0)$、$E_\varphi(\omega=0)$ (静态场)为地电断面的综合反映，且数值与 r 和 φ 有关，表现出“几何测深态”特性。当 $S=1$ 时，即退化为均匀半空间的“近区”渐近表达式。

对任意收发距 r，近似假定 S 为不依赖于 λ 的常数，可以形式化地得

$$E_x(\omega=0) \approx -A\cdot(1-3\cos^2\varphi)\cdot\rho_1\cdot S = -A\cdot(1-3\cos^2\varphi)\cdot\rho_{E_x}^{\mathrm{G}} \tag{1.147}$$

$$E_y(\omega=0) \approx A\cdot 3\sin\varphi\cos\varphi\cdot\rho_1\cdot S = A\cdot 3\sin\varphi\cos\varphi\cdot\rho_{E_y}^{\mathrm{G}} \tag{1.148}$$

$$E_r(\omega=0) \approx A\cdot\cos\varphi\cdot\rho_1\cdot 2\cdot S = A\cdot\cos\varphi\cdot\rho_{E_r}^{\mathrm{G}}\cdot 2 \tag{1.149}$$

$$E_\varphi(\omega=0) \approx -A\cdot(-\sin\varphi)\cdot\rho_1\cdot S = -A\cdot(-\sin\varphi)\cdot\rho_{E_\varphi}^{\mathrm{G}} \tag{1.150}$$

式中：$\rho_{E_x}^{\mathrm{G}}$、$\rho_{E_y}^{\mathrm{G}}$、$\rho_{E_r}^{\mathrm{G}}$ 和 $\rho_{E_\varphi}^{\mathrm{G}}$ 分别为相应分量的“几何测深”视电阻率；场量的上标“G”表示“几何”的含义。“几何测深”视电阻率为地电断面的综合反映，且数值亦与 r 和 φ 有关，对一维层状介质的计算公式为

$$\rho_{E_x}^{\mathrm{G}} = \frac{\rho_1}{1-3\cos^2\varphi}\cdot\int_0^\infty S\cdot\left[\cos^2\varphi\cdot(\lambda r)^2\cdot J_0(\lambda r) + (1-2\cos^2\varphi)\cdot(\lambda r)\cdot J_1(\lambda r)\right]\mathrm{d}(\lambda r) \tag{1.151}$$

$$\rho_{E_y}^{\mathrm{G}} = -\rho_1 \cdot \int_0^\infty S \cdot \left[(\lambda r)^2 \cdot J_0(\lambda r) - 2 \cdot (\lambda r) \cdot J_1(\lambda r) \right] \mathrm{d}(\lambda r) \tag{1.152}$$

$$\rho_{E_r}^{\mathrm{G}} = -\rho_1 \cdot \int_0^\infty S \cdot \left[(\lambda r)^2 \cdot J_0(\lambda r) - (\lambda r) \cdot J_1(\lambda r) \right] \mathrm{d}(\lambda r) \tag{1.153}$$

$$\rho_{E_\varphi}^{\mathrm{G}} = \rho_1 \cdot \int_0^\infty S \cdot \lambda r \cdot J_1(\lambda r) \mathrm{d}(\lambda r) \tag{1.154}$$

显然，各个分量所对应的“几何测深”视电阻率是两个第一类贝塞尔函数积分的不同形式的组合，一般并不相等。对实际地球介质，测出$\omega = 0$(直流)时的场就能获得这些“几何测深”视电阻率，在条件相同的情况下也等于时间域上阶跃激发延迟时间趋于无穷时的视电阻率。

下面着重考察$r \to 0$和$r \to \infty$的两种极限情况：①当$r \to 0$时，对应大λ的地表函数起主要作用，$R_1^*\big|_{\omega=0} \approx 1$，这时各场量将主要反映第一层介质的电阻率；②当$r \to \infty$时，对应小$\lambda$的地表函数起主要作用，$R_1^*\big|_{\omega=0} \approx \rho_1 / \rho_N$，这时各场量将主要反映最底层介质的电阻率。因此，不论观测何种分量，亦不论在何方位观测，利用极低频观测值，通过改变收发距 r，理论上可以实现层状介质的“几何测深”。但除直流对称四极测深法外一般无现实应用价值。

2. 磁场水平分量解析解及正演数值计算方法

1) 磁场各水平分量解析解积分表达式

由参考文献(朴化荣，1990；Kaufman and Keller，1983)直接列出磁场各水平分量的解析解积分表达式：

$$H_x(\omega) = \frac{-P_E \cdot \sin\varphi \cos\varphi}{2\pi r} \cdot \int_0^\infty \left[\frac{\lambda u_1 \cdot J_0(\lambda r)}{R_1 \cdot (\lambda + u_1 / R_1)} + \frac{2}{r} \cdot \frac{\lambda \cdot J_1(\lambda r)}{\lambda + u_1 / R_1} \right] \mathrm{d}(\lambda r) \tag{1.155}$$

$$H_y(\omega) = \frac{-P_E}{2\pi r} \cdot \int_0^\infty \left[\frac{\sin^2\varphi \cdot \lambda u_1 \cdot J_0(\lambda r)}{R_1 \cdot (\lambda + u_1 / R_1)} + \frac{1 - 2\cos^2\varphi}{r} \cdot \frac{\lambda \cdot J_1(\lambda r)}{\lambda + u_1 / R_1} \right] \mathrm{d}(\lambda r) \tag{1.156}$$

$$H_r(\omega) = \frac{-P_E \cdot \sin\varphi}{2\pi r} \cdot \int_0^\infty \left[\frac{\lambda u_1}{R_1 \cdot (\lambda + u_1 / R_1)} \cdot J_0(\lambda r) + \frac{1}{r} \cdot \frac{\lambda}{\lambda + u_1 / R_1} \cdot J_1(\lambda r) \right] \mathrm{d}(\lambda r) \tag{1.157}$$

$$H_\varphi(\omega) = \frac{P_E \cdot \cos\varphi}{2\pi r} \cdot \int_0^\infty \frac{1}{r} \cdot \frac{\lambda}{\lambda + u_1 / R_1} \cdot J_1(\lambda r) \mathrm{d}(\lambda r) \tag{1.158}$$

2) 磁场各水平分量正演数值计算方法

对比分析磁场各水平分量的解析解积分表达式，可以写成统一式：

$$H(\omega) = G_7 \cdot \int_0^\infty \left[G_8 \cdot F_8 \cdot J_0(\lambda r) + G_9 \cdot F_9 \cdot J_1(\lambda r) \right] \mathrm{d}(\lambda r) \tag{1.159}$$

式中：系数 G_7～G_9 的取法是对 H_x、H_y、H_r 和 H_φ 四个分量分别按下式第 1～4 列赋值

$$\begin{array}{lllll} G_7= & -C\cdot\sin\varphi\cos\varphi & -C & -C\cdot\sin\varphi & -C\cdot\cos\varphi \\ G_8= & 1 & \sin^2\varphi & 1 & 0 \\ G_9= & 2/r & (1-2\cos^2\varphi)/r & 1/r & 1/r \end{array} \tag{1.160}$$

考察积分的核函数 F_8～F_9 随变量 λ 增大的特性：

$$\begin{cases} F_8=\lambda u_1\cdot(R_1\lambda+u_1)^{-1}\xrightarrow{\lambda\to\infty}\lambda\cdot(R_1+1)^{-1}\to\infty \\ F_9=\lambda\cdot(\lambda+u_1/R_1)^{-1}\xrightarrow{\lambda\to\infty}(1+1/R_1)^{-1}\quad(\text{有界}) \end{cases} \tag{1.161}$$

基于与电场分量相同的原因，将视不同情况对积分核函数进行必要和恰当的处理，以确保积分收敛和计算精度。

方案一：“虚拟积分核法”。

积分中的核函数 F_8～F_9 虚拟为下式后则随 λ 增大而有界：

$$\begin{cases} F_{8-1}=\lambda u_1\cdot(R_1\lambda+u_1)^{-1}-0.5\lambda\xrightarrow{\lambda\to\infty}\lambda\cdot(R_1+1)^{-1}-0.5\lambda\quad(\text{有界}) \\ F_{9-1}=\lambda\cdot(\lambda+u_1/R_1)^{-1}-0.5\xrightarrow{\lambda\to\infty}(1+1/R_1)^{-1}-0.5\quad(\text{有界}) \end{cases} \tag{1.162}$$

则数值积分公式(1.159)变为等价式：

$$H(\omega)=G_7\cdot\int_0^\infty\left[G_8\cdot F_{8-1}\cdot J_0(\lambda r)+G_9\cdot F_{9-1}\cdot J_1(\lambda r)\right]\mathrm{d}(\lambda r)+0.5G_7G_9 \tag{1.163}$$

因核函数 F_9 本身随积分变量 λ 的增大是有界的，方案一也可取下式(方案一简化型)：

$$H(\omega)=G_7\cdot\int_0^\infty\left[G_8\cdot F_{8-1}\cdot J_0(\lambda r)+G_9\cdot F_9\cdot J_1(\lambda r)\right]\mathrm{d}(\lambda r) \tag{1.164}$$

方案二：“均匀半空间积分核法”。

积分中核函数 F_8～F_9 被置代为下式后则随 λ 增大而有界：

$$\begin{cases} F_{8-2}=\lambda u_1\cdot(R_1\lambda+u_1)^{-1}-\lambda u_1\cdot(\lambda+u_1)^{-1}\xrightarrow{\lambda\to\infty}\lambda\cdot(R_1+1)^{-1}-0.5\lambda\quad(\text{有界}) \\ F_{9-2}=\lambda\cdot(\lambda+u_1/R_1)^{-1}-\lambda\cdot(\lambda+u_1)^{-1}\xrightarrow{\lambda\to\infty}(1+1/R_1)^{-1}-0.5\quad(\text{有界}) \end{cases} \tag{1.165}$$

如此，数值积分公式(1.159)可改写为等价式：

$$H(\omega)=G_7\cdot\int_0^\infty\left[G_8\cdot F_{8-2}\cdot J_0(\lambda r)+G_9\cdot F_{9-2}\cdot J_1(\lambda r)\right]\mathrm{d}(\lambda r)+G_{10s} \tag{1.166}$$

$$G_{10s}=G_7\cdot\int_0^\infty\left[G_8\cdot\frac{\lambda u_1}{\lambda+u_1}\cdot J_0(\lambda r)+G_9\cdot\frac{\lambda}{\lambda+u_1}\cdot J_1(\lambda r)\right]\mathrm{d}(\lambda r) \tag{1.167}$$

常数项 G_{10s} 即是对应的磁场分量在均匀半空间(电阻率取为 ρ_1)时的频率域解析解。

方案一和方案二均可得到收敛的积分值。容易看出，采用式(1.164)的“虚拟积分核法”相当于在式(1.166)“均匀半空间积分核法”中取“近区”近似($k_1r\to 0$)的极限情况。相对而言，采用式(1.164)的“虚拟积分核法”(方案一简化型)更为简便，具有计算速度快、精度高的优势。考虑到第一类和第二类变形贝塞尔函数计算量大，计算时间较长，若宗量为复数，暂无较好的方法处理成双精度计算过程，故有一定的计算误差。因为计算均匀半空间解析解时要涉及贝塞尔函数的计算，所以方案二的计算时间更长且有一定的误差。

3) 磁场各水平分量正演计算实用数值公式

仅以“虚拟积分核法”(方案一简化型)为例，将式(1.164)离散化得数值积分式：

$$H(\omega)=G_7\cdot\sum_{n=1}^{200}\left[G_8F_{8-1}(n\Delta)H_{0n}+G_9F_9(n\Delta)H_{1n}\right] \tag{1.168}$$

4) 磁场各水平分量渐近特性

考察当$\omega\to\infty$和/或$r\to\infty$，即$kr\to\infty$时，场的“远区”渐近特性。磁场表达式仅涉及函数R_1，仍沿用符号$\bar{R}_1=\lim\limits_{\lambda\to0}R_1\big|_{\omega\to\infty}$。限于分析$\lambda\to0$的情况，核函数近似式为

$$F_8=\frac{\lambda u_1}{R_1\lambda+u_1}=\frac{\lambda}{1+\lambda\bar{R}_1/k_1}\approx\lambda-\left(\bar{R}_1/k_1\right)\cdot\lambda^2 \tag{1.169}$$

$$F_9=\frac{\lambda}{\lambda+u_1/R_1}\approx\frac{\bar{R}_1}{k_1}\cdot\frac{\lambda}{1+\lambda\bar{R}_1/k_1}\approx\left(\bar{R}_1/k_1\right)\cdot\lambda-\left(\bar{R}_1/k_1\right)^2\lambda^2=\left(\bar{R}_1/k_1\right)\cdot F_8 \tag{1.170}$$

则有

$$H_x(\omega)\approx-A\cdot3\sin\varphi\cos\varphi\cdot\frac{\bar{R}_1}{k_1} \tag{1.171}$$

$$H_y(\omega)\approx-A\cdot(2-3\cos^2\varphi)\cdot\frac{\bar{R}_1}{k_1} \tag{1.172}$$

$$H_r(\omega)\approx-A\cdot\sin\varphi\cdot\frac{2\bar{R}_1}{k_1} \tag{1.173}$$

$$H_\varphi(\omega)\approx A\cdot\cos\varphi\cdot\frac{\bar{R}_1}{k_1} \tag{1.174}$$

这些公式表明，在“远区”，磁场水平分量具有频率测深功能。当$\bar{R}_1=1$时，即为均匀半空间的磁场分量“远区”渐近表达式。

考察当$\omega\to0$和/或$r\to0$，即$kr\to0$时，场的“近区”渐近特性。注意到$R_1\big|_{\omega=0}\equiv1$和$u_1\big|_{\omega=0}\equiv\lambda$，则核函数为

$$F_8=\lambda u_1\cdot\left(R_1\cdot\lambda+u_1\right)^{-1}\overset{\omega=0}{=\!=}0.5\lambda,\ F_9=\lambda\cdot\left(\lambda+u_1/R_1\right)^{-1}\overset{\omega=0}{=\!=}0.5 \tag{1.175}$$

因此有

$$H_x(\omega)=-0.5A\cdot r\cdot2\sin\varphi\cos\varphi \tag{1.176}$$

$$H_y(\omega)=0.5A\cdot r\cdot(2\cos^2\varphi-1) \tag{1.177}$$

$$H_r(\omega)=-0.5A\cdot r\cdot\sin\varphi \tag{1.178}$$

$$H_\varphi(\omega)=0.5A\cdot r\cdot\cos\varphi \tag{1.179}$$

这些表达式都与均匀半空间静态磁场的相应表达式(亦即“近区”渐近式)精确地相等。在“近区”，水平磁场避开了类似电场的“几何测深态”陷阱，但表现为“静态场”特征。均匀半空间的解析解和层状介质理论模型试验结果均表明，水平磁场也具有一定的频率测深能力，对低频$\omega\to0$但非$\omega=0$的信号而言，可以渐近地反映最底层电阻率ρ_N

的信息。

3. 磁场垂直解析解及正演数值计算方法

1) 磁场垂直分量解析解积分表达式

磁场垂直分量的解析解积分表达式(朴化荣，1990；Kaufman and Keller，1983)和核函数分别为

$$H_z(\omega)=\frac{P_E\cdot\sin\varphi}{2\pi}\cdot\int_0^{\infty}F_{10}\cdot J_1(\lambda r)\mathrm{d}\lambda \tag{1.180}$$

$$F_{10}=\lambda^2\cdot\left(\lambda+u_1/R_1\right)^{-1} \tag{1.181}$$

2) 磁场垂直分量正演数值计算方法

为解决积分核函数随变量 λ 增大而增大导致计算误差和计算速度较慢的问题，采用“虚拟积分核法”进行处理，将场值表达式改写成等价式：

$$H_z(\omega)=\frac{P_E\cdot\sin\varphi}{2\pi r}\cdot\int_0^{\infty}\left(F_{10}-0.5\lambda\right)\cdot J_1(\lambda r)\mathrm{d}\left(\lambda r\right)+\frac{P_E\cdot\sin\varphi}{2\pi}\cdot\frac{1}{2r^2} \tag{1.182}$$

而采用“均匀半空间积分核法”，则有等价式：

$$H_z(\omega)=\frac{P_E\cdot\sin\varphi}{2\pi\cdot r^2}\cdot\left\{\int_0^{\infty}\frac{(R_1-1)\cdot\lambda r\cdot u_1\cdot J_1(\lambda r)}{(\lambda R_1+u_1)(\lambda+u_1)}\mathrm{d}\left(\lambda r\right)+\frac{3-\left[3+3k_1r+\left(k_1r\right)^2\right]\mathrm{e}^{-k_1r}}{(kr)^2}\right\} \tag{1.183}$$

3) 磁场垂直分量正演数值计算实用公式

采用“虚拟积分核法”的数值计算公式：

$$\begin{cases}H_z(\omega)=\dfrac{P_E\cdot\sin\varphi}{2\pi\cdot r}\cdot\displaystyle\sum_{n=1}^{200}F_{10-1}(n\varDelta)H_{1n}+\dfrac{P_E\cdot\sin\varphi}{4\pi\cdot r^2}\\ F_{10-1}(n\varDelta)=\lambda_n^2\cdot\left(\lambda_n+u_1/R_1\right)^{-1}-0.5\lambda_n\end{cases} \tag{1.184}$$

采用“均匀半空间积分核法”的数值计算公式：

$$\begin{cases}H_z(\omega)=\dfrac{P_E\cdot\sin\varphi}{2\pi\cdot r}\cdot\left(\displaystyle\sum_{n=1}^{200}F_{10-2}(n\varDelta)H_{1n}+\dfrac{1}{r\cdot(k_1r)^2}\cdot\left\{3-\left[3+3k_1r+\left(k_1r\right)^2\right]\mathrm{e}^{-k_1r}\right\}\right)\\ F_{10-2}(n\varDelta)=\lambda_n^2\cdot\left(\lambda_n+u_1/R_1\right)^{-1}-\lambda_n^2\cdot\left(\lambda_n+u_1\right)^{-1}\end{cases} \tag{1.185}$$

容易理解 $F_{10-2}(n\varDelta)$比 $F_{10-1}(n\varDelta)$随 λ 的增大更快地趋近于零。试验表明，对垂直磁场采用“均匀半空间积分核法”比“虚拟积分核法”精度要略高，主要是前者更好地压制了高频段的振荡误差。在求解均匀半空间的解析解时，对涉及小 kr 的计算项要细心处置。

4) 磁场垂直分量渐近特性

首先考察当 $\omega\to\infty$和/或 $r\to\infty$，即 $kr\to\infty$时，场的“远区”渐近特性。限于分析 $\lambda\to0$ 的情况，核函数近似式为

$$F_{10}=\lambda^2\cdot(\lambda+u_1/R_1)^{-1}\approx\bar{R}_1/k_1\cdot\lambda^2-\left(\bar{R}_1/k_1\right)^2\lambda^3 \tag{1.186}$$

则有

$$H_z(\omega)\overset{\omega\to\infty}{=\!=}\frac{P_E\cdot\sin\varphi}{2\pi}\cdot\int_0^\infty\bar{R}_1/k_1\cdot\left[\lambda^2-\left(\bar{R}_1/k_1\right)\cdot\lambda^3\right]\cdot J_1(\lambda r)\mathrm{d}\lambda=A\cdot\frac{\sin\varphi}{r}\cdot3\left(\bar{R}_1/k_1\right)^2 \tag{1.187}$$

在此波区具有类似平面波激发的频率测深能力。当$\bar{R}_1=1$时，即为均匀半空间的“远区”渐近式。

再考察当$\omega\to0$和/或$r\to0$，即$kr\to0$时，场的“近区”渐近特性。注意到$R_1\big|_{\omega=0}\equiv1$、$u_1\big|_{\omega=0}\equiv\lambda$以及$F_{10}\overset{\omega=0}{=\!=}0.5\lambda$，因此有

$$H_z(\omega)=\frac{P_E\cdot\sin\varphi}{2\pi}\cdot\int_0^\infty\frac{1}{r}\cdot\frac{\lambda}{2}\cdot J_1(\lambda r)\mathrm{d}(\lambda r)=A\cdot\frac{r}{2}\cdot\sin\varphi \tag{1.188}$$

此即为均匀半空间的“近区”渐近式。在近区，垂直磁场避开了电场的“几何测深态”陷阱，并且同水平磁场一样，也具有频率测深能力，对低频$\omega\to0$但非$\omega=0$的信号而言，可以渐近地反映最底层电阻率的信息。当然，处于静态时场值的变化已很弱小，加之受到信噪比的制约，对深部电性层的“实际上”的分辨能力大为降低。

1.4.2　时间域电磁场分量正演数值计算方法

考察过零方波激发[图 1.2(b)]时的上阶跃响应。通过傅里叶变换可以将频率域响应转变为瞬变电磁响应。

对电场分量有

$$e^+(t)=\frac{1}{2\pi}\int_{-\infty}^{\infty}\frac{E(\omega)}{-\mathrm{i}\omega}\cdot\mathrm{e}^{-\mathrm{i}\omega t}\mathrm{d}\omega \tag{1.189}$$

对磁场分量，因实测的是感应电动势也即磁场分量的一次时间导数，故有

$$\frac{\partial h^+(t)}{\partial t}=\frac{1}{2\pi}\int_{-\infty}^{\infty}H(\omega)\cdot\mathrm{e}^{-\mathrm{i}\omega t}\mathrm{d}\omega \tag{1.190}$$

可以采用基于逆拉普拉斯变换的 G-S(Gaver-Stehfest)算法实现瞬变电磁响应的计算。此方法具有滤波系数个数少、计算速度快的特点(朴化荣，1990)。

令$p=-\mathrm{i}\omega$，引入$c>0$，式(1.189)和式(1.190)改写为

$$e^+(t)=\frac{1}{2\pi\mathrm{i}}\int_{-c-\mathrm{i}\infty}^{c+\mathrm{i}\infty}\frac{E(p)}{p}\cdot\mathrm{e}^{pt}\mathrm{d}p \tag{1.191}$$

$$\frac{\partial h^+(t)}{\partial t}=\frac{1}{2\pi\mathrm{i}}\int_{c-\mathrm{i}\infty}^{c+\mathrm{i}\infty}H(p)\cdot\mathrm{e}^{pt}\mathrm{d}p \tag{1.192}$$

由 G-S 算法写成离散形式：

$$e^+(t)=\frac{\ln2}{t}\sum_{m=1}^{N}\left[K_m\cdot\frac{E(p_m)}{p_m}\right]=\sum_{m=1}^{N}\left[K_m\cdot\frac{E(p_m)}{m}\right] \tag{1.193}$$

$$\frac{\partial h^+(t)}{\partial t}=\frac{\ln2}{t}\sum_{m=1}^{N}\left[K_m\cdot H(p_m)\right] \tag{1.194}$$

离散化时取

$$p_m = \ln 2 \cdot m / t, \quad \Delta p_m = \ln 2 / t \tag{1.195}$$

而式中的 K_m 为采用 G-S 算法作变换时的系数：

$$K_m = (-1)^{\frac{N}{2}+m} \sum_{k=\frac{m+1}{2}}^{\min\left(m,\frac{N}{2}\right)} \left(k^{\frac{N}{2}} (2k)! \right) \cdot \left[k!(k-1)! \left(\frac{N}{2}-k\right)!(m-k)!(2k-m)! \right]^{-1} \tag{1.196}$$

当选定参与滤波样点的个数为 $N=12$ 时，K_m 共 12 个，双精度数值为

DATA $[K(I), I=1,12]/$

* $-0.166666666666666d-01, 0.160166666666666d+02,$

* $-0.124700000000000d+04, 0.275543333333333d+05,$

* $-0.263280833333333d+06, 0.132413870000000d+07,$

* $-0.389170553333333d+07, 0.705328633333333d+07,$

* $-0.800533650000000d+07, 0.555283050000000d+07,$

* $-0.215550720000000d+07, 0.359251200000000d+06 \text{。}$

K_m 具有以下三个重要性质：

$$\sum_{m=1}^{N=12} K_m = 0, \quad \sum_{m=1}^{N=12} \frac{K_m}{m} = 1, \quad \sum_{m=1}^{N=12} \frac{K_m}{\sqrt{m}} = \sqrt{\frac{1}{\pi \ln 2}} \tag{1.197}$$

1. 上阶跃电场水平分量正演数值计算方法

1) 上阶跃电场水平分量正演数值计算实用公式

为解决积分核随变量 λ 增大而增大导致计算误差的问题，可以采用"虚拟积分核法"或"均匀半空间积分核法"将频率域场值表达式(1.131)和式(1.129)适当改写成等价式，代入式(1.193)获取以下实用公式：

$$e^+(t) = G_{0t} \cdot \sum_{m=1}^{N=12} K_m \left[G_1 \sum_{n=1}^{200} F_1(n\Delta)H_{0n} + G_2 \sum_{n=1}^{200} F_2(n\Delta)H_{1n} \right]$$
$$+ G_5 \cdot \sum_{m=1}^{N=12} \left(\frac{K_m}{m}\right) \left[G_3 \sum_{n=1}^{200} F_{3-1}(n\Delta)H_{0n} + G_4 \sum_{n=1}^{200} F_{4-1}(n\Delta)H_{1n} \right] - \frac{G_5(G_3 - rG_4)}{r^2} \tag{1.198}$$

$$e^+(t) = G_{0t} \cdot \sum_{m=1}^{N=12} K_m \left[G_1 \sum_{n=1}^{200} F_{1-2}(n\Delta)H_{0n} + G_2 \sum_{n=1}^{200} F_{2-2}(n\Delta)H_{1n} \right]$$
$$+ G_5 \cdot \sum_{m=1}^{N=12} \left(\frac{K_m}{m}\right) \left[G_3 \sum_{n=1}^{200} F_{3-2}(n\Delta)H_{0n} + G_4 \sum_{n=1}^{200} F_{4-2}(n\Delta)H_{1n} \right] + G_{6p} \tag{1.199}$$

其中：系数 $G_1 \sim G_5$ 和核函数取法见式(1.123)，且应将核函数式中 λ 离散为 $\lambda_n = e^{n\Delta}/r$；$-i\omega$ 用 p_m 替代；时间域波数 $k_1^2 = \mu \cdot p_m / \rho_1$，$u_1 = \sqrt{\lambda^2 + \mu \cdot p_m / \rho_1}$。常数项 G_{6p} 的表达式即是(取第一层介质电阻率 ρ_1 的)均匀半空间各电场分量时间域(上阶跃激发)的解析解。对 e_x^+、e_y^+、e_r^+ 和 e_φ^+ 各分量，常数项 G_{0t} 分别取 $-4B \cdot \ln 2$、$-4B \cdot \ln 2 \cdot \sin\varphi\cos\varphi$、$-4B \cdot \ln 2 \cdot \cos\varphi$ 和 $4B \cdot \ln 2 \cdot \sin\varphi$。

从形式上看，“虚拟积分核法”[式(1.198)]相当于取 $x_1 = r\sqrt{\mu/(4\rho_1 t)} \to 0$ (长延迟时，晚期)时的“均匀半空间积分核法”[式(1.199)]。两种方案均可获得足够精度的数值解。就计算速度而言，“虚拟积分核法”略有优势。

2) 上阶跃电场水平分量渐近特性

先考察当 $t \to 0$ 和/或 $r \to \infty$，即 $x = r\sqrt{\mu/(4\rho t)} \to \infty$时的场的“早期”渐近特性。应用 K_m 的等式性质，并将极限渐近状态下的场近似视为常数，则

$$e^+(t) = \frac{\ln 2}{t}\sum_{m=1}^{N}\left[K_m \cdot \frac{E(p_m)}{p_m}\right] = \sum_{m=1}^{N}\left[\frac{K_m}{m}\cdot E(p_m)\right] \approx E(p_m) = E \quad (-\mathrm{i}\omega\text{用}\frac{\ln 2}{t}m\text{代替}) \tag{1.200}$$

因而有

$$e_x^+(t)_{x\to\infty} \approx -A\cdot(2-3\cos^2\varphi)\cdot\rho_1\cdot\overline{R}_1^2\Big|_{-\mathrm{i}\omega\text{用}\frac{\ln 2}{t}m\text{代替},\text{且}t\to 0} \tag{1.201}$$

$$e_y^+(t)_{x\to\infty} \approx A\cdot 3\sin\varphi\cos\varphi\cdot\rho_1\cdot\overline{R}_1^2\Big|_{-\mathrm{i}\omega\text{用}\frac{\ln 2}{t}m\text{代替},\text{且}t\to 0} \tag{1.202}$$

$$e_r^+(t)_{x\to\infty} \approx A\cdot\cos\varphi\cdot\rho_1\cdot\overline{R}_1^2\Big|_{-\mathrm{i}\omega\text{用}\frac{\ln 2}{t}m\text{代替},\text{且}t\to 0} \tag{1.203}$$

$$e_\varphi^+(t)_{x\to\infty} \approx A\cdot 2\sin\varphi\cdot\rho_1\cdot\overline{R}_1^2\Big|_{-\mathrm{i}\omega\text{用}\frac{\ln 2}{t}m\text{代替},\text{且}t\to 0} \tag{1.204}$$

当地表函数取 1 时，即为均匀半空间的上阶跃“早期”渐近式，也约等于频率域的“远区”渐近式。由于考察的是 $t \to 0$ 的情况，当用 $\ln 2\cdot m/t$ 代替 $-\mathrm{i}\omega$ 时，m 取何值已无关紧要，因此实际计算出的时间域和频率域的渐近值略有差异。

再考察当 $t \to \infty$和/或 $r \to 0$，即 $x = r\sqrt{\mu/(4\rho t)} \to 0$ 时的场的“晚期”渐近特性。此种状态下，场值计算式中的第一部分为零，故有

$$e^+(t) = \frac{\ln 2}{t}\sum_{m=1}^{N}\left[K_m \cdot \frac{E(p_m)}{p_m}\right] = \sum_{m=1}^{N}\left[\frac{K_m}{m}\cdot E(p_m)\right] \approx E(p_m) = E \quad (-\mathrm{i}\omega\text{用}0\text{代替}) \tag{1.205}$$

$$e_x^+(t)_{x\to 0} \approx -A\cdot(1-3\cos^2\varphi)\cdot\rho_{E_x}^{\mathrm{G}} - P_E\cdot\left[\mu_0/(\pi t)\right]^{1.5}\cdot(\rho_N)^{-0.5}/12 \tag{1.206}$$

$$e_y^+(t)_{x\to 0} \approx A\cdot 3\sin\varphi\cos\varphi\cdot\rho_{E_y}^{\mathrm{G}} \tag{1.207}$$

$$e_r^+(t)_{x\to 0} \approx A\cdot\cos\varphi\cdot\rho_{E_r}^{\mathrm{G}}\cdot 2 + P_E\cdot\cos\varphi\cdot\left[\mu_0/(\pi t)\right]^{1.5}\cdot(\rho_N)^{-0.5}/12 \tag{1.208}$$

$$e_\varphi^+(t)_{x\to 0} \approx -A\cdot(-\sin\varphi)\cdot\rho_{E_\varphi}^{\mathrm{G}} + P_E\cdot(-\sin\varphi)\cdot\left[\mu_0/(\pi t)\right]^{1.5}\cdot(\rho_N)^{-0.5}/12 \tag{1.209}$$

式中：$\rho_{E_x}^{\mathrm{G}}$、$\rho_{E_y}^{\mathrm{G}}$、$\rho_{E_r}^{\mathrm{G}}$ 和 $\rho_{E_\varphi}^{\mathrm{G}}$ 为相应分量的“几何测深”视电阻率。当地表函数取 1 时，即为均匀半空间的“晚期”渐近式。上阶跃时间域“晚期”渐近式中第一项理论上精确地等同于频率域的“近区”渐近式(静态场)。实际计算时两者略有误差的原因是：在时间域采用取 N=12 的近似滤波计算式，而在频率域的静态场计算是精确的。

实际观测时，“几何测深”视电阻率经由一个相当长的延迟时间点的读数而获得，

也可以由上、下阶跃曲线的整体差异求出。

在上阶跃信号中消除此“几何测深态”即直流项，就可以等效地看成是下阶跃响应，即

$$e^{-}(t_i)\Big|_{\text{换算的下阶跃响应}} = e^{+}(t_i)_{\text{实测上阶跃响应}} - \sum_{i=1}^{M}\frac{e^{+}(t_i)_{\text{实测上阶跃响应}} + e^{-}(t_i)_{\text{实测下阶跃响应}}}{M}$$

式中：M 为时间信号采样总点数。需要注意的是，通常由上阶跃换算的资料品质和实测的下阶跃响应的资料品质(信噪比)是不同的。

2. 下阶跃电场水平分量正演数值计算方法

1) 下阶跃电场水平分量正演数值计算实用公式

下阶跃的响应为直流条件($\omega = 0$ 或 $t = \infty$)下的恒定电场(对应前述“几何测深态”)与上阶跃响应的差。有两种方案可用来计算其数值解。

方案一：

第一步，根据频率域公式计算$\omega = 0$ 的场值。当$\omega = 0$ 时，有$u_1\big|_{\omega=0} = \lambda$，$R_1^*\big|_{\omega=0} = 1/S$，且

$$F_{3-3} = F_{3-2}\big|_{\omega=0} = \lambda^2\cdot(S-1),\quad F_{4-3} = F_{4-2}\big|_{\omega=0} = \lambda\cdot(S-1) \tag{1.210}$$

故直流恒定场值计算公式可简化为

$$e^{+}(t=\infty) = G_5\cdot\sum_{n=1}^{200}\left[G_3F_{3-3}(n\varDelta)H_{0n} + G_4F_{4-3}(n\varDelta)H_{1n}\right] - r^{-2}\cdot G_5(G_3 - rG_4) \tag{1.211}$$

第二步，按“虚拟积分核法”计算上阶跃响应$e^{+}(t)$

$$\begin{aligned} e^{+}(t) = {} & G_{0t}\cdot\sum_{m=1}^{N=12}K_m\left[G_1\sum_{n=1}^{200}F_1(n\varDelta)H_{0n} + G_2\sum_{n=1}^{200}F_2(n\varDelta)H_{1n}\right] - r^{-2}\cdot G_5(G_3 - rG_4) \\ & + G_5\cdot\sum_{m=1}^{N=12}\left(\frac{K_m}{m}\right)\left[G_3\sum_{n=1}^{200}F_{3-1}(n\varDelta)H_{0n} + G_4\sum_{n=1}^{200}F_{4-1}(n\varDelta)H_{1n}\right] \end{aligned} \tag{1.212}$$

第三步，计算下阶跃响应$e^{-}(t)$

$$e^{-}(t) = e^{+}(t=\infty) - e^{+}(t) \tag{1.213}$$

此方案中，采用频率域公式计算直流条件($\omega = 0$ 或 $t = \infty$)下的恒定电场，避免了时间域数值滤波计算误差，因而可以获得较高的计算精度。

方案二：

根据下阶跃计算式(1.198)，将其中频率域直流恒定场值计算公式等效为时间域计算式，则有下阶跃响应的计算实用公式：

$$\begin{aligned} e^{-}(t) = {} & G_5\cdot\sum_{m=1}^{N=12}\left(\frac{K_m}{m}\right)\left[G_3\sum_{n=1}^{200}F_{3-4}(n\varDelta)H_{0n} + G_4\sum_{n=1}^{200}F_{4-4}(n\varDelta)H_{1n}\right] \\ & - G_{0t}\cdot\sum_{m=1}^{N=12}K_m\left[G_1\sum_{n=1}^{200}F_1(n\varDelta)H_{0n} + G_2\sum_{n=1}^{200}F_2(n\varDelta)H_{1n}\right] \end{aligned} \tag{1.214}$$

其中：核函数$F_{3-4} = \lambda\left(S\cdot\lambda - u_1/R_1^*\right)$；$F_{4-4} = S\cdot\lambda - u_1/R_1^*$。

2) 下阶跃电场水平分量渐近特性

考察当 $t\to 0$ 和/或 $r\to\infty$，即 $x\to\infty$时的场的“早期”渐近特性。

$$e_x^-(t)_{x\to\infty}\approx A\cdot\left[\rho_{E_x}^{\mathrm{G}}-(2-3\cos^2\varphi)\cdot\left(\rho_{E_x}^{\mathrm{G}}-\rho_1\cdot\bar{R}_1^2\Big|_{-\mathrm{i}\omega用\frac{\ln 2}{t}m代替}\right)\right] \tag{1.215}$$

$$e_y^-(t)_{x\to\infty}\approx A\cdot 3\sin\varphi\cos\varphi\cdot\left(\rho_{E_y}^{\mathrm{G}}-\rho_1\cdot\bar{R}_1^2\Big|_{-\mathrm{i}\omega用\frac{\ln 2}{t}m代替}\right) \tag{1.216}$$

$$e_r^-(t)_{x\to\infty}\approx A\cdot\cos\varphi\cdot\left(2\rho_{E_r}^{\mathrm{G}}-\rho_1\cdot\bar{R}_1^2\Big|_{-\mathrm{i}\omega用\frac{\ln 2}{t}m代替}\right) \tag{1.217}$$

$$e_\varphi^-(t)_{x\to\infty}\approx -A\cdot(-\sin\varphi)\cdot\left(\rho_{E_\varphi}^{\mathrm{G}}-2\rho_1\cdot\bar{R}_1^2\Big|_{-\mathrm{i}\omega用\frac{\ln 2}{t}m代替}\right) \tag{1.218}$$

当地表函数为 1 时，即为均匀半空间的下阶跃“早期”渐近表达式。

考察当 $t\to\infty$和/或 $r\to 0$，即 $x\to 0$ 时的场的“晚期”渐近特性。因为 $F_{3-4}=0$、$F_{4-4}=0$ 和 $G_{0t}=0$，所以电场水平分量下阶跃的响应均趋近于零。

鉴于理论分析的复杂性，现仅根据均匀半空间场的特性和理论模型试验的结果，推导下阶跃时间域电场水平分量的“晚期”渐近式二级近似为

$$e_x^-(t)_{x\to 0}\approx P_E\cdot(\mu_0)^{1.5}(\pi t)^{-1.5}\cdot(\rho_N)^{-0.5}/12 \tag{1.219}$$

$$e_y^-(t)_{x\to 0}\approx 0 \tag{1.220}$$

$$e_r^-(t)_{x\to 0}\approx P_E\cdot\cos\varphi\cdot(\mu_0)^{1.5}(\pi t)^{-1.5}\cdot(\rho_N)^{-0.5}/12 \tag{1.221}$$

$$e_\varphi^-(t)_{x\to 0}\approx -P_E\cdot\sin\varphi\cdot(\mu_0)^{1.5}(\pi t)^{-1.5}\cdot(\rho_N)^{-0.5}/12 \tag{1.222}$$

式中：ρ_N 为最底层介质的电阻率。

作为非完备性佐证，考察两层介质的情况，$e_x^-(t)_{t\to\infty}$ “晚期”瞬变场的渐近表达式 (Kaufman and Keller，1983)为

$$\begin{aligned}e_x^-(t)_{t\to\infty}\approx{}&\frac{P_E}{12}\cdot\left(\frac{\mu_0}{\pi t}\right)^{1.5}\cdot\frac{1}{\sqrt{\rho_2}}-\frac{P_E}{32\pi}\frac{\rho_1-\rho_2}{\rho_1\rho_2}\left(\frac{\mu}{t}\right)^2\cdot h_1\\&-\frac{P_E}{80\pi\sqrt{\pi}}\cdot\left(\frac{r^2}{\rho_2\sqrt{\rho_2}}-\frac{\rho_2-\rho_1}{\rho_1^2\sqrt{\rho_2}}\cdot 2h_1^2\right)\cdot\left(\frac{\mu}{t}\right)^{2.5}+\cdots\end{aligned} \tag{1.223}$$

式中：h_1 为第一层介质的厚度。在晚期，水平电场接近于具有第二层电阻率的均匀半空间的场。将多层介质的上 N–1 个层看成一个等效的均匀层，则这一结论适用于任意层数的介质。这个结论也得到一些理论模型试验结果的证实。根据此性质，利用下阶跃响应，相当于在上阶跃响应中剥离了“几何测深态”的直流成分，获得独立的含有与层状介质分层有关的信息，具备了由浅到深的均等分辨能力的分层测深功能，且在小收发距时也成立。此为下阶跃响应的优势之处。这些信息也蕴含在上阶跃波形中，但表象上似乎被“几何测深态”遮掩住了。理论上能够获取任意延迟时间段中的分层信息。对实际测量而

言，在晚期，下阶跃的场值越来越小，信噪比降低；在上阶跃波形中的表现则是总场场值绝对值可能很大，但各电性层的微弱的分层信号叠加在较大的"几何测深态"背景场值之上，不能突显，也易于被噪声所淹没。因此，理论上长延迟时(对应深部)分层信息可提取，但实践上可能分辨模糊。

3. 不过零方波阶跃电场水平分量正演数值计算方法

1) 不过零方波阶跃电场水平分量正演数值计算实用公式

不过零方波阶跃的响应为直流条件($\omega=0$ 或 $t=\infty$)下的恒定电场(对应前述几何测深态)与两倍的上阶跃响应场值的差。有两种方案可以计算其数值解。

方案一：根据频率域公式计算$\omega=0$ 的场值$e^{+}(t=\infty)$；按"虚拟积分核法"计算上阶跃响应$e^{+}(t)$；由$e^{\pm}(t)=e^{+}(t=\infty)-2e^{+}(t)$计算不过零方波阶跃响应。

方案二：根据不过零方波阶跃表达式$e^{\pm}(t)=e^{+}(t=\infty)-2e^{+}(t)$，将其中频率域直流恒定场值计算公式等效为时间域计算式，经改写后得到响应计算实用公式

$$
\begin{aligned}
e^{\pm}(t)=G_5\cdot\sum_{m=1}^{N=12}\left(\frac{K_m}{m}\right)&\left[G_3\sum_{n=1}^{200}F_{3-5}(n\varDelta)H_{0n}+G_4\sum_{n=1}^{200}F_{4-5}(n\varDelta)H_{1n}\right]\\
&-2G_{0t}\cdot\sum_{m=1}^{N=12}K_m\left[G_1\sum_{n=1}^{200}F_1(n\varDelta)H_{0n}+G_2\sum_{n=1}^{200}F_2(n\varDelta)H_{1n}\right]-\frac{1}{r^2}G_5(G_3-rG_4)
\end{aligned}\tag{1.224}
$$

其中：核函数$F_{3-5}=\lambda\left(S\cdot\lambda-2u_1/R_1^{*}+\lambda\right)$；$F_{4-5}=S\cdot\lambda-2u_1/R_1^{*}+\lambda$。

2) 不过零方波阶跃电场水平分量渐近特性

考察场的"早期"渐近特性：

$$e_x^{\pm}(t)_{x\to\infty}\approx A\cdot\left[\rho_{E_x}^{\mathrm{G}}-(2-3\cos^2\varphi)\cdot\left(\rho_{E_x}^{\mathrm{G}}-2\rho_1\cdot\overline{R}_1^2\Big|_{-\mathrm{i}\omega用\frac{\ln 2}{t}m代替}\right)\right]\tag{1.225}$$

$$e_y^{\pm}(t)_{x\to\infty}\approx A\cdot 3\sin\varphi\cos\varphi\cdot\left(\rho_{E_y}^{\mathrm{G}}-2\rho_1\cdot\overline{R}_1^2\Big|_{-\mathrm{i}\omega用\frac{\ln 2}{t}m代替}\right)\tag{1.226}$$

$$e_r^{\pm}(t)_{x\to\infty}\approx A\cdot\cos\varphi\cdot\left(2\rho_{E_r}^{\mathrm{G}}-2\rho_1\cdot\overline{R}_1^2\Big|_{-\mathrm{i}\omega用\frac{\ln 2}{t}m代替}\right)\tag{1.227}$$

$$e_\varphi^{\pm}(t)_{x\to\infty}\approx -A\cdot(-\sin\varphi)\cdot\left(\rho_{E_\varphi}^{\mathrm{G}}-4\rho_1\cdot\overline{R}_1^2\Big|_{-\mathrm{i}\omega用\frac{\ln 2}{t}m代替}\right)\tag{1.228}$$

当地表函数取为 1 时，即为均匀半无限空间的不过零方波阶跃"早期"渐近表达式。

考察场的"晚期"渐近特性：

$$e_x^{\pm}(t)_{x\to 0}\approx\pm A\cdot(1-3\cos^2\varphi)\cdot\rho_{E_x}^{\mathrm{G}}\pm P_E\cdot(\mu_0)^{1.5}(\pi t)^{-1.5}\cdot(\rho_N)^{-0.5}/6\tag{1.229}$$

$$e_y^{\pm}(t)_{x\to 0}\approx\pm A\cdot 3\sin\varphi\cos\varphi\cdot\rho_{E_y}^{\mathrm{G}}\tag{1.230}$$

$$e_r^{\pm}(t)_{x\to 0} \approx \pm A\cdot\cos\varphi\cdot\rho_{E_r}^{\mathrm{G}}\cdot 2 \pm P_E\cdot\cos\varphi\cdot\left(\mu_0\right)^{1.5}\left(\pi t\right)^{-1.5}\cdot\left(\rho_N\right)^{-0.5}/6 \tag{1.231}$$

$$e_\varphi^{\pm}(t)_{x\to 0} \approx \pm A\cdot\sin\varphi\cdot\rho_{E_\varphi}^{\mathrm{G}} \pm P_E\cdot\sin\varphi\cdot\left(\mu_0\right)^{1.5}\left(\pi t\right)^{-1.5}\cdot\left(\rho_N\right)^{-0.5}/6 \tag{1.232}$$

在不过零方波激发下，下阶跃的信号相对于过零方波激发时加倍(信噪比提高)，但下阶跃信号不能由观测的总场值中分离出来，除非测出$\omega=0$(直流)时的场。

4. 磁场水平分量时间导数正演数值计算方法

对过零阶跃方波激发，磁场水平分量时间导数上、下阶跃响应仅是“±”号的差别。此处仅讨论上阶跃的情形。

1) 磁场水平分量时间导数正演数值计算实用公式

为解决积分核函数随变量λ增大而增大导致计算误差的问题，分别采用“虚拟积分核法”和“均匀半空间积分核法”将频率域场值表达式(1.164)和式(1.166)适当改写成等价式，代入式(1.194)获取以下实用的计算公式：

$$h'(t)=\frac{\ln 2}{t}\cdot G_7\cdot\sum_{m=1}^{N=12}K_m\left[G_8\sum_{n=1}^{200}F_{8-1}(n\Delta)H_{0n}+G_9\sum_{n=1}^{200}F_9(n\Delta)H_{1n}\right] \tag{1.233}$$

$$h'(t)=\frac{\ln 2}{t}\cdot G_7\cdot\sum_{m=1}^{N=12}K_m\left[G_8\sum_{n=1}^{200}F_{8-2}(n\Delta)H_{0n}+G_9\sum_{n=1}^{200}F_{9-2}(n\Delta)H_{1n}\right]+G_{11} \tag{1.234}$$

其中：系数G_7～G_9的计算见式(1.160)；G_{11}则为相应分量在电阻率取为ρ_1时均匀半空间下的时间域解析解。核函数则取为

$$\begin{cases}F_{8-1}(n\Delta)=\lambda_n u_1\cdot(R_1\lambda_n+u_1)^{-1}-0.5\lambda_n\\ F_9(n\Delta)=\lambda_n\left(\lambda_n+u_1/R_1\right)^{-1},\quad 或F_9(n\Delta)=\lambda_n\left(\lambda_n+u_1/R_1\right)^{-1}-0.5\end{cases} \tag{1.235}$$

$$\begin{cases}F_{8-2}(n\Delta)=\lambda_n u_1\cdot(R_1\lambda_n+u_1)^{-1}-\lambda_n u_1\cdot(\lambda_n+u_1)^{-1}\\ F_{9-2}(n\Delta)=\lambda_n\left(\lambda_n+u_1/R_1\right)^{-1}-\lambda_n\left(\lambda_n+u_1\right)^{-1}\end{cases} \tag{1.236}$$

从形式上看，“虚拟积分核法”[式(1.233)]相当于取$x_1=r\sqrt{\mu/(4\rho_1 t)}\to 0$(长延迟时，晚期)时的“均匀半空间积分核法”[式(1.234)]。两种方案均可获得足够精度的数值解。因为“均匀半空间积分核法”计算式含有G_{11}，涉及计算量较大的变形贝塞尔函数的计算，所以就计算速度而言，“虚拟积分核法”略有优势。

2) 水平磁场分量时间导数渐近特性

(1) 考察场的“早期”渐近特性。根据频率域“远区”渐近式，假定$\overline{R}_1$近似地不随t而改变，则上述各频率域近似式的G-S算法均涉及求和：

$$\frac{\ln 2}{t}\sum_{m=1}^{N}\left(K_m\cdot\frac{1}{k_1}\right)=\sum_{m=1}^{N}\left(\frac{K_m}{\sqrt{m}}\cdot\sqrt{\frac{\ln 2\cdot\rho_1}{\mu\cdot t}}\right)=\sqrt{\frac{\rho_1}{\pi\mu\cdot t}} \tag{1.237}$$

因而有

$$h'_x(t)_{x\to\infty} \approx -A\cdot 3\sin\varphi\cos\varphi\cdot\sqrt{\rho_1/(\pi\mu t)}\cdot\bar{R}_1\Big|_{-\mathrm{i}\omega\text{用}\frac{\ln 2}{t}m\text{代替,且}t\to 0} \tag{1.238}$$

$$h'_y(t)_{x\to\infty} \approx -A\cdot(2-3\cos^2\varphi)\cdot\sqrt{\rho_1/(\pi\mu t)}\cdot\bar{R}_1\Big|_{-\mathrm{i}\omega\text{用}\frac{\ln 2}{t}m\text{代替,且}t\to 0} \tag{1.239}$$

$$h'_r(t)_{x\to\infty} \approx -A\cdot\sin\varphi\cdot 2\sqrt{\rho_1/(\pi\mu t)}\cdot\bar{R}_1\Big|_{-\mathrm{i}\omega\text{用}\frac{\ln 2}{t}m\text{代替,且}t\to 0} \tag{1.240}$$

$$h'_\varphi(t)_{x\to\infty} \approx A\cdot\cos\varphi\cdot\sqrt{\rho_1/(\pi\mu t)}\cdot\bar{R}_1\Big|_{-\mathrm{i}\omega\text{用}\frac{\ln 2}{t}m\text{代替,且}t\to 0} \tag{1.241}$$

当地表函数为 1 时，即为均匀半空间上阶跃水平磁场时间导数“早期”渐近表达式。

(2) 考察场的“晚期”渐近特性。对 $t=\infty$的情形，因为磁场为静态场，所以时间域水平磁场时间导数响应均趋近于零。

鉴于理论分析的复杂性，现仅根据均匀半空间的特性和理论模型试验的结果，推导时间域水平磁场时间导数“晚期”渐近式一级近似为

$$h'_x(t)_{x\to 0} \approx P_E\cdot 3\sin\varphi\cos\varphi\cdot\mu^2 r^2 t^{-3}\cdot\rho_N^{-1}/(768\pi) \tag{1.242}$$

$$h'_y(t)_{x\to 0} \approx -P_E\cdot\mu\cdot t^{-2}\cdot\rho_N^{-1}/(64\pi) \tag{1.243}$$

$$h'_r(t)_{x\to 0} \approx \sin\varphi\cdot h'_y(t)_{x\to 0} \tag{1.244}$$

$$h'_\varphi(t)_{x\to 0} \approx \cos\varphi\cdot h'_y(t)_{x\to 0} \tag{1.245}$$

作为佐证，考察两层介质的情况下瞬变场的“晚期”渐近表达式为(Kaufman and Keller, 1983)

$$h'_y(t)_{t\to\infty} \approx -\frac{P_E}{64\pi}\cdot\frac{\mu}{t^2\cdot\rho_2}+\frac{P_E}{20}\left(\frac{\mu}{\pi}\right)^{3/2}\sqrt{\frac{1}{\rho_2}}\left(\frac{1}{\rho_2}-\frac{1}{\rho_1}\right)\cdot\frac{h_1}{t^{5/2}}$$
$$-\frac{P_E}{512\pi}\cdot\frac{16(\rho_1-\rho_2)^2h_1^2+(2\cos^2\varphi-3)\rho_1^2r^2\mu^2}{(\rho_1\rho_2)^2}\cdot\frac{1}{t^3}-\cdots \tag{1.246}$$

这样，在晚期，水平磁场时间导数接近于具有第二层电阻率的均匀半空间的场。将多层介质的上 N–1 个层看成一个等效的均匀层，则这一结论可被推广至适用于任意层数的介质。一些理论模型试验的结果也证实了这个结论。

5. 磁场垂直分量时间导数正演数值计算方法

此处仅讨论上阶跃的情形。

1) 磁场垂直分量时间导数正演数值计算实用公式

采用“虚拟积分核法”获得数值计算实用公式：

$$h'_z(t)=\frac{\ln 2}{t}\cdot\frac{P_E\sin\varphi}{2\pi r}\cdot\sum_{m=1}^{N=12}\left\{K_m\sum_{n=1}^{200}\left[F_{10-1}(n\Delta)H_{1n}\right]\right\} \tag{1.247}$$

采用“均匀半空间积分核法”获得数值计算实用公式：

$$h'_z(t)=\frac{\ln 2}{t}\cdot\frac{P_E\sin\varphi}{2\pi r}\cdot\sum_{m=1}^{N=12}\left\{K_m\sum_{n=1}^{200}\left[F_{10-2}(n\Delta)H_{1n}\right]\right\}+G_{12} \tag{1.248}$$

其中：常数项 G_{12} 为

$$G_{12}=B\cdot 3\sin\varphi\cdot(\mu\cdot r)^{-1}\cdot x_1^{-2}\left[\operatorname{erf}(x_1)-2\pi^{-0.5}x_1\left(1+2x_1^2/3\right)\mathrm{e}^{-x_1^2}\right] \tag{1.249}$$

式中：$x_1=r\sqrt{\mu/(4\rho_1 t)}$。

“虚拟积分核法”相当于取 $x_1\to 0$(长延迟时，晚期)时的“均匀半空间积分核法”。两种方案均可获得足够精度的数值解。“虚拟积分核法”在计算速度上略有优势。

2) 垂直磁场分量时间导数渐近特性

(1) 考察场的“早期”渐近特性。根据频率域“远区”渐近式，假定 $\overline{R}_1$ 近似地不随 t 而改变，则上述近似式的 G-S 算法涉及

$$\frac{\ln 2}{t}\sum_{m=1}^{N}\left(K_m\cdot\frac{1}{k_1^2}\right)=\sum_{m=1}^{N}\left(K_m\cdot\frac{\ln 2}{t}\cdot\frac{t\rho_1}{\mu\cdot\ln 2\cdot m}\right)=\sum_{m=1}^{N}\left(\frac{K_m}{m}\cdot\frac{\rho_1}{\mu}\right)=\frac{\rho_1}{\mu} \tag{1.250}$$

因而有

$$h_z'(t)_{x\to\infty}\approx A\cdot\frac{\sin\varphi}{r}\cdot\frac{3\rho_1}{\mu}\cdot\overline{R}_1^2\Big|_{-\mathrm{i}\omega\text{用}\frac{\ln 2}{t}m\text{代替,且}t\to 0} \tag{1.251}$$

当地表函数为 1 时，即为均匀半空间上阶跃垂直磁场时间导数“早期”渐近表达式。

(2) 考察场的“晚期”渐近特性。对 $t=\infty$的情形，因为磁场为静态场，所以时间域垂直磁场时间导数响应趋近于零。

鉴于理论分析的复杂性，仅根据均匀半空间的特性和理论模型试验的结果，推导时间域垂直磁场时间导数“晚期”渐近式一级近似为

$$h_z'(t)_{x\to 0}\approx -P_E\cdot\left[\sin\varphi/\left(40\pi\sqrt{\pi}\right)\right]\cdot\mu^{3/2}\cdot r\cdot t^{-5/2}\cdot(\rho_N)^{-3/2} \tag{1.252}$$

作为佐证，考察两层介质情况下瞬变场“晚期”渐近表达式为(Kaufman and Keller，1983)

$$\begin{aligned}h_z'(t)_{t\to 0}\approx&-\frac{P_E\cdot\sin\varphi}{40\pi\sqrt{\pi}}\cdot\frac{\mu^{3/2}\cdot r}{t^{5/2}\cdot(\rho_2)^{3/2}}+\frac{P_E\cdot\sin\varphi}{32\pi}\frac{1}{\rho_2}\left(\frac{1}{\rho_2}-\frac{1}{\rho_1}\right)\cdot\frac{\mu^2 r h_1}{t^3}\\&+\frac{P_E\cdot\sin\varphi}{224\pi}\cdot\frac{2\sqrt{\rho_2}(\rho_2-\rho_1)(8\rho_1-9\rho_2)h_1^2+\sqrt{\rho_1}\rho_1\rho_2 r^2}{\rho_1^2\rho_2^3}\cdot\frac{\mu^{5/2}r}{t^{7/2}}-\cdots\end{aligned} \tag{1.253}$$

这样，在晚期，垂直磁场时间导数接近于具有第二层电阻率的均匀半空间的解。将多层介质的上 N–1 个层看成一个等效的均匀层，则这一结论适用于任意层数的介质。这个结论也得到 2.2 节中理论模型试验结果的证实中一些理论模型试验结果的证实。

第 2 章　电磁测深方法视电阻率定义及解法

视电阻率在反演中的角色定位使其定义和计算方法成为电磁勘探测深资料处理中极其重要的议题。相对于天然场源平面波入射的大地电磁测深法，人工源电磁测深方法视电阻率的求解因涉及有限长线源、收发距 r 和测量方位角 φ 而变得异常复杂。在频率域，已有常规近似的“远区”($kr \to \infty$)和“近区”($kr \to 0$)视电阻率定义；在时间域，已有常规近似的“早期”($x \to \infty$)和“晚期”($x \to 0$)视电阻率定义。从众多文献可知，研究者企图彻底排除有限长线源、收发距 r 和测量方位角 φ 的影响以获取类同于大地电磁测深法的“全区(期)”视电阻率的努力从未停止。本章通过对电磁场五个分量的精细解析，尝试给出“全区(期)”视电阻率的定义和计算方法。

2.1　频率域电磁场多分量“全区”视电阻率

朴化荣(1990)、Kaufman 和 Keller(1983)大致按“远区”和“近区”对场的状态进行分区，同时空留出模糊的“过渡区”，而“全区”提法的本质是不分区。本节介绍频率域人工源电磁五分量的“全区”视电阻率定义及求解方法。

2.1.1　常规“远区”和“近区”视电阻率

根据均匀半空间场解析解的“远区”($kr \to \infty$)渐近式列出“远区”视电阻率定义(其中场值和某些因子通常为复数，但为表达的方便，约定为特指其振幅)为

$$\rho_{E_x}^{\mathrm{F}}(\omega) = \left(A \cdot 3\cos^2\varphi - 2\right)^{-1} \cdot E_x(\omega) \tag{2.1}$$

$$\rho_{E_y}^{\mathrm{F}}(\omega) = \left(A \cdot 3\sin\varphi\cos\varphi\right)^{-1} \cdot E_y(\omega) \tag{2.2}$$

$$\rho_{H_x}^{\mathrm{F}}(\omega) = -\mathrm{i}\omega\mu \cdot \left(-A \cdot 3\sin\varphi\cos\varphi\right)^{-2} \cdot H_x(\omega)^2 \tag{2.3}$$

$$\rho_{H_y}^{\mathrm{F}}(\omega) = -\mathrm{i}\omega\mu \cdot A^{-2} \cdot \left(3\cos^2\varphi - 2\right)^{-2} \cdot H_y(\omega)^2 \tag{2.4}$$

$$\rho_{H_z}^{\mathrm{F}}(\omega) = r \cdot \left(-\mathrm{i}\omega\mu\right) \cdot \left(A \cdot 3\sin\varphi\right)^{-1} \cdot H_z(\omega) \tag{2.5}$$

$$\rho_{E_r}^{\mathrm{F}}(\omega) = \left(A \cdot \cos\varphi\right)^{-1} \cdot E_r(\omega) \tag{2.6}$$

$$\rho_{E_\varphi}^{\mathrm{F}}(\omega) = \left(A \cdot 2\sin\varphi\right)^{-1} \cdot E_\varphi(\omega) \tag{2.7}$$

$$\rho_{H_r}^{\mathrm{F}}(\omega) = -\mathrm{i}\omega\mu \cdot \left(-2A \cdot \sin\varphi\right)^{-2} \cdot H_r(\omega)^2 \tag{2.8}$$

$$\rho_{H_\varphi}^{\mathrm{F}}(\omega) = -\mathrm{i}\omega\mu \cdot \left(-A \cdot \cos\varphi\right)^{-2} \cdot H_\varphi(\omega)^2 \tag{2.9}$$

式中：上标“F”表示“远区”；方位角 φ 使分母为零的均为该定义的奇点。

相应地，根据“近区”$(kr\to 0)$场表达式列出“近区”视电阻率定义如下

$$\rho_{E_x}^{\mathrm{N}}(\omega)=\left(A\cdot 3\cos^2\varphi-1\right)^{-1}\cdot E_x(\omega)=\left[\left(3\cos^2\varphi-2\right)/\left(3\cos^2\varphi-1\right)\right]\cdot\rho_{E_x}^{\mathrm{F}}(\omega) \tag{2.10}$$

$$\rho_{E_y}^{\mathrm{N}}(\omega)=\left(A\cdot 3\sin\varphi\cos\varphi\right)^{-1}\cdot E_y(\omega)\quad \text{(等同于“远区”视电阻率)} \tag{2.11}$$

$$\rho_{H_x}^{\mathrm{N}}(\omega)=\left(\mathrm{i}\omega\mu r^2\cdot P_E\cdot\sin\varphi\cos\varphi\right)\cdot\left[16\cdot P_E\cdot\sin\varphi\cos\varphi+32\pi r^2\cdot H_x(\omega)\right]^{-1} \tag{2.12}$$

$$\rho_{H_z}^{\mathrm{N}}(\omega)=\left(\mathrm{i}\omega\mu r^2\cdot P_E\cdot\sin\varphi\right)\cdot\left[4\cdot P_E\cdot\sin\varphi-16\pi r^2\cdot H_z(\omega)\right]^{-1} \tag{2.13}$$

$$\rho_{E_r}^{\mathrm{N}}(\omega)=\left(A\cdot 2\cos\varphi\right)^{-1}\cdot E_r(\omega)=0.5\rho_{E_r}^{\mathrm{F}}(\omega) \tag{2.14}$$

$$\rho_{E_\varphi}^{\mathrm{N}}(\omega)=\left(A\cdot\sin\phi\right)^{-1}\cdot E_\varphi(\omega)=2\rho_{E_\varphi}^{\mathrm{F}}(\omega) \tag{2.15}$$

$\rho_{H_y}^{\mathrm{N}}(\omega)$、$\rho_{H_r}^{\mathrm{N}}(\omega)$ 和 $\rho_{H_\varphi}^{\mathrm{N}}(\omega)$ 则基于场值和“近区”视电阻率的非线性关系式，一般给不出直接的显式定义；上标“N”表示“近区”；方位角 φ 使分母为零的都是该定义的奇点。

“远区”和“近区”视电阻率均可视作观测信号的参考信息，它们不能从形态上通频带完整地呈现与地电分层近于正映射的对应关系，也不是反演目标函数中合适的理想参与量。

2.1.2　“全区”视电阻率定义

定义“全区”视电阻率是为了在全频率段获得唯一一条连续的且与电性分层呈大致“视觉”上一一正对应关系的曲线(类似于 MT 的视电阻率曲线)。它不分“近区”、“远区”和“过渡区”(事实上，“近区”、“远区”和“过渡区”的边界划分是模糊的)，使各区之间实现“平稳无缝对接”；它接近于尽可能地将有限长线源、不同收发距和测量方位角的场量等价到平面波(即收发距为无穷远，逼近形式上等效于 MT)的状态，在视觉上是直观的；它使得由博斯蒂克(Bostick)频深关系式构造反演用的初始模型(Bostick，1977)成为现实可行；同时使得将其作为反演目标函数的构成要素时，各频率点的参与拟合的程度(权重)大致在同一数量级的水平上，从而兼顾深、浅电性层信息的反演精度(苏朱刘 等，2002b)。

为了定义、计算“全区”视电阻率和分析其特性，引入相应场值的归一化函数的概念。均匀半空间介质下的理论归一化函数表达式如下

$$F_{E_x}(kr)=(kr)^{-2}\cdot\left[3\cos^2\varphi-2+\left(1+kr\right)\mathrm{e}^{-kr}\right] \tag{2.16}$$

$$F_{E_y}(kr)=(kr)^{-2} \tag{2.17}$$

$$F_{H_x}(kr)=4I_1K_1+0.5kr\left(I_1K_0-I_0K_1\right) \tag{2.18}$$

$$F_{H_y}(kr)=\left(2-8\sin^2\varphi\right)I_1K_1-\sin^2\varphi\cdot kr\left(I_1K_0-I_0K_1\right) \tag{2.19}$$

$$F_{H_z}(kr)=2(kr)^{-2}\cdot\left\{3-\left[3+3kr+(kr)^2\right]\mathrm{e}^{-kr}\right\} \tag{2.20}$$

$$F_{E_r}(kr)=(kr)^{-2}\cdot\left[1+(1+kr)\mathrm{e}^{-kr}\right] \tag{2.21}$$

$$F_{E_\varphi}(kr)=(kr)^{-2}\cdot\left[2-(1+kr)\mathrm{e}^{-kr}\right] \tag{2.22}$$

$$F_{H_r}(kr)=6I_1K_1+kr(I_1K_0-I_0K_1) \tag{2.23}$$

$$F_{H_\varphi}(kr)=2I_1K_1 \tag{2.24}$$

理论归一化函数 $F_{E_x}(kr)$ 等的下标表示其对应的分量，无量纲；理论归一化函数中的变量为 $kr=(1-\mathrm{i})\sqrt{(\omega\mu)/(2\rho)}r$ ，实际可用其实部或虚部 $a=\sqrt{(\omega\mu)/(2\rho)}r$ 代替作变量(后文称之为频率参数，以对应时间域的瞬变参数 x)；均匀半空间介质归一化函数 $F_{E_y}(kr)$ 、$F_{H_x}(kr)$ 、$F_{H_z}(kr)$ 、$F_{E_r}(kr)$ 、$F_{E_\varphi}(kr)$ 、$F_{H_r}(kr)$ 、$F_{H_\varphi}(kr)$ 形式上均与观测方位角无关，但由野外观测场量换算实测归一化函数时，会产生与方位角有关的奇点问题。

初等级理想化的思路是根据均匀半空间场的解析解定义频率域“全区”视电阻率(记为 $\rho_{E_x}^{\mathrm{A}}(\omega)$ 、$\rho_{E_y}^{\mathrm{A}}(\omega)$ 、$\rho_{H_x}^{\mathrm{A}}(\omega)$ 、$\rho_{H_y}^{\mathrm{A}}(\omega)$ 、$\rho_{H_z}^{\mathrm{A}}(\omega)$ 、$\rho_{E_r}^{\mathrm{A}}(\omega)$ 、$\rho_{E_\varphi}^{\mathrm{A}}(\omega)$ 、$\rho_{H_r}^{\mathrm{A}}(\omega)$ 和 $\rho_{H_\varphi}^{\mathrm{A}}(\omega)$ ，上标“A”表示“全区”，下标表示对应的场分量)。对任意地下介质，先将实测的电磁场量换算出相应的实测归一化函数数值，再以均匀半空间理论归一化函数与之拟合，该均匀半空间所对应的等效电阻率即为“全区”视电阻率。因此，“全区”视电阻率隐含在以下一系列拟合式中：

$$E_x(\omega)=A\cdot r^2\cdot(-\mathrm{i}\omega\mu)\cdot F_{E_x}(kr),\quad k=\sqrt{(-\mathrm{i}\omega\mu)/\rho_{E_x}^{\mathrm{A}}(\omega)} \tag{2.25}$$

$$E_y(\omega)=A\cdot r^2\cdot(-\mathrm{i}\omega\mu)\cdot 3\sin\varphi\cos\varphi\cdot F_{E_y}(kr),\quad k=\sqrt{(-\mathrm{i}\omega\mu)/\rho_{E_y}^{\mathrm{A}}(\omega)} \tag{2.26}$$

(其解等同于远区和近区视电阻率，三者合一)

$$H_x(\omega)=-A\cdot r\cdot\sin\varphi\cos\varphi\cdot F_{H_x}(kr),\quad k=\sqrt{(-\mathrm{i}\omega\mu)/\rho_{H_x}^{\mathrm{A}}(\omega)} \tag{2.27}$$

$$H_y(\omega)=0.5A\cdot r\cdot F_{H_y}(kr),\quad k=\sqrt{(-\mathrm{i}\omega\mu)/\rho_{H_y}^{\mathrm{A}}(\omega)} \tag{2.28}$$

$$H_z(\omega)=0.5A\cdot r\cdot\sin\varphi\cdot F_{H_z}(kr),\quad k=\sqrt{(-\mathrm{i}\omega\mu)/\rho_{H_z}^{\mathrm{A}}(\omega)} \tag{2.29}$$

$$E_r(\omega)=A\cdot r^2\cdot\cos\varphi\cdot(-\mathrm{i}\omega\mu)\cdot F_{E_r}(kr),\quad k=\sqrt{(-\mathrm{i}\omega\mu)/\rho_{E_r}^{\mathrm{A}}(\omega)} \tag{2.30}$$

$$E_\varphi(\omega)=A\cdot r^2\cdot\sin\varphi\cdot(-\mathrm{i}\omega\mu)\cdot F_{E_\varphi}(kr),\quad k=\sqrt{(-\mathrm{i}\omega\mu)/\rho_{E_\varphi}^{\mathrm{A}}(\omega)} \tag{2.31}$$

$$H_r(\omega)=-0.5A\cdot r\cdot\sin\varphi\cdot F_{H_r}(kr),\quad k=\sqrt{(-\mathrm{i}\omega\mu)/\rho_{H_r}^{\mathrm{A}}(\omega)} \tag{2.32}$$

$$H_\varphi(\omega)=0.5A\cdot r\cdot\cos\varphi\cdot F_{H_\varphi}(kr),\quad k=\sqrt{(-\mathrm{i}\omega\mu)/\rho_{H_\varphi}^{\mathrm{A}}(\omega)} \tag{2.33}$$

对复数总可归结到振幅和相位或实部和虚部的处理上。除特别指明外，“全区”视电阻率定义所满足的拟合式均约定为满足振幅等式。

为了方便深入研究“全区”视电阻率的性质和计算方法，设置一个统一的理论——一维层状电性模型，其参数为：8 个电性层，第 1～8 层电阻率分别为 50、10、1 000、5、

200、10、100 和 10，单位为Ω·m，第 1～7 层厚度分别为 100、100、100、100、500、200 和 250，单位为 m，称此模型为“试验基本模型”。除特别指出外，收发距 r 约定取为 8 100 m。

2.1.3 “全区”视电阻率性质及计算方法

下面将首先研究均匀半空间归一化函数的特性，进而找到合适的方法根据实测的电、磁场分量对应的归一化函数计算出任意介质的“全区”视电阻率。

为行文表达方便，定义一个通用的函数：

$$q(\omega,a)=\frac{\omega\mu}{2a^2}\cdot r^2 \tag{2.34}$$

1. 六个分量归一化函数频谱特性及“全区”视电阻率计算方法

此处六个分量是指 $E_y(\omega)$、$H_x(\omega)$、$H_z(\omega)$、$E_r(\omega)$、$E_\varphi(\omega)$ 和 $H_\varphi(\omega)$。

1) 六个分量归一化函数的频谱特性

均匀半空间介质下五个分量归一化函数的振幅和相位理论曲线(横坐标为频率参数变量 a)分别如图 2.1 和图 2.2 所示。因 $F_{E_y}(kr)$ 的振幅和相位曲线均为直线，未在图中标出。就磁场而言，$F_{H_x}(kr)$ 在低频趋于 1 的速度最快，$F_{H_z}(kr)$ 在高频幅值相对最小，均不利于采集高信噪比的资料。此六个分量归一化函数的振幅均为关于(频率参数)变量 a 的单调函数。因此至少对层状介质的场，“全区”视电阻率均有唯一解。值得一提的是：$H_x(\omega)$ 和 $H_\varphi(\omega)$ 的相位是单调的，而其他分量的相位均呈多值性特征，由相位来定义“全区”视电阻率将更困难且更为复杂。因此本书不展开基于相位的“全区”视电阻率定义的研究，但这并不意味着相位无理论价值和应用价值。

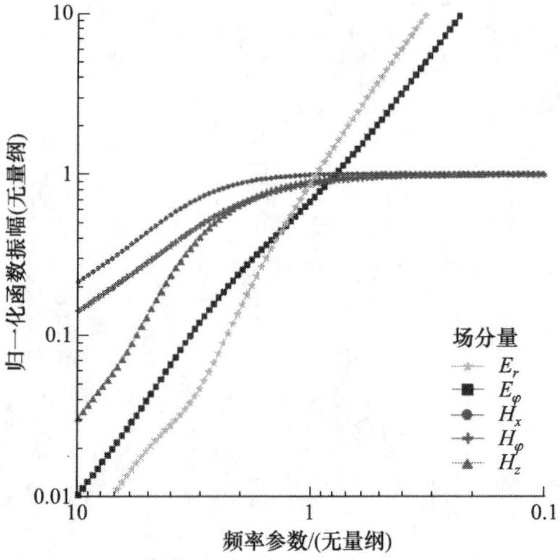

图 2.1 五个分量均匀半空间归一化函数的振幅曲线

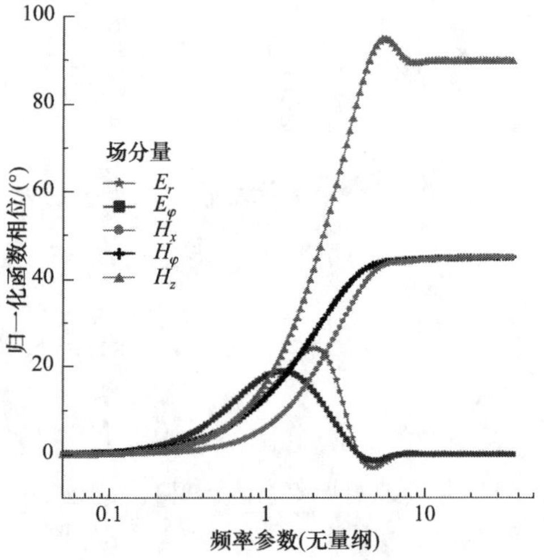

图 2.2 五个分量均匀半空间归一化函数的相位曲线

2) “全区”视电阻率的计算方法

基于数值方法中解非线性方程的“二分法”(邓建中 等，1985)即可方便求得“全区”视电阻率的解。对复数的处理要尽可能按实部和虚部分开后取“双精度”运算。还要注意到：实测资料的归一化函数是频率 ω 的函数，而理论归一化函数是频率参数 a (即 kr) 的函数。

利用二分法按“全区”视电阻率所满足的等式拟合计算时，考虑到实际地球介质的情况，可以人为地取“全区”视电阻率的两个端点初始值为 $\rho_{\min}^{A}=10^{-3}\ \Omega\cdot\text{m}$ 和 $\rho_{\max}^{A}=10^{5}\ \Omega\cdot\text{m}$ (除特别有依据可另行指定外，这两个值将是固定和通用的)。“全区”视电阻率的最终解在这两个值所界定的区域(即隔根区间)依每步取中间值(通常为常用对数的中间值)将隔根区间减半的方法逼近。对二维、三维介质间或存在归一化函数低频渐近值大于 1 的情况，可采用引入校正系数的方法以保证隔根区间非空。

试验基本模型的“全区”视电阻率曲线如图 2.3 所示(图中同时绘有相应模型的 MT 视电阻率曲线作为对比)。电场“全区”视电阻率曲线在低频趋于相应分量的“几何测深”视电阻率，且与收发距有关。磁场的“全区”视电阻率几乎与收发距和方位角无关，磁场分量具有全频段测深能力，在低频趋于最底层的电阻率，故理论上可进行小收发距的测深勘探。至少对一维介质，磁场的“全区”视电阻率曲线与 MT 的视电阻率曲线有较为一致的形态。可以理解，找寻“全区”视电阻率就是要剥离其与收发距和方位角的关联，即等效至无穷远发射和平面波入射的状态，继而设想将人工源电磁法的“全区”视电阻率当作 MT 的视电阻率做反演。三个水平磁场场值零值点的处理可以通过勘探布置

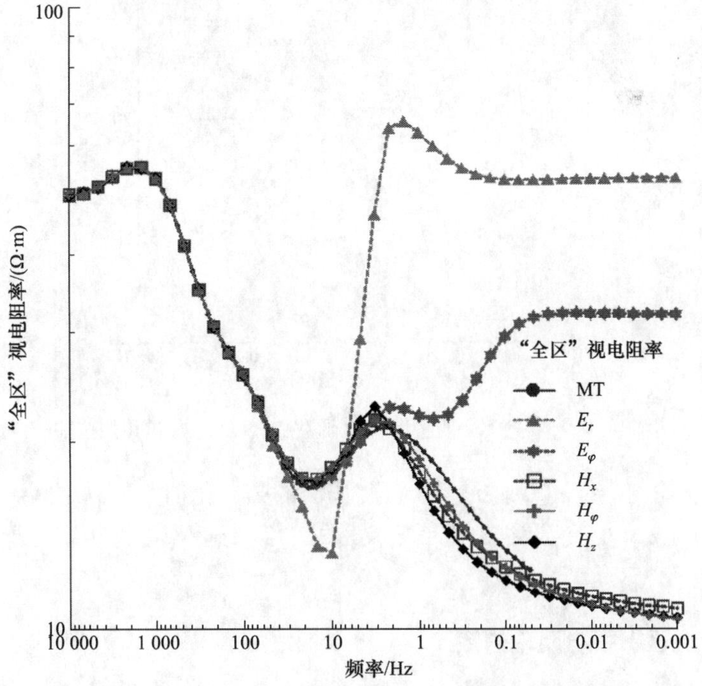

图 2.3 试验基本模型的“全区”视电阻率曲线

的优化设计或张量源方式加以解决。

单独的磁场水平和/或垂直分量的采集和处理具的优势：视电阻率的定义和计算简单，静态位移小，比电场测量更适用于高电阻率覆盖区，复杂地形区布点难度小，施工轻便，定点性强(相对地，电场则为两个测量电极间的平均值)，横向分辨能力高，海底测量现实可行等。

2. $H_r(\omega)$归一化函数频谱特性及“全区”电阻率计算方法

首先分析$H_r(\omega)$归一化函数的频谱特性；其次将“全区”视电阻率定义修正为“虚拟全区”视电阻率；最终给出达到完全实用化程度的计算“虚拟全区”视电阻率的方法。

1) $H_r(\omega)$归一化函数的频谱特性

均匀半空间介质的归一化函数$F_{H_r}(kr)$的振幅和相位都存在单值和双值的两种可能(图2.4)。其振幅在数值大于1的区间于变量a(频率参数)取$a_{F_{H_r}(kr)=\max}\approx 1.46816145$处获得最大值$F_{H_r}(kr)_{\max}\approx 1.122728586$。因此，“全区”视电阻率在$F_{H_r}(kr)\leqslant 1$时有唯一解，在$F_{H_r}(kr)>1$有两个等效解。

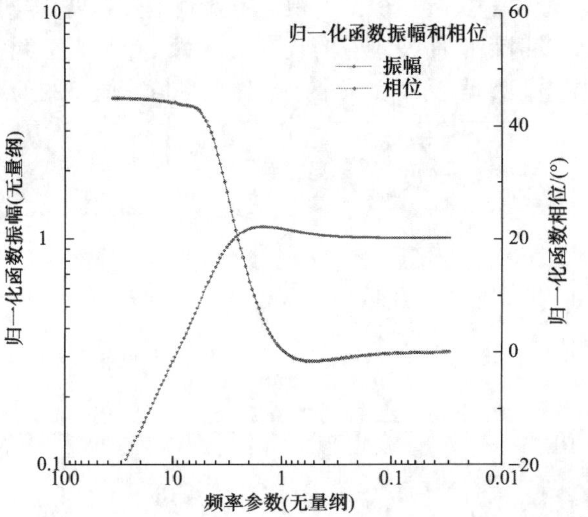

图2.4 均匀半空间介质的归一化函数$F_{H_r}(kr)$的振幅和相位曲线

考虑到对非均匀半空间介质，存在实测场值的归一化值大于和/或小于1.1227的可能，则存在对$H_r(\omega)$“全区”视电阻率定义[式(2.32)]修订和设计相应可行的实用化计算方法的必要性。

2) “虚拟全区”视电阻率的定义

对实测的$F_{H_r}(\omega)$，定义“虚拟全区”视电阻率$\rho^{A}_{H_r}(\omega)_{P}$(下角标P表“虚拟”)，它

满足以下几点。

(1) 当 $F_{H_r}(\omega)<1$ 时(图 2.5 中子区间 1，对应大变量 a)，因为 $F_{H_r}(kr)$ 单调，所以 $\rho_{H_r}^{\mathrm{A}}(\omega)_{\mathrm{P}}=\ \rho_{H_r}^{\mathrm{A}}(\omega)$。

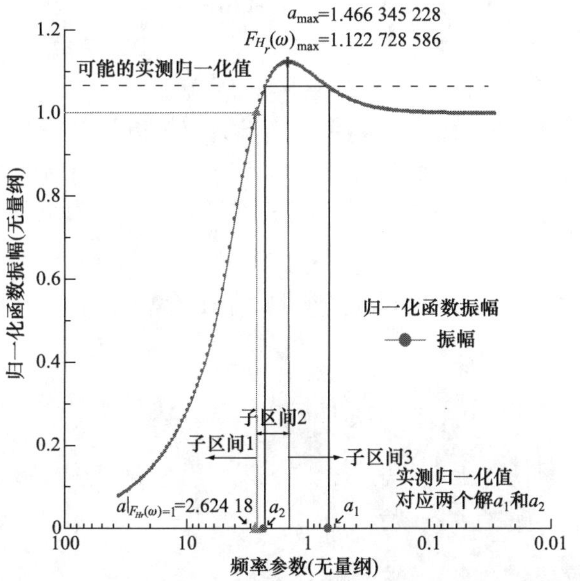

图 2.5 均匀半空间介质的归一化函数 $F_{H_r}(kr)$ 的振幅特征

(2) $F_{H_r}(\omega)=1$ 为特征点，在该点上 $a_{F_{H_r}(\omega)=1}=2.62418$。当 $F_{H_r}(\omega)>1$(图 2.5 归一化函数值为 1 的线的上方)，且 $F_{H_r}(\omega)_{\max}=F_{H_r}(kr)_{\max}$ 时，$F_{H_r}(\omega)$ 为变量 a 的双值函数，可以计算出两个“全区”视电阻率 $\rho_i=q(\omega,a_i),i=1,2$，其中一个是“真解”，另一个是“伪解”。当频率点位于实测的归一化函数最大值的低频率一侧(图 2.5 中子区间 3)时，真解是 ρ_1；而当频率点位于实测归一化函数最大值的高频率一侧(图 2.5 中子区间 2)时，真解是 ρ_2。最大值点上的“全区”视电阻率唯一，且为 $\rho_{H_r}^{\mathrm{A}}(\omega)_{\mathrm{P}}=q\left[\omega_{F_{H_r}(\omega)=\max},a_{F_{H_r}(kr)=\max}\right]$。

(3) 当 $F_{H_r}(\omega)>1$ 且 $F_{H_r}(\omega)_{\max}\neq F_{H_r}(kr)_{\max}$ 时(对非均匀半空间介质是可能的)：若 $F_{H_r}(\omega)_{\max}<F_{H_r}(kr)_{\max}$，则 $F_{H_r}(\omega)$ 为双值，可以计算出两个“全区”视电阻率；否则“全区”视电阻率无解。无论何种情况，均可引入一恒正的校正系数：

$$\beta=\left[F_{H_r}(kr)_{\max}-1\right]\Big/\left[F_{H_r}(\omega)_{\max}-1\right] \tag{2.35}$$

将 $F_{H_r}(\omega)>1$ 区间内的所有实测归一化函数修正为形式化和标准化(满足理论均匀半空间的归一化函数特征)的“虚拟”归一化函数：

$$\tilde{F}_{H_r}(\omega)=1+\left[F_{H_r}(\omega)-1\right]\times\beta \tag{2.36}$$

称这种修正变换为归一化函数的“形态伸缩”。如此，该区间内的“虚拟”归一化函数满足上述(2)中的条件，故而也可计算出唯一的 $\rho_{H_r}^{\mathrm{A}}(\omega)_{\mathrm{P}}$。

总之，将归一化函数分成三个子区间，分别计算“虚拟全区”视电阻率，在全频率段将其连起来即为一条连续光滑的曲线，且是唯一存在的。

理论分析和试验表明，对频率 $\omega \to 0(a \to 0)$ 的状况，“虚拟全区”视电阻率是“近区”视电阻率(存在但不一定能求出)的 β^{-1} 倍。因此可以将整条“虚拟全区”视电阻率曲线按此倍数作适当的反馈式校正，使之在 $\omega \to 0(a \to 0)$ 时与“近区”视电阻率重合。但不意味着“非如此做不可”，因为不做反馈式校正的“虚拟全区”视电阻率同样满足了视觉上对曲线连续性的需求，而反演时则直接对其拟合即可。

另一种可尝试的“虚拟全区”视电阻率求法：以峰值为界将实测归一化函数分成两个子区间；引入一恒正的但随频率而变的校正系数 $\beta(\omega)$，它在归一化函数峰值处按式(2.35)取值，而向高、低频率两侧直至端点则逐步消弭至取数值 1，即 $\beta(\omega \to \omega_{F_{H_r}(\omega)=1}) = 1$ 和 $\beta(\omega \to 0) = 1$。相对于选择一个固定的校正系数，前者可称为“恒定系数校正法”，后者可称为“变系数校正法”。本章可能涉及的同类情况(如时间域的磁分量等)，也均可尝试用“变系数校正法”。

3) “虚拟全区”视电阻率 $\rho_{H_r}^{\mathrm{A}}(\omega)_{\mathrm{P}}$ 的实用计算方法

基于以上定义和讨论，给出“虚拟全区”视电阻率的完整实用化计算流程。

(1) 根据实测资料的归一化函数 $F_{H_r}(\omega)$，找到对应 $F_{H_r}(\omega)=1$ 的频率点 $\omega_{F_{H_r}(\omega)=1}$。由于非连续的实测频率点不一定恰好精准通过 $F_{H_r}(\omega)=1$，可采用三点插值公式求 $\omega_{F_{H_r}(\omega)=1}$，以提高精度。此种技巧策略在实际资料处理中十分有效，将得到普遍使用。

(2) 对 $F_{H_r}(\omega)<1$ 的区间(图 2.6 中的子区间 1)，采用“二分法”由 $F_{H_r}(\omega)$ 直接计算

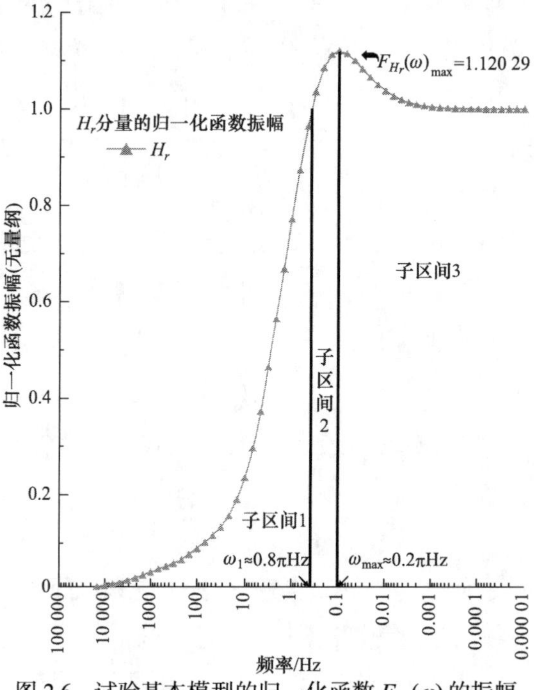

图 2.6 试验基本模型的归一化函数 $F_{H_r}(\omega)$ 的振幅

出 $\rho_{H_r}^{\mathrm{A}}(\omega)_{\mathrm{P}}=\rho_{H_r}^{\mathrm{A}}(\omega)$。对某一频率 ω_i，解的两个一大一小的初始值可取为 $\rho_{\max}^{初始}=q\left(\omega_i,a_{F_{H_r}(\omega)=1}\right)$ 和 $\rho_{\min}^{初始}=\rho_{\min}^{\mathrm{A}}$，这等效于在区间 $\left(a_{F_{H_r}(\omega)=1},\infty\right)$(隔根区间)内搜索一个 a_i，而 $\rho_{H_r}^{\mathrm{A}}(\omega_i)=q\left(\omega_i,a_i\right)$。

(3) 在 $F_{H_r}(\omega)>1$ 的区间找到 $F_{H_r}(\omega)_{\max}$ 及其对应的频率 $\omega_{F_{H_r}(\omega)=\max}$，计算 β，并对实测资料的归一化函数 $F_{H_r}(\omega)$ 进行"形态伸缩"修正，获得"虚拟"归一化函数 $\tilde{F}_{H_r}(\omega)$。将 $\tilde{F}_{H_r}(\omega)>1$ 的区间分两个子区间(2 和 3，隔根区间)，分别采用"二分法"计算 $\rho_{H_r}^{\mathrm{A}}(\omega)_{\mathrm{P}}$。

当频率点位于实测的归一化函数最大值的高频率一侧时(图 2.6 中子区间 2)，对某一频率 ω_i，解的两个一大一小的初始值取为 $\rho_{\max}^{初始}=q\left(\omega_i,a_{F_{H_r}(kr)=\max}\right)$ 和 $\rho_{\min}^{初始}=q\left(\omega_i,a_{F_{H_r}(kr)=1}\right)$。此种取法压缩了初始值区间，加快了"二分法"的计算速度，等效于在区间 $\left(a_{F_{H_r}(kr)=\max},a_{F_{H_r}(kr)=1}\right)$ 内搜索一个 a。同时，压缩初始值区间自动舍弃了在 $\left(0,a_{F_{H_r}(kr)=\max}\right)$ 区间内存在着的另外一个等效解(伪解)。

当频率点位于实测的归一化函数最大值的低频率一侧时(图 2.6 中子区间 3)，对某一频率 ω_i，解的两个一大一小的初始值取为 $\rho_{\max}^{初始}=\rho_{\max}^{\mathrm{A}}$ 和 $\rho_{\min}^{初始}=q\left(\omega_i,a_{F_{H_r}(kr)=1}\right)$。这等效于在区间 $\left(0,a_{F_{H_r}(kr)=\max}\right)$ 内搜索一个 a，而同时舍弃了在区间 $\left(a_{F_{H_r}(kr)=\max}，a_{F_{H_r}(kr)=1}\right)$ 内的伪解。

4) 试验基本模型的"虚拟全区"视电阻率 $\rho_{H_r}^{\mathrm{A}}(\omega)_{\mathrm{P}}$

试验基本模型的归一化函数 $F_{H_r}(\omega)$ [图 2.6，$F_{H_r}(\omega)$ 未经"形态伸缩"修正]的特征参数为：$\omega_{F_{H_r}(\omega)=\max}\approx 0.6283\ \mathrm{Hz}$；$\omega_{F_{H_r}(\omega)=1}\approx 2.513\ \mathrm{Hz}$；$F_{H_r}(\omega)_{\max}\approx 1.12$；$\beta\approx 1.0203$。

计算得到的"全区"和"虚拟全区"视电阻率如图 2.7 所示。易见，"全区"视电

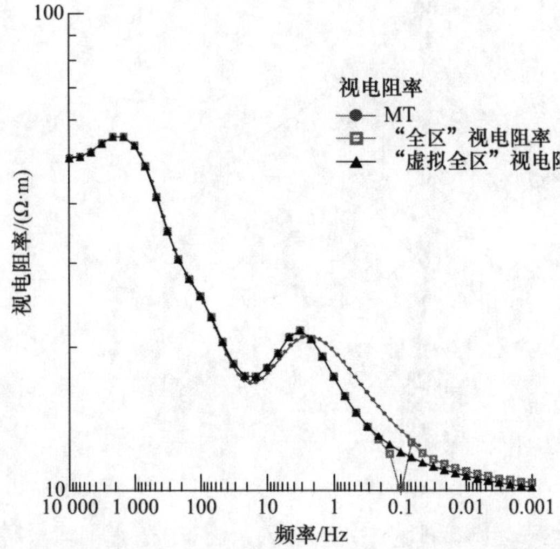

图 2.7　试验基本模型的"全区"和"虚拟全区"视电阻率曲线

阻率在频率点 $\omega_{F_{H_r}(\omega)=1}$ 上为 15 Ω·m，在 $\omega_{F_{H_r}(\omega)=\max}$ 频率点上则有两个等效解，任意选择其中一个为 10 Ω·m，且在此点附近几个频率点上存在错断。而由“虚拟”归一化函数计算可得 $\rho_{H_r}^{A}[\omega=\omega_{F_{H_r}(\omega)=\max}]_{P}\approx 12\,\Omega\cdot\mathrm{m}$，且“虚拟全区”视电阻率保持了相邻点的连续性。

因此，一般情况下，“全区”视电阻率曲线可能是错断的、无解的、有唯一解的和有两个解的(可二选一)等多种复杂情况并存的状况。“虚拟全区”视电阻率曲线则是连续和光滑的，仅在低频渐近值上是“近区”视电阻率的 β^{-1} 倍。“虚拟全区”视电阻率曲线与 MT 的视电阻率曲线基本重合，即与收发距和方位角基本无关。可近似视为 MT 的视电阻率做反演。实践中，此“径向”水平磁场(场值零值点在 $\varphi=0$ 处)通常经由 x 方向和 y 方向两个水平磁场分量转换而得。

3. $E_x(\omega)$归一化函数频谱特性及“全区”视电阻率计算方法

1) $E_x(\omega)$归一化函数的频谱特性

均匀半空间中 $E_x(\omega)$ 的归一化函数 $F_{E_x}(kr)$ 振幅和相位都存在单值和三值的两种可能(图 2.8 和图 2.9)。

为论述方便，特别约定 φ_1=27.715 9°(≈45°×0.618)，φ_2=35.264 4°，φ_3=54.74°，φ_4=34.377°≈90°×(1−0.618)，其中 φ_1 和 φ_4 是在相关分析中采用数值逼近获得的。当方位角 $\varphi_2>\varphi>\varphi_1$ 时，归一化函数是三值函数，因此计算“全区”视电阻率要排除多个等效解中的伪解。在其他方位角情况下，归一化函数是单调函数，“全区”视电阻率有确定的唯一解。φ_2 对应“远区”视电阻率的奇点，在此方位角附近归一化函数可能有一

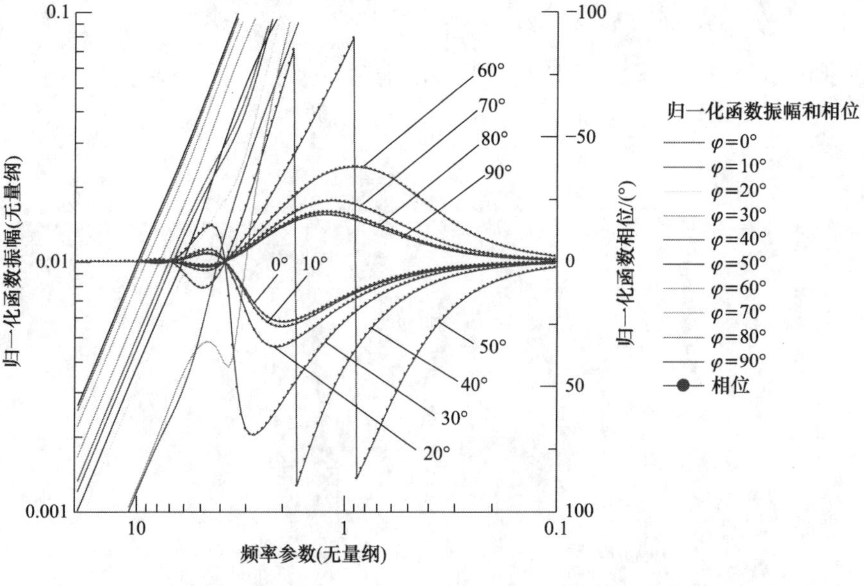

图 2.8　均匀半空间归一化函数 $F_{E_x}(kr)$ 在不同方位角时的振幅和相位曲线

为了显示的连续性，电场分量的相位减了 90°，图中数字标号为方位角 φ

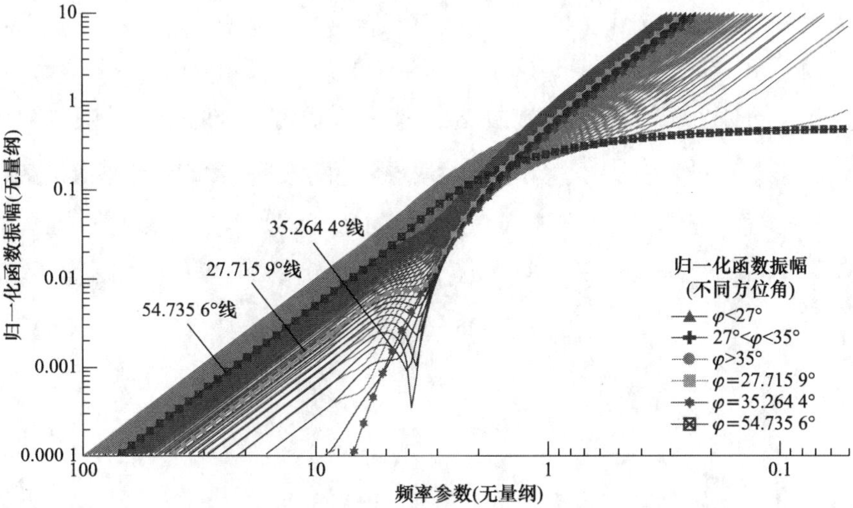

图 2.9　均匀半空间归一化函数 $F_{E_x}(kr)$ 在不同方位角时的振幅曲线

为了显示单调和三值性，方位角间隔取 $\Delta\varphi=1°$。图中 3 根粗线条分别表示 $\varphi=\varphi_1,\varphi_2,\varphi_3$ 时的归一化函数。当 $\varphi_1<\varphi<\varphi_2$ 时，归一化函数呈现三值性，如图中 9 条蓝色线条所示；其他方位角时，归一化函数是单调的

个零值点。

进一步考察均匀半空间介质的归一化函数，令 $A=3\cos^2\varphi-2$，则归一化函数的振幅和一次导数可以表示为

$$\begin{cases}\left|F_{E_x}(kr)\right|=\dfrac{\sqrt{(2a^2+2a+1)\mathrm{e}^{-2a}+A^2+2A\left[(1+a)\cos a+a\sin a\right]\mathrm{e}^{-a}}}{2a^2}=\dfrac{1}{2a^2}\cdot B_E \\ \dfrac{\partial\left|F_{E_x}(kr)\right|}{\partial a}=\dfrac{a^3+2a^2+2a+1}{-a^3B_E\cdot\mathrm{e}^{2a}}+\dfrac{A^2}{-a^3B_E}+A\cdot\dfrac{2(1+a)\cos a+(a^2+2a)\sin a}{-a^3B_E\cdot\mathrm{e}^{a}}\end{cases} \tag{2.37}$$

在 $\varphi_1<\varphi<\varphi_2$ 区间改变方位角，绘出其振幅和导数的曲线如图 2.10 所示。在这个区间内，归一化函数具三值性，其导数有两个零值点(在 $\varphi=\varphi_4$ 附近，情况较复杂，为例外)。

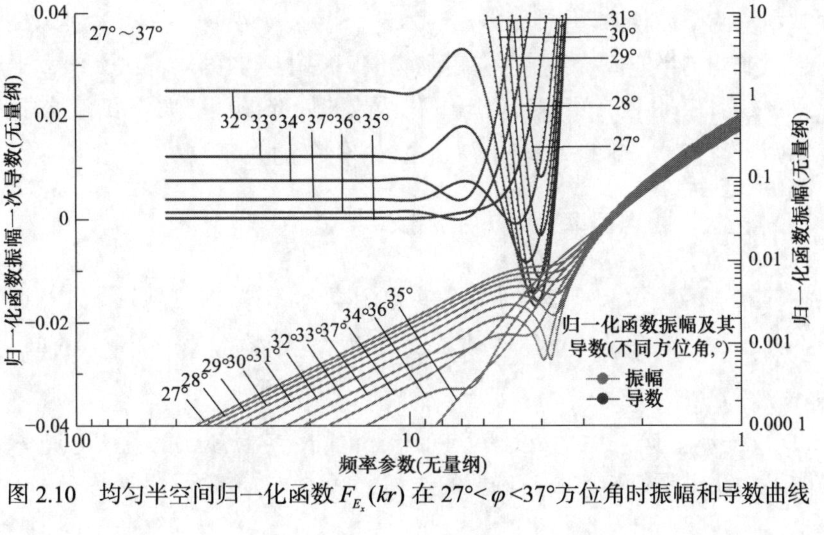

图 2.10　均匀半空间归一化函数 $F_{E_x}(kr)$ 在 27°< φ <37°方位角时振幅和导数曲线

取 φ=33°作典型分析(图 2.11)。归一化函数的一次导数有两个零值点，分别对应归一化函数的局部极大值和极小值 $F_{E_x}(kr)_{\max}$、$F_{E_x}(kr)_{\min}$，与之相应地有两个变量 $a_{F_{E_x}(kr)=\max}$ 和 $a_{F_{E_x}(kr)=\min}$。同时这两个局部极值在曲线的两侧将形式化的再现一次，与之相应地又有两个变量 $a^{\mathrm{D}}_{F_{E_x}(kr)=\max}$ 和 $a^{\mathrm{G}}_{F_{E_x}(kr)=\min}$。这 6 个量对均匀半空间介质是恒定量(称为恒定特征参数)，当然也都是方位角 φ 的函数。属于方位角 φ=33°的 6 个"恒定特征参数"为 $F_{E_x}(kr)_{\max}=0.002\,037$，$F_{E_x}(kr)_{\min}=0.000\,622\,8$，$a_{F_{E_x}(kr)=\max}=5.093\,331$，$a_{F_{E_x}(kr)=\min}=3.932\,296$，$a^{\mathrm{D}}_{F_{E_x}(kr)=\max}=3.613\,387$，$a^{\mathrm{G}}_{F_{E_x}(kr)=\min}=9.345\,568$。

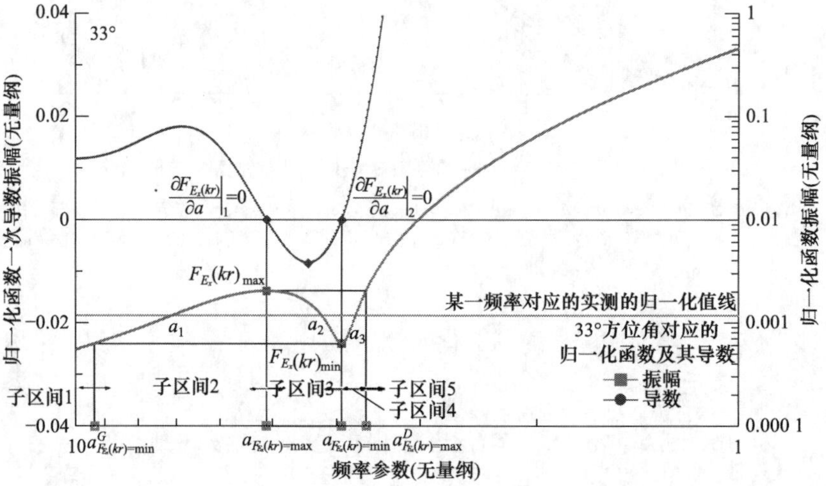

图 2.11　均匀半空间归一化函数 $F_{E_x}(kr)$ 在方位角 φ=33°时的振幅和导数曲线

一般地，依据这 6 个恒定特征参数，将变量 a 的区间分成 5 个子区间。在子区间 1 中 $F_{E_x}(kr)\leqslant F_{E_x}(kr)_{\min}$，在子区间 5 中 $F_{E_x}(kr)\geqslant F_{E_x}(kr)_{\max}$，"全区"视电阻率有唯一解；在子区间 2～4 中 $F_{E_x}(kr)_{\min}\leqslant F_{E_x}(kr)\leqslant F_{E_x}(kr)_{\max}$，"全区"视电阻率有三个等效的解，需要排除其中的两个"伪解"。

考虑到对非均匀半空间介质，存在实测场值归一化函数的局部极大值大于和/或小于 $F_{E_x}(kr)_{\max}$ 的可能性，也存在实测场值归一化函数的局部极小值大于和/或小于 $F_{E_x}(kr)_{\min}$ 的可能性，则有修正"全区"视电阻率[式(2.25)]定义的必要。

2) "虚拟全区"视电阻率 $\rho^{\mathrm{A}}_{E_x}(\omega)_{\mathrm{P}}$ 的定义

对实测的 $F_{E_x}(\omega)$，定义"虚拟全区"视电阻率 $\rho^{\mathrm{A}}_{E_x}(\omega)_{\mathrm{P}}$，它满足下列特性。

第一：对 $\varphi<\varphi_1$ 和 $\varphi>\varphi_2$ 的两种情况，因为归一化函数是关于变量 a 的单调函数，所以 $\rho^{\mathrm{A}}_{E_x}(\omega)_{\mathrm{P}}=\rho^{\mathrm{A}}_{E_x}(\omega)$。

第二：对 $\varphi=\varphi_2$，归一化函数是单调而非三值的，"虚拟全区"视电阻率有唯一解。此方位角附近为获得高信噪比测量场值的不利区域。

第三：对 $\varphi=\varphi_3$，归一化函数单调，“虚拟全区”视电阻率有唯一解。场值本身在低频趋近于零，而归一化函数趋近于常数 0.5。这也是获得高信噪比测量场值的不利方位。

第四：对 $\varphi_1<\varphi<\varphi_2$ 的情况。

(1) 对 $F_{E_x}(\omega)<F_{E_x}(kr)_{\min}$ (图 2.11 子区间 1)和 $F_{E_x}(\omega)>F_{E_x}(kr)_{\max}$ (子区间 5)，因 $F_{E_x}(kr)$ 单调，所以 $\rho_{E_x}^{A}(\omega)_{P}=\rho_{E_x}^{A}(\omega)$。从高频率一端开始，存在一个形式上 $F_{E_x}(\omega_G)=F_{E_x}(kr)_{\min}$ 的点(子区间 1 的右边界)，在该点 $\rho_{E_x}^{A}(\omega)_{P}=q\left(\omega_{F_{E_x}(\omega)=\min},a_{F_{E_x}(kr)=\min}^{G}\right)$。从低频率一端开始，存在一个形式上 $F_{E_x}(\omega_D)=F_{E_x}(kr)_{\max}$ 的点(子区间 5 的左边界)，在该点 $\rho_{E_x}^{A}(\omega)_{P}=q\left(\omega_{F_{E_x}(\omega)=\max},a_{F_{E_x}(kr)=\max}^{D}\right)$。

(2) 当 $F_{E_x}(kr)_{\min}\leqslant F_{E_x}(\omega)\leqslant F_{E_x}(kr)_{\max}$ (图 2.11 子区间 2、3、4)，$F_{E_x}(kr)$ 为变量 a 的三值函数，可以计算出按 a 由大到小排序的三个“全区”视电阻率 $\rho_i=q(\omega,a_i),i=1,2,3$，其中一个是“真解”，另两个是“伪解”。子区间 2 为相对大变量区间($a_{F_{E_x}(kr)=\min}^{G}<a<a_{F_{E_x}(kr)=\max}$)，“真解”为 ρ_1；子区间 3 满足 $a_{F_{E_x}(kr)=\max}<a<a_{F_{E_x}(kr)=\min}$，“真解”为 ρ_2；子区间 4 为相对小变量区间($a_{F_{E_x}(kr)=\min}<a<a_{F_{E_x}(kr)=\max}^{D}$)，“真解”为 ρ_3。

(3) 对非均匀半空间(实际地球介质)可能出现：归一化函数极大值和/或极小值不等于“恒定特征参数”的情况，“虚拟全区”视电阻率有存在三个解和无解的可能。

需要引入两个恒为正值的校正系数 β 和 λ 对归一化函数进行“形态伸缩”修正。

对子区间 2，取

$$\beta=\left[F_{E_x}(kr)_{\max}-F_{E_x}(kr)_{\min}\right]/\left[F_{E_x}(\omega)_{\max}-F_{E_x}(kr)_{\min}\right] \tag{2.38}$$

修正的“虚拟”归一化函数为

$$\tilde{F}_{E_x}(\omega)=F_{E_x}(\omega)_{\min}+\left[F_{E_x}(\omega)-F_{E_x}(kr)_{\min}\right]\cdot\beta \tag{2.39}$$

对子区间 4，取

$$\lambda=\left[F_{E_x}(kr)_{\min}-F_{E_x}(kr)_{\max}\right]/\left[F_{E_x}(\omega)_{\min}-F_{E_x}(kr)_{\max}\right] \tag{2.40}$$

修正的“虚拟”归一化函数为

$$\tilde{F}_{E_x}(\omega)=F_{E_x}(\omega)_{\max}+\left[F_{E_x}(\omega)-F_{E_x}(kr)_{\max}\right]\cdot\lambda \tag{2.41}$$

对子区间 3，以 $F_{E_x}(\omega)_{\min}$ 和 $F_{E_x}(\omega)_{\max}$ 之间的拐点或中值点为界，分成两个部分，其中靠近 $F_{E_x}(\omega)_{\max}$ 的一侧归并到子区间 2 处理，而靠近 $F_{E_x}(\omega)_{\min}$ 的一侧归并到子区间 4 处理。

经过“形态伸缩”变形后，该三个子区间内的“虚拟”归一化函数满足上述(2)中的条件，可计算出唯一的“虚拟全区”视电阻率。虽具有“虚拟”的特性，但它们将与子区间 1 和子区间 5 保持形态上的连贯。其实，归一化函数“形态伸缩”的方式和方法不止此一种。

总之，将归一化函数分成五个子区间，以确保在全频率段计算出的“虚拟全区”视电阻率“真解”连起来即为一条连续光滑的曲线，且是唯一存在的。

3) 计算“虚拟全区”视电阻率 $\rho_{E_x}^{A}(\omega)_P$ 的实用方法

基于以上的定义和讨论，“虚拟全区”视电阻率的完整计算过程如下。

(1) 判断方位角是否 $\varphi_1<\varphi<\varphi_2$。若否，则采用“二分法”数值方法求得唯一解 $\rho_{E_x}^{A}(\omega)=\rho_{E_x}^{A}(\omega)_P$；若是，转下步(2)。

(2) 根据均匀半空间的解析解，计算出相应方位角 φ 时的归一化函数的六个“特征恒定参数”。

(3) 从高频端开始，找到形式上出现 $F_{E_x}(\omega)_{\min}$ 的频点，确定频率点的位置 $\omega_{F_{E_x}(\omega)=\min}^{G}$ 和子区间 1 的右边界；从低频端开始，找到形式上出现 $F_{E_x}(\omega)_{\max}$ 的频点，确定频率点的位置 $\omega_{F_{E_x}(\omega)=\max}^{D}$ 和子区间 5 的左边界。

(4) 在 $\omega_{F_{E_x}(\omega)=\max}^{D}<\omega<\omega_{F_{E_x}(\omega)=\min}^{G}$ 的区间内，找到实质上出现 $F_{E_x}(\omega)_{\max}$ 的频点，确定频率点的位置 $\omega_{F_{E_x}(\omega)=\max}$；找到实质上出现 $F_{E_x}(\omega)_{\min}$ 的频点，确定频率点的位置 $\omega_{F_{E_x}(\omega)=\min}$。分别依据频率范围 $\omega_{F_{E_x}(\omega)=\min}^{G}\geqslant\omega\geqslant\omega_{F_{E_x}(\omega)=\max}$、$\omega_{F_{E_x}(\omega)=\max}\geqslant\omega\geqslant\omega_{F_{E_x}(\omega)=\min}$ 和 $\omega_{F_{E_x}(\omega)=\min}\geqslant\omega\geqslant\omega_{F_{E_x}(\omega)=\min}^{D}$ 确定出子区间 2、3、4 的边界。

(5) 将子区间 2、3、4 内的实测归一化函数“形态伸缩”变形为形式化和标准化(满足理论均匀半空间的归一化函数特征)的“虚拟”归一化函数 $\tilde{F}_{E_x}(\omega)$。

(6) 对任一频率 ω_i，落在子区间 1，限定 $a_{F_{E_x}(kr)=\min}^{G}\leqslant a<\infty$；落在子区间 2，则限定 $a_{F_{E_x}(kr)=\min}^{G}\geqslant a\geqslant a_{F_{E_x}(kr)=\max}$(以排除子区间 3 和 4 中的两个等效的伪解)；落在子区间 3，则限定 $a_{F_{E_x}(kr)=\max}\geqslant a\geqslant a_{F_{E_x}(kr)=\min}$(以排除子区间 2 和 4 中的两个等效的伪解)；落在子区间 4，则限定 $a_{F_{E_x}(kr)=\min}\geqslant a\geqslant a_{F_{E_x}(kr)=\min}^{D}$(以排除子区间 2 和 3 中的两个等效的伪解)；落在子区间 5，则限定 $0<a\leqslant a_{F_{E_x}(kr)=\min}^{D}$，分别采用二分法拟合计算出唯一的 a_i，而 $\rho_{E_x}^{A}(\omega_i)_P=q(\omega_i,a_i)$。

实测的归一化函数含有非均匀介质的复杂化的信息，且含有噪声，函数本身有可能呈现复杂化的波浪起伏的局面，还需要灵活处理。

4) 试验基本模型的“虚拟全区”视电阻率 $\rho_{E_x}^{A}(\omega)_P$

等间隔取方位角 φ=0～90°共 10 个，获取试验基本模型的归一化函数的 10 条理论曲线(图 2.12，未“形态伸缩”变形)。特别地选择了 φ=33°，以考察 φ 落在 $\varphi_1<\varphi<\varphi_2$ 区间的情况。根据此方位角的特征恒定参数进行区间划分。A 号点看似存在极值，但仍按子区间 1 处理。因为 A 号点的归一化函数值不大于均匀半空间的 $F_{E_x}(kr)_{\min}$，所以存在唯一解。B 号点落在子区间 2、3、4 内，存在三个等效解。该点归一化函数值为 0.000 852，不需要修正为虚拟值，对应频率 $\omega=2\pi\times10.0\ \text{Hz}$。分别在 2、3、4 三个子区间找到三个解为 $a_1=8.21$，$a_2=4.06$，$a_3=3.81$，按 $\rho_i=q(\omega,a_i),i=1,2,3$ 计算出三个等效“全区”

视电阻率为 $\rho_1=39.5\,\Omega\cdot\mathrm{m}$，$\rho_2=136.5\,\Omega\cdot\mathrm{m}$，$\rho_3=160\,\Omega\cdot\mathrm{m}$。最后选定 $\rho_{E_x}^{\mathrm{A}}(\omega)_{\mathrm{P}}=\rho_1=39.5\,\Omega\cdot\mathrm{m}$(子区间 2 内)为真解。然而在这个方位最合适的处理方法，应为以局部极小点 A 号点为界，分左右、分区间进行归一化函数的校正，再计算“虚拟全区”视电阻率。但类似 A 号点的识别在实际操作过程中可能存在不确定性。

一般情况下，“全区”视电阻率曲线可能是错断的、无解的、有唯一解的和有三个解的(可三选一)等多种复杂情况并存的状况。而“虚拟全区”视电阻率(图 2.13)则是连续和光滑的曲线，且其在高频率一端与“远区”视电阻率重合，在低频率一端与“近区”

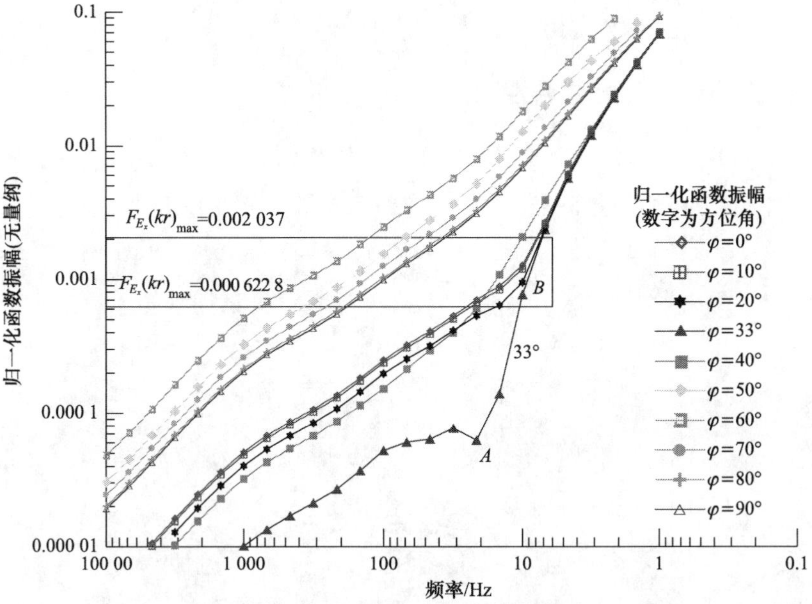

图 2.12　试验基本模型不同方位角时的归一化函数 $F_{E_x}(\omega)$ 的振幅

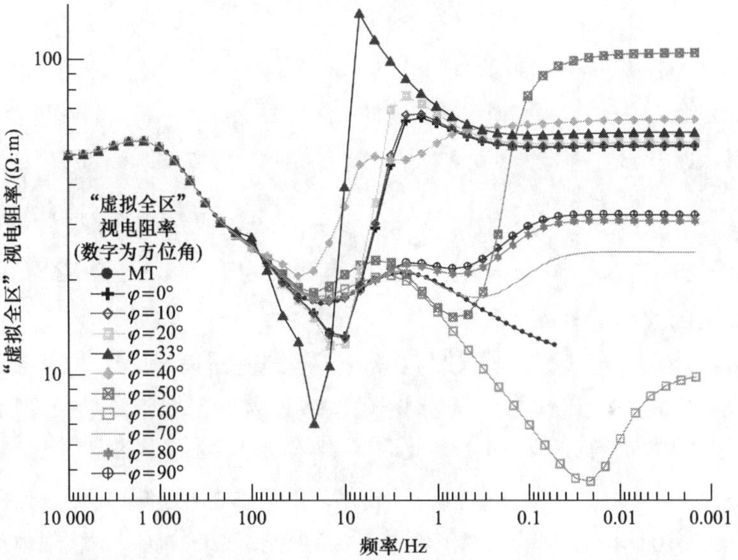

图 2.13　试验基本模型的“虚拟全区”视电阻率 $\rho_{E_x}^{\mathrm{A}}(\omega)_{\mathrm{P}}$ 曲线

视电阻率重合(渐近值趋于各自方位角所对应的"几何测深"视电阻率)。需要指出，无论采用振幅、相位、实部、虚部以及场振幅关于频率的一次导数，均回避不了低频段渐近于"几何测深"视电阻率的境况。然而，这并不表示"虚拟全区"视电阻率在随频率降低而趋于"几何测深"视电阻率的同时就完全散失了对深部电性的分辨能力，该深部电性信息仍然隐藏在低频段场值中。"虚拟全区"视电阻率具备连续性和非零值性的基本要素，且没有定义的奇点问题，因此反演时，可方便于计算出一个恰当的初始模型和构造一个合适的迭代目标函数。

4. $H_y(\omega)$归一化函数频谱特性及"全区"视电阻率

1) $H_y(\omega)$归一化函数的频谱特性

均匀半空间介质的归一化函数 $F_{H_y}(kr)$ 的振幅和相位都存在单值、双值和三值的三种可能(图 2.14)。更精细的分析(图 2.15～图 2.17)表明，均匀半空间归一化函数的振幅特性与方位角 φ 存在复杂的对应关系。特别约定记 φ_5=34°、φ_6=39.4°和 φ_7=45°，前两者均为在相关分析中采用数值逼近获得的。

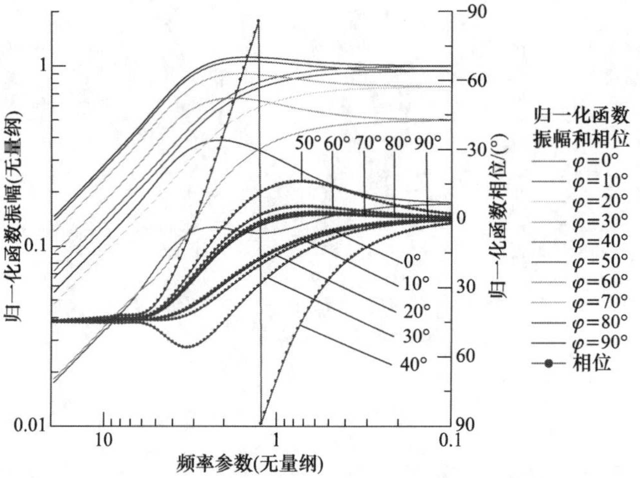

图 2.14 均匀半空间归一化函数 $F_{H_y}(kr)$ 在不同方位角时的振幅和相位曲线

(1) 当 φ=0～φ_5 时，归一化函数与变量 a 之间的关系是单调的(图 2.17 中 φ=20°是其典型代表)，类似于 $F_{H_\varphi}(kr)$。在 $\varphi\approx\varphi_5$ 点上则由单调转为单调和三值共存状态(参见图 2.16 中 φ=35°线附近的演变情况)。

(2) 当 $\varphi=\varphi_5\sim\varphi_2$ 时，归一化函数与变量 a 之间关系是单调和三值共存的。在 $\varphi\approx\varphi_2$ 点上则由单调和三值共存再转为单调(参见图 2.16 中 φ=35°线附近的演变情况)。注意到 $\varphi\approx\varphi_2$ 对应"远区"视电阻率的奇点，此时，$F_{H_y}(kr)$ 出现最小的零值点。

(3) 当 $\varphi=\varphi_2\sim\varphi_6$ 时，归一化函数关于变量 a 是单调的(图 2.17 中 φ=38°是其典型代表)。在 $\varphi=\varphi_6$ 点上由单调转为单调和三值并存(参见图 2.16 中 φ=39°线附近的演变情况)。

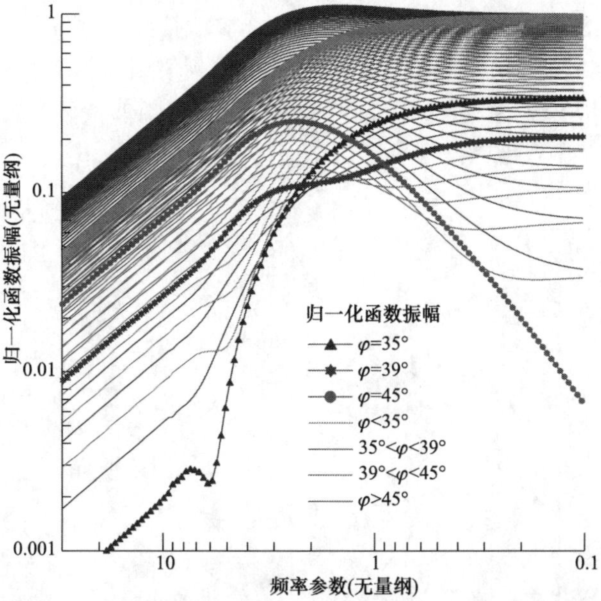

图 2.15　均匀半空间归一化函数 $F_{H_y}(kr)$ 在不同方位角时的振幅曲线

为了显示单调、双值和三值性，方位角间隔取 $\Delta\varphi$ =1°。图中三条粗线条分别表示 φ =35°，39°，45°时的归一化函数。在这三个方位角附近归一化函数曲线形态发生改变

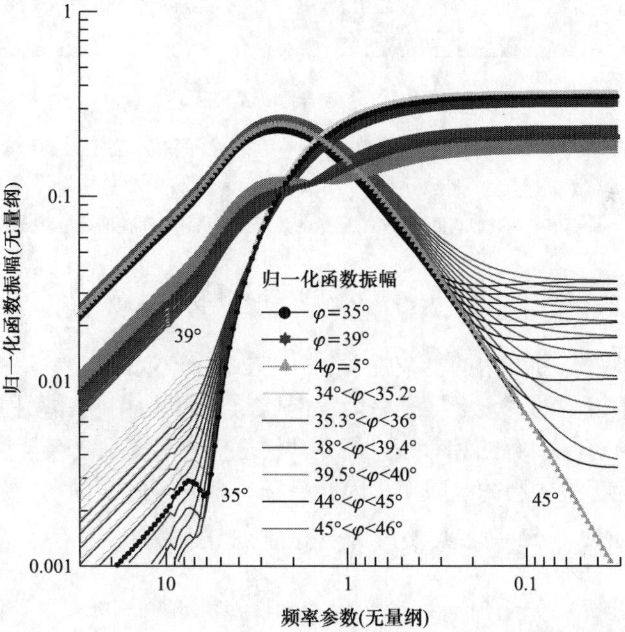

图 2.16　均匀半空间归一化函数 $F_{H_y}(kr)$ 在三个特别方位角附近的振幅曲线

φ =35°，39°，45°附近各 21 条线，$\Delta\varphi$ =0.1°

(4) 当 $\varphi=\varphi_6\sim\varphi_7$ 时，归一化函数关于变量 a 是单调、双值和三值并存的(参见图 2.16 中 φ =39°线附近的演变情况，图 2.17 中 φ =42°是其典型代表)。当 $\varphi=\varphi_7$（“近区”视电

阻率出现奇点)时为双值关系(参见图 2.16 中 $\varphi=\varphi_7$ 线附近的演变)，这是归一化函数唯一仅出现双值的情况。在此方位角附近勘探是不利的，信噪比低。

(5) 当 $\varphi>\varphi_7$ 时，归一化函数与频率参数(变量) a 之间关系是单值和双值并存的，类似于 $F_{H_r}(kr)$ (图 2.17 中 φ=50°是其典型代表)。

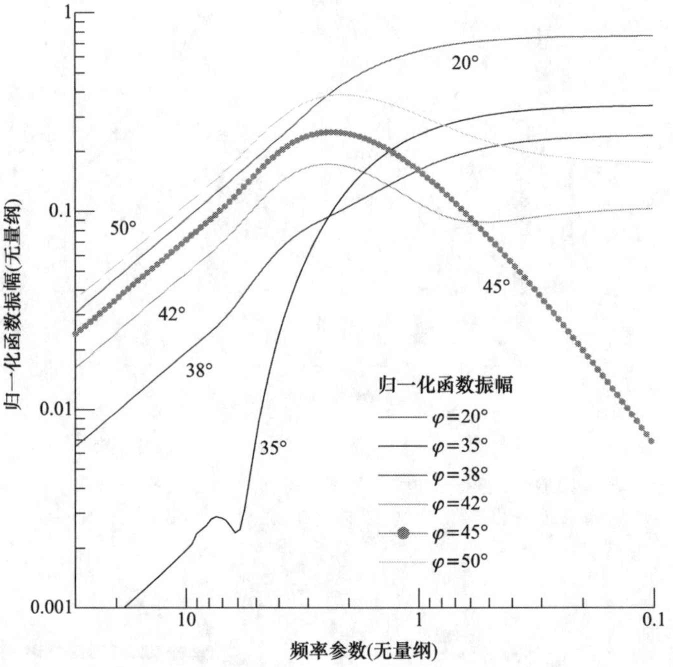

图 2.17　均匀半空间归一化函数 $F_{H_y}(kr)$ 在六个不同方位角时的振幅曲线

代表了曲线的五种类型。φ =20°和 38°：单调；φ =35°和 42°：单调加三值；φ =45°：双值；φ =50°：单调加双值。归一化函数的数值随变量 a 变小而渐近于 $\left|2\cos^2\varphi-1\right|$

2) "虚拟全区"视电阻率 $\rho_{H_y}^{\mathrm{A}}(\omega)_{\mathrm{P}}$ 的定义和计算方法

由于归一化函数与方位角的复杂关系，由式(2.28)定义的"全区"视电阻率没有实用价值。由试验基本模型的"全区"视电阻率(图 2.18)可见，一般情况下，该曲线可能是错断的、无解的、有唯一解的和有三个解的(可三选一)等多种复杂情况并存的状况。注意到在低频端渐近于最底层的电阻率，因此磁场具有低频的测深功能。

因此有必要对实测归一化函数 $F_{H_y}(\omega)$ 进行修正，并定义"虚拟全区"视电阻率 $\rho_{H_y}^{\mathrm{A}}(\omega)_{\mathrm{P}}$。

(1) 当 $\varphi=0\sim\varphi_5$ 或 $\varphi=\varphi_2\sim\varphi_6$ 时，归一化函数单调，故用二分法计算 $\rho_{H_y}^{\mathrm{A}}(\omega)_{\mathrm{P}}=\rho_{H_y}^{\mathrm{A}}(\omega)$。

(2) 当 $\varphi=\varphi_5\sim\varphi_2$ 或 $\varphi=\varphi_6\sim\varphi_7$ 时，预先由均匀半空间的解析解计算出属于该方位角的四个恒定特征参数即 $F_{H_y}(kr)_{\max,\min}$ 和 $a_{F_{H_y}(kr)=\max,\min}$。在实测归一化函数出现局部极大值和极小值的区间采用"形态伸缩"法修正为"虚拟"归一化函数，计算出三个等效解，再排除两个伪解，获得唯一"虚拟全区"视电阻率。

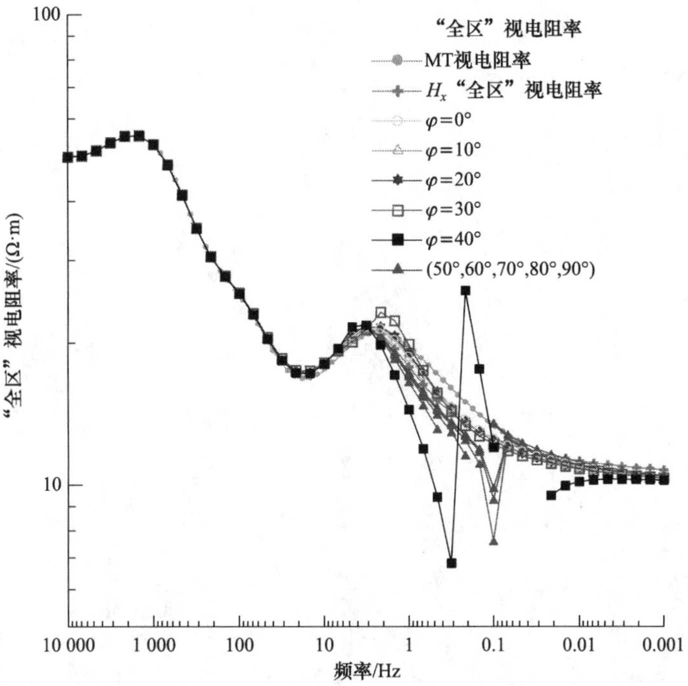

图 2.18　试验基本模型的"全区"视电阻率 $\rho_{H_y}^{\mathrm{A}}(\omega)$ 曲线

(3) 当 $\varphi=\varphi_7$ 时，属于此方位角的恒定特征参数为 $F_{H_y}(kr)_{\max}\equiv 0.2491125$ 和 $a_{F_{H_y}(kr)=\max}\equiv 2.37652971$。先将实测的归一化函数作"形态伸缩"处理，嗣后在其极大值点两侧分别按单调情况采用二分法计算"虚拟全区"视电阻率。

(4) 当 $\varphi>\varphi_7$ 时，对 $F_{H_y}(\omega)<1-2\cos^2\varphi$ 的区间(归一化函数单调)采用"二分法"计算 $\rho_{H_y}^{\mathrm{A}}(\omega)_{\mathrm{P}}=\rho_{H_y}^{\mathrm{A}}(\omega)$；对归一化函数出现局部极大的区间[$F_{H_y}(\omega)>1-2\cos^2\varphi$]，必须预先计算出属于该方位角的两个恒定特征参数 $F_{H_y}(kr)_{\max}$ 和 $a_{F_{H_y}(kr)=\max}$，并取校正系数为

$$\beta=\left[F_{H_y}(kr)_{\max}-\left|2\cos^2\varphi-1\right|\right]\Big/\left[F_{H_y}(\omega)_{\max}-\left|2\cos^2\varphi-1\right|\right] \tag{2.42}$$

将归一化函数"形态伸缩"修正为"虚拟"归一化函数：

$$\tilde{F}_{H_y}(\omega)=1+\left[F_{H_y}(\omega)-1\right]\cdot\beta \tag{2.43}$$

再由"虚拟"归一化函数计算"虚拟全区"视电阻率，且要在两个等效解中排除一个伪解。

3) 变形的"虚拟全区"视电阻率定义 $\rho_{H_y}^{\mathrm{A}}(\omega)_{\mathrm{B}}$

理论模型试验表明，上述"虚拟全区"视电阻率的计算仍很复杂，可考虑放宽对视电阻率定义内涵的限制，不必强制要求其"近区"渐近值趋近于最底层的电阻率，而把视电阻率的连续性放在优先考虑的地位。

除方位角 $\varphi=\varphi_7$ 的特例外，将归一化函数 $F_{H_y}(kr)$ 重新定义为

$$F_{H_y}(kr)_{\mathrm{s}}=\frac{\left(2-8\sin^2\varphi\right)I_1K_1-\sin^2\varphi\cdot kr\left(I_1K_0-I_0K_1\right)}{2\cos^2\varphi-1}=\frac{F_{H_y}(kr)}{2\cos^2\varphi-1}\tag{2.44}$$

则恒有 $F_{H_y}(kr)_{\mathrm{s}}\overset{kr\to 0}{=\!=}1$。基于此新的归一化函数，定义变形的“虚拟全区”视电阻率 $\rho_{H_y}^{\mathrm{A}}(\omega)_{\mathrm{B}}$ 并设计其计算方法.

(1) 对 $\varphi=\varphi_7$，仍按前述计算“虚拟全区”视电阻率的方法，对未修正的 $F_{H_y}(\omega)$ 求 $\rho_{H_y}^{\mathrm{A}}(\omega)_{\mathrm{B}}=\rho_{H_y}^{\mathrm{A}}(\omega)_{\mathrm{P}}=\rho_{H_y}^{\mathrm{A}}(\omega)$。

(2) 对 $\varphi>\varphi_7$，按前述计算“虚拟全区”视电阻率相同的思路求 $\rho_{H_y}^{\mathrm{A}}(\omega)_{\mathrm{B}}$。即对归一化函数 $F_{H_y}(\omega)_{\mathrm{s}}<1$ 的区间采用“二分法”计算 $\rho_{H_y}^{\mathrm{A}}(\omega)_{\mathrm{B}}=\rho_{H_y}^{\mathrm{A}}(\omega)_{\mathrm{P}}=\rho_{H_y}^{\mathrm{A}}(\omega)$；对归一化函数出现局部极大的区间[$F_{H_y}(\omega)_{\mathrm{s}}>1$]作“形态伸缩”修正为 $\tilde{F}_{H_y}(\omega)_{\mathrm{s}}$。再计算 $\rho_{H_y}^{\mathrm{A}}(\omega)_{\mathrm{B}}$(要排除一个伪解)。最终，当 $kr\to\infty$ 时，$\rho_{H_y}^{\mathrm{A}}(\omega)_{\mathrm{B}}=\rho_{H_y}^{\mathrm{A}}(\omega)_{\mathrm{P}}=\rho_{H_y}^{\mathrm{A}}(\omega)$；当 $kr\to 0$ 时，$\rho_{H_y}^{\mathrm{A}}(\omega)_{\mathrm{B}}=\rho_{H_y}^{\mathrm{A}}(\omega)_{\mathrm{P}}=\beta^{-1}\cdot\rho_{H_y}^{\mathrm{A}}(\omega)=\beta^{-1}\cdot\rho_N$。

(3) 对 $\varphi<\varphi_7$，借代具有单调特点的 $\rho_{H_\varphi}^{\mathrm{A}}(\omega)$ 计算方法对 $F_{H_y}(\omega)_{\mathrm{s}}$ 进行形式化的求解。为此，先引用一个满足下列等式的过渡量 ρ_C：

$$F_{H_y}(\omega)_{\mathrm{s}}\overset{\text{形式上令}}{=\!=\!=}2I_1K_1,\quad k=\sqrt{(-\mathrm{i}\omega\mu)/\rho_C}\tag{2.45}$$

过渡量 ρ_C 可以采用“二分法”直接得到。对比 $F_{H_y}(\omega)_{\mathrm{s}}$、$F_{H_y}(\omega)$ 和 $F_{H_\phi}(\omega)$ 的渐近特性，为了保持与“远区”视电阻率在高频的一致性，变形的“虚拟全区”视电阻率取为

$$\rho_{H_y}^{\mathrm{A}}(\omega)_{\mathrm{B}}=\left(2\cos^2\phi-1\right)^2\cdot\left(3\cos^2\phi-2\right)^{-2}\cdot\rho_C\tag{2.46}$$

分析表明，变形的“虚拟全区”视电阻率有渐近特性：

$$\rho_{H_y}^{\mathrm{A}}(\omega)_{\mathrm{B}}\begin{cases}\overset{kr\to\infty}{=\!=}\rho_{H_y}^{\mathrm{A}}(\omega)_{\mathrm{P}}\\ \overset{kr\to 0}{=\!=}\left(\dfrac{2\cos^2\varphi-1}{3\cos^2\varphi-2}\right)^2\cdot\rho_C=\dfrac{\left(2\cos^2\varphi-1\right)^3}{\left(3\cos^2\varphi-2\right)^2}\cdot\rho_{H_y}^{\mathrm{A}}(\omega)=\dfrac{\left(2\cos^2\varphi-1\right)^3}{\left(3\cos^2\varphi-2\right)^2}\cdot\rho_N\end{cases}\tag{2.47}$$

此定义人为的引入了奇点 $3\cos^2\varphi-2=0$ (也是“远区”视电阻率的奇点)。

考虑到低频时，变形的“虚拟全区”视电阻率并非趋于最底层的电阻率，反演时用其计算初始模型，深层的电性参数差异较大，但浅层电性参数是较准确的。注意到场值由浅层到深层的正向传递性，即浅部地层电性特征递进式影响深层地电信息在场值中的反映，而反向的反传播递进作用则较小，这在电场分量中表现最为明显，视电阻率的“几何测深态”随频率降低而增强。用变形的“虚拟全区”视电阻率构造初始模型，因浅层初始模型接近真值，对反演迭代收敛性影响不大。当然也可对整支变形的“虚拟全区”视电阻率曲线按因子 $\gamma=(3\cos^2\varphi-2)^2\cdot(2\cos^2\varphi-1)^{-3}$ 作一适当的分配校正(非必要选项)后再计算初始模型。归根结底，反演而非定义和计算视电阻率才是电磁测深资料处理的

终极目的。求解出一个具有连续性的视电阻率曲线，一为方便构造反演初始模型，二为构成一个合适的反演目标函数。视电阻率更多是起有利于反演正常开始、持续进行并收敛到真解的“桥梁”和“载体”的作用。

试验基本模型的归一化函数 $F_{H_y}(\omega)_s$ (图 2.19)在低频趋于 1。可以看出，对 $\varphi > \varphi_7$ 的情况完全类似于 $F_{H_r}(\omega)$，只是最大值与方位角有关；对 $\varphi < \varphi_7$ 的情况，恒有 $F_{H_y}(\omega)_s < 1$，类似于 $F_{H_\varphi}(\omega)$，只是出现与方位角、电性分层有关的波动，这在 φ=40°时最明显。

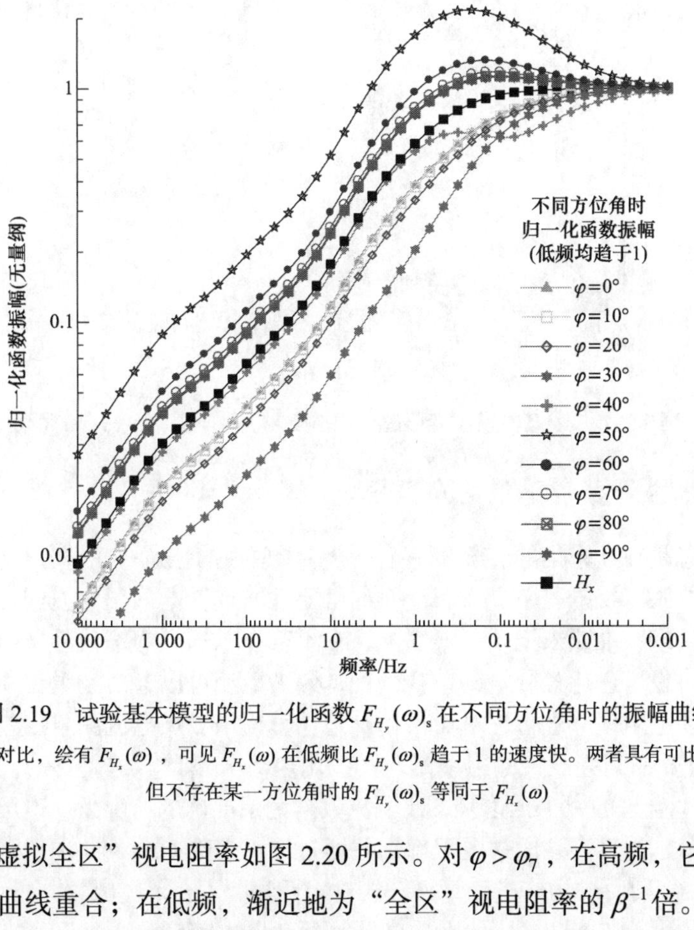

图 2.19　试验基本模型的归一化函数 $F_{H_y}(\omega)_s$ 在不同方位角时的振幅曲线

作为对比，绘有 $F_{H_x}(\omega)$，可见 $F_{H_x}(\omega)$ 在低频比 $F_{H_y}(\omega)_s$ 趋于 1 的速度快。两者具有可比性，但不存在某一方位角时的 $F_{H_y}(\omega)_s$ 等同于 $F_{H_x}(\omega)$

变形的“虚拟全区”视电阻率如图 2.20 所示。对 $\varphi > \varphi_7$，在高频，它渐近地与“全区”视电阻率曲线重合；在低频，渐近地为“全区”视电阻率的 β^{-1} 倍。对 $\varphi < \varphi_7$，在高频，它渐近地与“全区”视电阻率曲线重合；在低频，渐近地与“全区”视电阻率曲线差 γ 倍。

注意到磁场分量的视电阻率几乎与收发距无关，故理论上可进行小收发距时磁场分量的测深勘探。需要指出，对任意的层状介质，归一化函数最大值并不总是按 $\varphi = \varphi_7$ 为界严格大于和小于 1，需要根据具体情况灵活处理。另外，在同时观测有两个水平方向的磁场分量时，可以换算出任意指定等效方位角 φ_e 上的场值。例如，可以换算出等效方位角 φ_e =0°上的场值，并视为 $H_\varphi(\omega)$ 进行处理，且所获取的唯一的“全区”视电阻率与方位角 φ 无关。

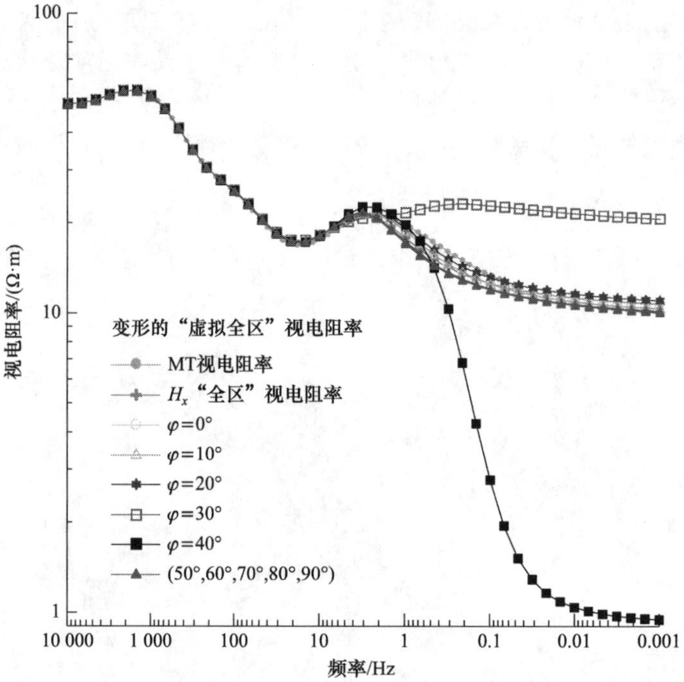

图 2.20　试验基本模型变形的“虚拟全区”视电阻率 $\rho_{H_y}^{A}(\omega)_B$ 曲线

5. 基于电磁场分量比值的全区视电阻率及计算方法

电磁分量总是独立采集的。若测有五个分量中单独的任意一个，均可求出相应的“全区”或“虚拟全区”视电阻率。没有绝对的必要性非选择电磁场分量的比值不可，除非对电流的数据记录不准或未记录。事实上，在不存在电场“静态位移”时，电流没有记录或记录不准时也可进行各分量的单独处理，因为电流可以经由场量比值、单独分量分别计算高频段视电阻率并进行比对而被巧妙地估算出来。设电流测量误差差了一个因子 α，则由比值计算的高频段视电阻率是对的，由电场分量计算的差 α 倍，由磁场分量计算的则差 α^2 倍。合理的一个推论是，在电流数据记录准确的情况下，也可以经由场量比值、单独分量分别计算高频段视电阻率，并通过比对消除 CSAMT 中的静态位移。设静态位移因子为 β，则由磁场分量计算高频段视电阻率是对的，由电场分量计算的差 β 倍，而由比值计算的则差 β^2 倍。然而，此方法不适用于既电流记录不准又存在静态位移的情况。因场源项未知，此种消除静态位移的方法也不能推及到 MT。不过，在无静态位移的 MT 测点上，计算天然入射场源单独分量的谱仍是可能的。

采用电磁场比值进行资料处理使问题更复杂化。一般地：①借助比值提高信噪比没有理论和实践依据；②尚未能从理论上精确证明电磁场比值可提高对电性层的分辨能力；③综合电场和磁场，将使视电阻率定义的奇点变得比单分量的更多和更复杂；④人为地制造了“近区效应”这个概念，它本质上是电场分量的“几何测深态”和磁场分量的“静态”的另一种综合表现形式。“近区效应”校正是伪命题。

1) 电磁场各分量的方位角函数零点分布

有必要先归纳一下电、磁场各分量的方位角函数零点分布情况(图 2.21 和图 2.22)。这些零点对有关的视电阻率定义构成奇点。用空间上不同分量配套采集的方法及第 6 章介绍的张量源方法可以在一定程度上避开这些奇点。

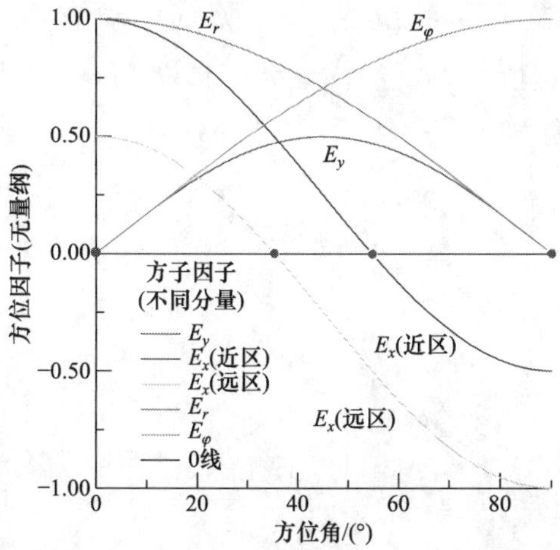

图 2.21　电场各分量的方位角函数零点分布情况
圆点为其零值点

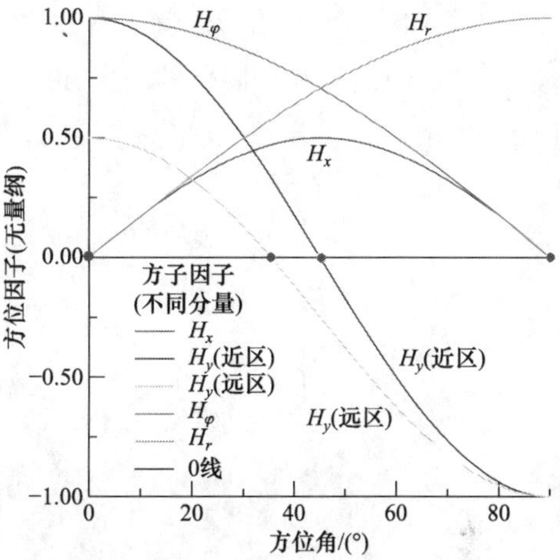

图 2.22　磁场各分量的方位角函数零点分布情况
圆点为其零值点

2) 电磁场各分量比值的归一化函数的频谱特性

均匀半空间电磁场比值的解析解为

$$\frac{E_x(\omega)}{H_y(\omega)}=2r\cdot(-\mathrm{i}\omega\mu)\cdot\frac{F_{E_x}(kr)}{F_{H_y}(kr)}=2r\cdot(-\mathrm{i}\omega\mu)\cdot F_{E_x/H_y}(kr) \tag{2.48}$$

$$\frac{E_y(\omega)}{H_x(\omega)}=\frac{\dfrac{P_E\cdot 3\sin\varphi\cos\varphi\cdot(-\mathrm{i}\omega\mu)}{2\pi r}}{-\dfrac{P_E\cdot\sin\varphi\cos\varphi}{4\pi r^2}\cdot 2}\cdot\frac{F_{E_y}(kr)}{F_{H_x}(kr)}=2r\cdot(-\mathrm{i}\omega\mu)\cdot F_{E_y/H_x}(kr) \tag{2.49}$$

$$\frac{E_{r,\varphi}(\omega)}{H_{\varphi,r}(\omega)}=2r\cdot(-\mathrm{i}\omega\mu)\cdot\frac{F_{E_{r,\varphi}}(kr)}{F_{H_{\varphi,r}}(kr)}=2r\cdot(-\mathrm{i}\omega\mu)\cdot F_{E_r/H_\varphi,E_\varphi/H_r}(kr) \tag{2.50}$$

例如，像式(2.49)所表明的，任何磁场分量的零值点都是比值函数的奇点，而任何电场的零值点也是比值函数的零点。在不考虑方位因子的零值点和奇点的前提下，改写以上各式，引入相应的电磁场比值归一化函数对实测资料的计算式(拟合等式左边)和对均匀半空间介质的理论表达式(拟合等式右边)，有

$$\frac{1}{2r\cdot(-\mathrm{i}\omega\mu)}\frac{E_x(\omega)}{H_y(\omega)}=\frac{1}{(kr)^2}\cdot\frac{3\cos^2\varphi-2+(1+kr)\mathrm{e}^{-kr}}{\left(2-8\sin^2\varphi\right)I_1K_1-\sin^2\varphi\cdot kr\left(I_1K_0-I_0K_1\right)} \tag{2.51}$$

$$\frac{1}{2r\cdot(-\mathrm{i}\omega\mu)}\frac{E_y(\omega)}{H_x(\omega)}=\frac{1}{2(kr)^2}\cdot\frac{1}{8I_1K_1+kr\left(I_1K_0-I_0K_1\right)} \tag{2.52}$$

$$\frac{1}{2r\cdot(-\mathrm{i}\omega\mu)}\frac{E_r(\omega)}{H_\varphi(\omega)}=\frac{1}{(kr)^2}\cdot\frac{1+(1+kr)\mathrm{e}^{-kr}}{2I_1K_1} \tag{2.53}$$

$$\frac{1}{2r\cdot(-\mathrm{i}\omega\mu)}\frac{E_\varphi(\omega)}{H_r(\omega)}=\frac{1}{(kr)^2}\cdot\frac{2-(1+kr)\mathrm{e}^{-kr}}{6I_1K_1+kr(I_1K_0-I_0K_1)} \tag{2.54}$$

四个理论归一化函数的振幅曲线如图 2.23 所示。仅函数 $F_{E_x/H_y}(kr)$ 中包含有方位角 φ，在 φ=30°附近时存在局部的极大和极小，且在 φ_2 方位上，$E_x(\omega)$ 和 $H_y(\omega)$ 同时处于极小值为零的状态，其他函数形式上均与观测方位角无关。

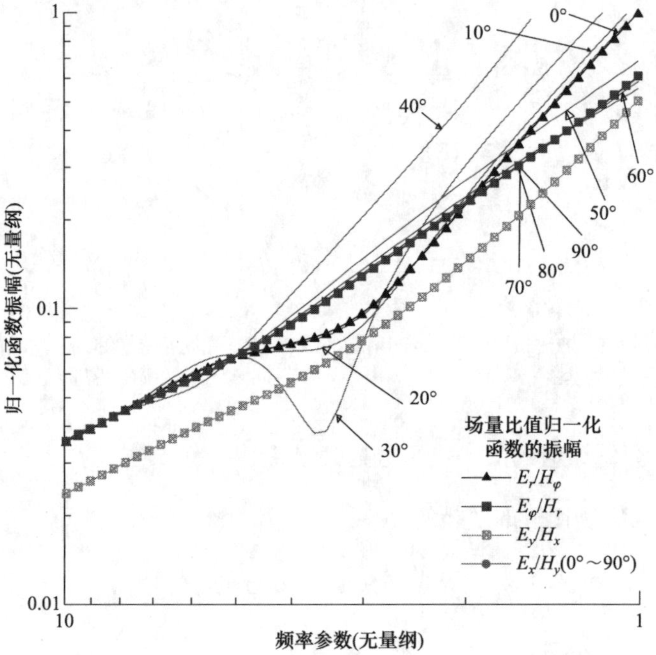

图 2.23　均匀半空间电磁场比值归一化函数的振幅曲线

图中 φ =30°左右附近的 $F_{E_x/H_y}(kr)$ 存在局部极大和极小

采用“二分法”和局部极值附近的“形态伸缩”技术，可以计算出试验基本模型基于电磁场比值的“全区”视电阻率曲线(图 2.24)。根据均匀半空间和层状介质解析解的低频渐近特性，有

$$\left.\frac{E_r(\omega)}{H_\varphi(\omega)}\right|_{kr\to 0}\approx\frac{4\cdot\rho_{E_r}^{\mathrm{G}}}{r},\quad \left.\frac{E_\varphi(\omega)}{H_r(\omega)}\right|_{kr\to 0}\approx\frac{2\cdot\rho_{E_\varphi}^{\mathrm{G}}}{r} \tag{2.55}$$

因为在低频呈静态的磁场对比值几乎没有影响，所以在低频所得到的“全区”视电阻率渐近为相应电场分量所对应的“几何测深”视电阻率。这意味着，由电磁场比值计算的“全区”视电阻率接近于由电场分量单独计算的“全区”视电阻率。

考察采用电场与磁场比值平方的情形，若采用“远区”近似的比值来计算“远区”视电阻率，则在“近区”，该视电阻率将与频率 ω 成反比，因此在低频段，“远区”视电阻率在双对数坐标系内呈 45°上升的态势。“近区效应”的产生是人为地将“近区”

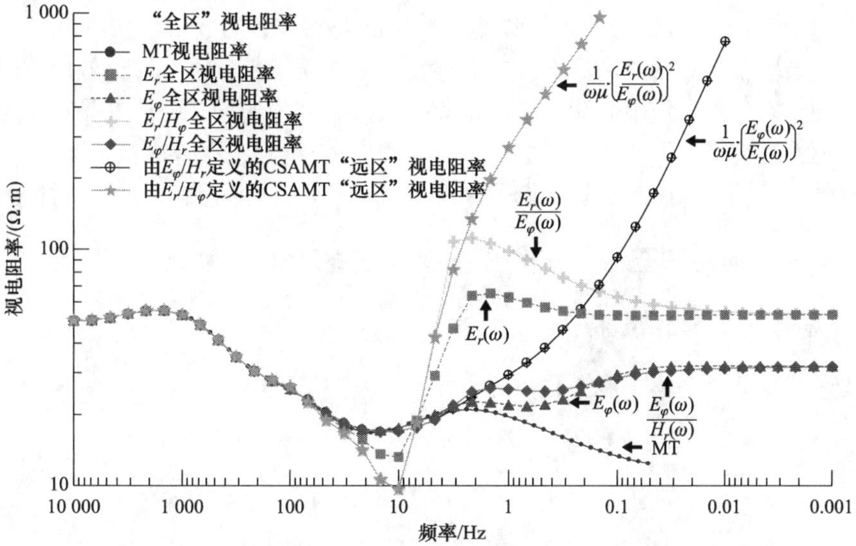

图 2.24　由电场单独定义、电磁场比值定义的 "全区" 视电阻率、CSAMT 定义的 "远区" 视电阻率、MT 视电阻率曲线对比

场量依 "远区" 方式处理后的结果。

例如，常规 CSAMT 的处理方式是引入下列视电阻率定义式，且有渐近值：

$$\rho_{E/H}^{s}=\frac{1}{\omega\mu}\cdot\left(\frac{E_\varphi(\omega)}{H_r(\omega)}\right)^2\overset{kr\to 0}{=\!=\!=}\frac{1}{\omega\mu}\cdot\left(\frac{2\cdot\rho_{E_\varphi}^{\mathrm{G}}}{r}\right)^2 \tag{2.56}$$

如非必要，放弃此定义，改为直接由电磁场比值定义 "全区" 视电阻率，将具有更好的低频渐近特性。

2.1.4　频率域电场 "几何测深态" 的湮灭效应

对任何电场分量的测量，增加一次零频率($\omega=0$)直流恒定电场的独立观测，则将总场减去直流分量就可得到不含有直流成分的场(称之为 "非直电场")：

$$E_{x,y,r,\varphi}^{-}(\omega)=E_{x,y,r,\varphi}(\omega)-E_{x,y,r,\varphi}\quad(\omega=0) \tag{2.57}$$

1. 非直电场的性质

非直电场具有基本特征：①相当于将所有不同方位角的测量场值形式化(但非本质的)等效到 $\varphi=\varphi_3$ 的方位；②相似于时间域下阶跃状态的场；③非直电场与磁场(确切地说是感应电动势)的静态特征有相似之处但有区别。同磁场一样，电场和非直电场都具有完全独立的频率测深功能。人工源方法电场和磁场无论 "远区" 或 "近区" 测量都具有理论上绝对的和一致的反映浅、深层的分辨能力(类同于 MT 方法)。然而，实践中进入 "近区" 观测时，形成了 "相对微弱的深层信息叠加在相对较强的几何测深态之上，加之噪音的存在，以至于淹没了总电场的深层分辨能力" 的客观事实。理论分辨能力有之，实践分辨能力则无，这种现象形象地被称为电场“几何测深态”的“湮灭效应”。此即 CSAMT 仅适合于在音频段测量的原因所在。非直电场一定程度上抑制了“湮灭效应”，能够相对较均衡地反映出深、浅电阻率层位的信息。需要补充说明的是，此处是在未考虑电磁法固有等值性的前提下引用“分辨能力”这一概念的，固有等值性是与“频率域方法信号频率越低对薄层的反映越弱也逐渐丧失对深部电性层的分辨能力”这一特性相关联的。

2. 非直电场的“全区”视电阻率定义、性质和计算方法

1) 非直电场归一化函数特性

对均匀半空间，考察任意方位角时，水平 x 方向非直电场：

$$E_x^-(kr)=C\cdot(-\mathrm{i}\omega\mu)\cdot(kr)^{-2}\cdot\left[-1+(1+kr)\mathrm{e}^{-kr}\right] \tag{2.58}$$

形式上类同于 $\varphi=\varphi_3$ 时的总场 $E_x(kr)$。$E_x^-(kr)$ 的归一化函数被定义为

$$F_{E_x^-}(kr)=(kr)^{-2}\cdot\left[-1+(1+kr)\mathrm{e}^{-kr}\right] \tag{2.59}$$

归一化函数具有渐近特性：

$$F_{E_x^-}(kr)=\frac{1}{(kr)^2}\left[-1+(1+kr)\mathrm{e}^{-kr}\right]\begin{cases}\overset{kr\to\infty}{\approx}-(kr)^{-2}\\ \overset{kr\to0}{\approx}-0.5+kr/3\end{cases} \tag{2.60}$$

根据渐近公式可以定义出基于 $E_x^-(kr)$ 的“远区”和“近区”视电阻率。对“近区”，注意到 $-1/2+kr/3=-1/2+a/3-\mathrm{i}\cdot a/3$，归一化函数在 $a=3/4$ 时取最小值 $F_{E_x^-}(kr)_{\min}=0.25\sqrt{2}$，且为单调函数，故“全区”视电阻率 $\rho_{E_x^-}^{\mathrm{A}}(\omega)$ 有唯一解。

相应地，非直电场本身的渐近特性为

$$E_x^-(kr)=C\cdot(-\mathrm{i}\omega\mu)\cdot F_{E_x^-}(kr)=\begin{cases}\overset{kr\to\infty}{\approx}-A\cdot\rho\\ \overset{kr\to0}{\approx}C\cdot(-\mathrm{i}\omega\mu)\cdot\left[-0.5+r/3\sqrt{(-\mathrm{i}\omega\mu)/\rho}\right]\end{cases} \tag{2.61}$$

当 $kr\to0$ 时，非直电场处于频率测深状态，而总场趋于“几何测深态”；当 $kr\to\infty$ 时，非直电场为静态，但仍然有频率测深功能。注意到

$$F_{H_x}(kr)\overset{kr\to0}{\approx}2+(kr)^2/8-(kr)^4/64,\quad F_{H_z}(kr)\overset{kr\to0}{\approx}0.5-(kr)^2/8 \tag{2.62}$$

$$F_{H_y}(kr)\overset{kr\to0}{\approx}2\cos^2\varphi-1+(kr)^2\left[\ln(-\alpha kr/2)+0.25-\sin^2\varphi\right]/8 \tag{2.63}$$

在近区，非直电场和磁场的测深功能十分相似，前者第二项与 kr 成正比，后者第二项与 $(kr)^2$ 成正比，因此后者较前者对电性层有更高的敏感度。

2) 非直电场“全区”视电阻率定义、性质和计算方法

非直电场“全区”视电阻率 $\rho_{E_x^-}^{\mathrm{A}}(\omega)$ 被定义为满足：

$$E_x^-(\omega) = C \cdot (-\mathrm{i}\omega\mu) \cdot (kr)^2 \cdot \left[-1 + (1+kr)\mathrm{e}^{-kr}\right], \quad k = \sqrt{-\mathrm{i}\omega\mu / \rho_{E_x^-}^{\mathrm{A}}(\omega)} \tag{2.64}$$

对一维层状地球介质，“全区”视电阻率具有渐近性质：

$$\rho_{E_x^-}^{\mathrm{A}}(\omega)\begin{cases} \overset{\omega\to\infty}{=\!=\!=} \left|\rho_1 \cdot (3\cos^2\varphi - 2) - \rho_{E_x}^{\mathrm{G}} \cdot (3\cos^2\varphi - 2 + 1)\right| \\ \overset{\omega\to 0}{=\!=\!=} \rho_N \end{cases} \tag{2.65}$$

如设对高频归位，则有

$$\rho_{E_x^-}^{\text{按高频归位}}(\omega)\begin{cases} \overset{\omega\to\infty}{=\!=\!=} \left[-\rho_{E_x^-}^{\mathrm{A}}(\omega) + \rho_{E_x}^{\mathrm{G}} \cdot (3\cos^2\varphi - 2 + 1)\right] / \left(3\cos^2\varphi - 2\right) \to \rho_1 \\ \overset{\omega\to 0}{=\!=\!=} \left[-\rho_N + 2\rho_{E_x}^{\mathrm{G}} \cdot (3\cos^2\varphi - 2 + 1)\right] / (6\cos^2\varphi - 4) \end{cases} \tag{2.66}$$

只能通过张量源方式避开在 $\varphi = \varphi_2$ 方位上的奇异性。

然而，一维介质存在有在零频($\omega = 0$)不恰好趋于–0.5 的情况的可能，这时要引入校正系数 $\beta^{-1} = -2F_{E_x^-}(\omega)_{E_x^-(\omega)=\min}$ (不同的方位角， β 不同)对归一化函数进行“形态伸缩”修正得 $\tilde{F}_{E_x^-}(\omega) = \beta \cdot F_{E_x^-}(\omega)$ ，并最终计算出“虚拟全区”视电阻率 $\rho_{E_x^-}^{\mathrm{A}}(\omega)_{\mathrm{P}}$ 。它在低频段与“全区”视电阻率渐近地差 β^{-2} 倍，即 $\rho_{E_x^-}^{\mathrm{A}}(\omega)_{\mathrm{P}} \overset{kr\to 0}{\approx} \rho_{E_x^-}^{\mathrm{A}}(\omega) \cdot \beta^{-2}$ ；在高频段则与“全区”视电阻率渐近地差 β 倍，即 $\rho_{E_x^-}^{\mathrm{A}}(\omega)_{\mathrm{P}} \overset{kr\to\infty}{\approx} \rho_{E_x^-}^{\mathrm{A}}(\omega) \cdot \beta$ 。

当然，对实际勘探测量，通常 $F_{E_x^-}(\omega)_{E_x^-(\omega)=\min}$ 并不是在 $\omega = 0$ 时所得到的，因此在实测资料的最低频率点上 $\rho_{E_x^-}^{\mathrm{A}}(\omega_{\min})_{\mathrm{P}} \cdot \beta^2$ 并不恰好等于 ρ_N 。若校正总是使修正的归一化函数在最低频率点上为–0.5，则可能导致视电阻率曲线在低频段不合理上升的现象。

用 $E_x^-(\omega)/H_y(\omega)$ 、 $E_y^-(\omega)/H_x(\omega)$ 进行资料处理，因为电场和磁场处于相对对等的状态，不会出现“近区效应”。

3) 试验基本模型“虚拟全区”视电阻率分析

试验基本模型的“虚拟全区”视电阻率(图 2.25)持有与 MT 的视电阻率曲线类似的形态，与电性层的近似正对应关系清晰。因此，无论在“近区”还是“远区”观测，用基于非直电场的“虚拟全区”视电阻率来显示电性层变化关系与用磁场和/或大地电磁测深法的视电阻率区别不大，均可得到均等的反映浅、深电性层信息。理论上，完全可以在“近区”由电场分量实现精确的电阻率测深，一如用磁场分量和/或大地电磁测深法。然而，在频率域通常不能实现非直电场的直接测量，或仅能近似地采用 $E^-(\omega) \approx E(\omega) - E(\omega_{\min})$ 的换算方式，因此免除不了噪声的影响。相比较于时间域可以直接测量出下阶跃信号的情形，资料的信噪比是有所不同的。

取收发距 $r = 200$ m 来考察“近区”测量的情况。“虚拟全区”视电阻率 $\rho_{E_x^-}^{\mathrm{A}}(\omega)_{\mathrm{P}}$ (图 2.26)和 $\rho_{E_x^-}^{\mathrm{A}}(\omega)_{\mathrm{P}} \cdot \beta^2$ (图 2.27)分层明显。极端而言，“虚拟全区”视电阻率应与收发距、方位

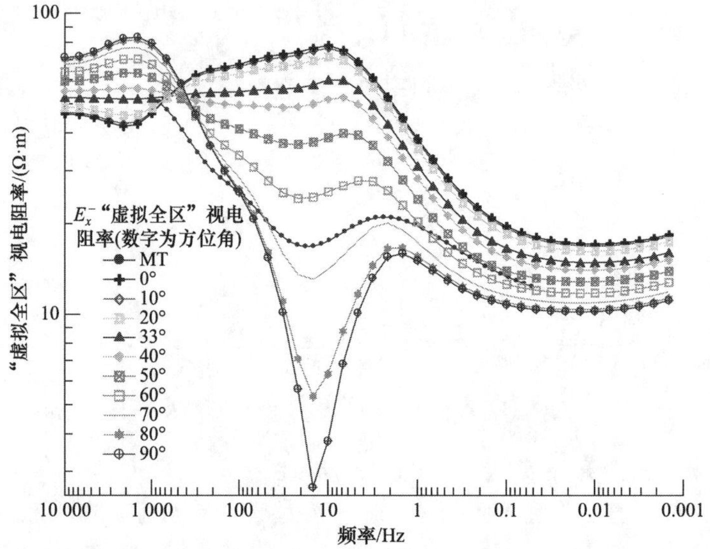

图 2.25　大收发距时不同方位电场 $E_x^-(\omega)$ 定义的“虚拟全区”视电阻率曲线

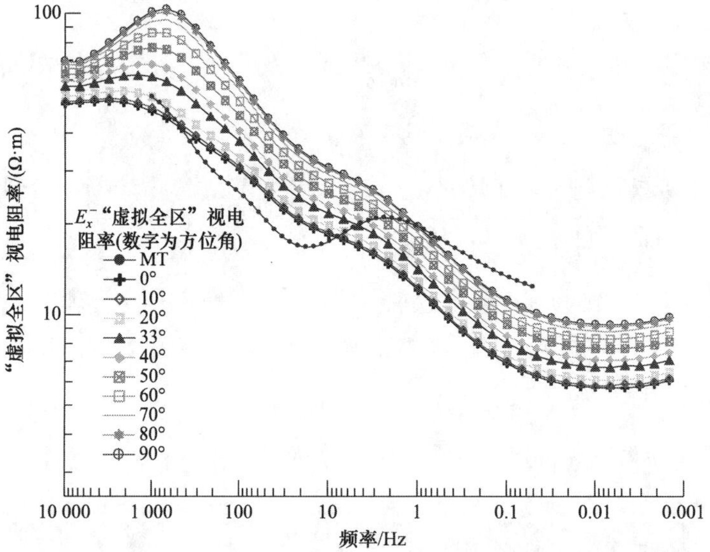

图 2.26　小收发距时不同方位电场 $E_x^-(\omega)$ 定义的“虚拟全区”视电阻率曲线

角无关；相对而言，小收发距的“虚拟全区”视电阻率形态受方位角的影响比大收发距的要小。

对比小收发距 $r = 200$ m 和大收发距 $r = 8100$ m 时的场值 $E_x^-(\omega)$ 曲线(图 2.28)可以看出，小收发距时场值绝对值较大的优势是明显的。虽然出现小收发距时场值分层信息差异微弱的假象——近乎一条斜直线。但计算得到的“虚拟全区”视电阻率的分层信息仍是明显和相对准确的。

根据图 2.29、图 2.30 的模拟结果，无论收发距大小，在趋于低频率时，总场趋于“几何测深态”，分层信息被近于“直流”的背景场所淹没。分离出的非直电场，在低频段

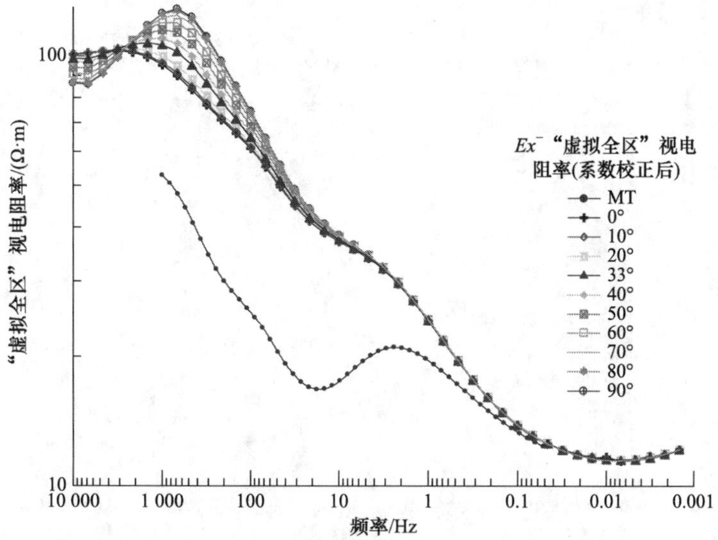

图 2.27　小收发距时不同方位电场 $E_x^-(\omega)$ 定义的"虚拟全区"视电阻率 $\rho_{E_x^-}^{A}(\omega)_{P}\cdot\beta^2$ 曲线

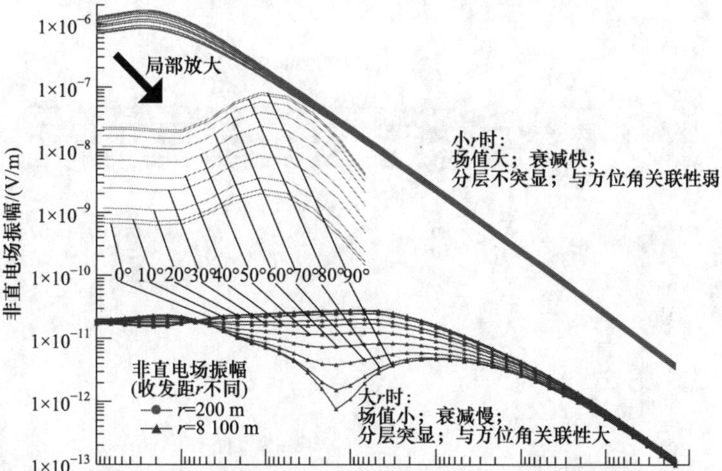

图 2.28　不同方位角、大小收发距时的"非直电场" $E_x^-(\omega)$ 振幅曲线

图中数字为方位角，已对电偶极矩归一

振幅快速下降，但突出了分层信息。尽管小收发距的振幅随频率下降幅度很大，但小收发距的振幅幅值通常比大收发距的要大很多，甚至于在低频时比大收发距时的总场还要大。因此，理论上和实践上，小收发距的频率域电场的测深是完全现实可行的。实际应用中重点要考虑的是仪器的动态范围(在测总场时，此问题并不突显)和随频率的不同采用不同强度电流的策略。

另外，进行频率域电场测量时，外来背景的其他直流分量叠加在总场之中，在计算非直电场时将会一并作为总直流分量分离出去(若单频采集，通常已设置水平漂移的校正选项)。因此，采用非直电场具有自动消除其他来源直流分量影响的功能。但由浅部不均

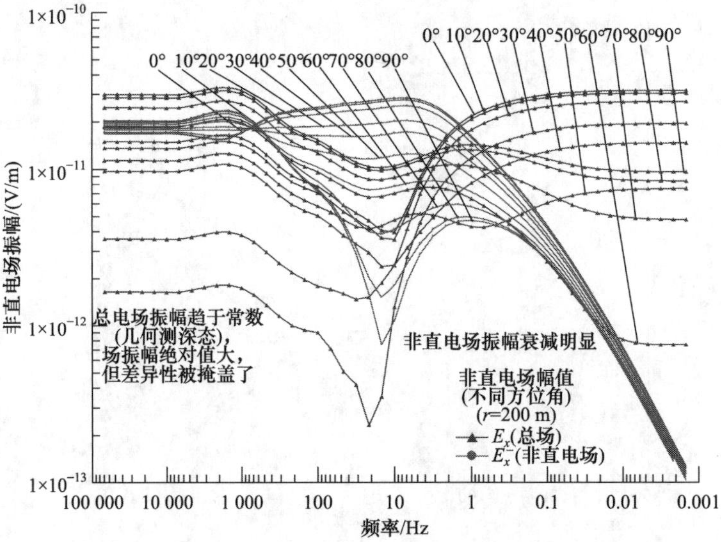

图 2.29　大收发距时不同方位角的总场和非直电场 $E_x^-(\omega)$ 振幅曲线

图中数字为方位角，已对电偶极矩归一

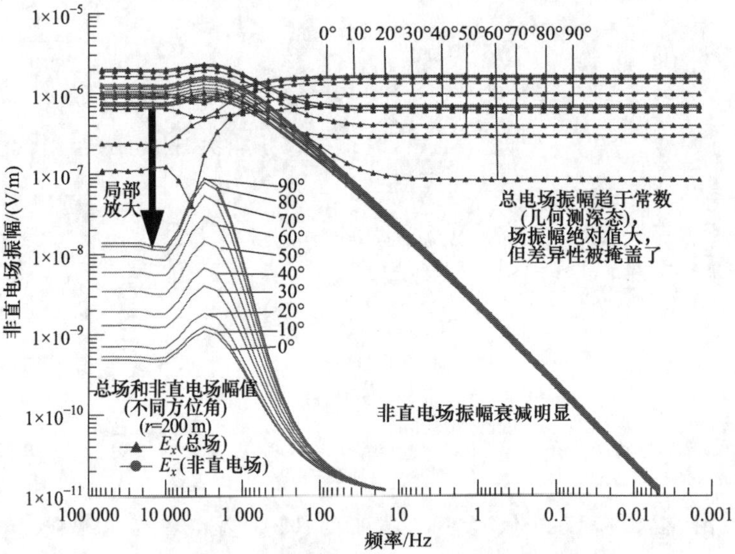

图 2.30　小收发距时不同方位角的总场和非直电场 $E_x^-(\omega)$ 振幅曲线

图中数字为方位角，已对电偶极矩归一

匀介质体的表面静电荷(各种直流成分的总贡献)形成的静态效应是不能自动清除的，因为静态效应对总电场(通常指低频段)的叠加是乘法而不是加法关系。

3. 非直电场的拓展分析

如以上模型试验结果所表明的，基于单一分量 $E_x^-(\omega)$ 所获取的“虚拟全区”视电阻率仍未能完全切割与方位角 φ 和收发距 r 的关联。从均匀半空间介质的 $E_x^-(\omega)$ 表达式看，

形式上与方位角无关，但这并不能必然地就推及非均匀半空间介质。对一维介质，有

$$E_x^-(\omega)=-C\cdot\rho_1\cdot\left\{\begin{array}{l}\displaystyle\int_0^{\infty}\left[\frac{\sin^2\varphi\cdot(u_1^2-\lambda^2)}{\lambda+u_1/R_1}+\cos^2\varphi\cdot\left(\frac{u_1}{R_1^*}-S\cdot\lambda\right)\right]\lambda J_0(\lambda r)\mathrm{d}(\lambda r)\\ \displaystyle-\frac{1-2\cos^2\varphi}{r}\cdot\int_0^{\infty}\left[\frac{u_1^2-\lambda^2}{\lambda+u_1/R_1}-\left(\frac{u_1}{R_1^*}-S\cdot\lambda\right)\right]J_1(\lambda r)\mathrm{d}(\lambda r)\end{array}\right\}\tag{2.67}$$

“几何测深态”与含有函数 R_1^* 的项有关，仅仅对均匀半空间介质，与方位角 φ 有关的项能够完全精确地相互抵消。此外，当 $\omega=0$ 时，有

$$\begin{aligned}E_x(\omega=0)&=-A\cdot\rho_1\cdot\int_0^{\infty}\left[\cos^2\varphi\cdot\lambda r\cdot J_0(\lambda r)+(1-2\cos^2\varphi)\cdot J_1(\lambda r)\right]\cdot S\cdot\lambda r\mathrm{d}(\lambda r)\\&=-A\cdot\left[\rho_{E_x}^{\mathrm{G}}\Big|_{J_1}\cdot\left(1-2\cos^2\varphi\right)-\rho_{E_x}^{\mathrm{G}}\Big|_{J_0}\cdot\cos^2\varphi\right]\\&=-A\cdot\rho_{E_x}^{\mathrm{G}}\cdot\left(1-3\cos^2\varphi\right)\end{aligned}\tag{2.68}$$

式中，两项所对应的积分核函数不同。近似地认定 $\rho_{E_x}^{\mathrm{G}}\Big|_{J_0}=\rho_{E_x}^{\mathrm{G}}\Big|_{J_1}$ (下标表示所对应的积分项中的贝塞尔函数)获得一个混合型的 $\rho_{E_x}^{\mathrm{G}}$ ，并以表达式 $-A\cdot\rho_{E_x}^{\mathrm{G}}\cdot\left(1-3\cos^2\varphi\right)$ 刻画直流恒定电场，结果造成 $E_x^-(\omega)$ 与方位角无关的假象。

分析表明，在人工源电磁测深法中，电场分量的“几何测深功能”和“频率测深功能”的机制是复合型的。“几何测深态”与 R_1^* 有关，且表现出随频率而变化的“动态”特征，不可能将它从总场值中彻底分离出来。因而，也就不可能从总场中分离出仅具频率测深功能的与 R_1 有关的项，即理论上不能从电场分量中获得纯的频率测深响应。虽则如此，即或在“近区”测量，通过非直电场处理仍可挖掘出深部电性分层的信息。相比较而言，因仅含有与 R_1 有关的项，磁场分量在视电阻率显现纯的频率测深功能方面具有一定的优越性。

2.2　时间域电磁场多分量“全期”视电阻率

一般地，在时间域大致按“早期”、“晚期”和“过渡期”对场的状态进行分期。本节则类似于频率域的“全区”，给出时间域“全期”的概念，“全期”即不分期。本节重点讨论过零方波激发时的上阶跃响应。对磁场，为书写方便，记 $\partial h_{x,y,z}(t)/\partial t=h'_{x,y,z}(t)$，同时不记上角标符号“+”(对应过零方波激发时的上阶跃)、“−”(对应过零方波激发时的下阶跃)和“±”(对应不过零方波激发时的上下阶跃)，因为三种情况下磁场分量仅存在正负号和倍数的差别。

2.2.1　上阶跃常规“早期”和“晚期”视电阻率

根据均匀半空间场的解析解的“晚期”$(x\to 0)$渐近式列出“晚期”视电阻率定义为

$$\rho_{e_x^+}^{\mathrm{L}}(t)=A^{-1}\cdot\left(1-3\cos^2\varphi\right)^{-1}\cdot e_x^+(t) \tag{2.69}$$

$$\rho_{e_y^+}^{\mathrm{L}}(t)=\left(A\cdot 3\sin\varphi\cos\varphi\right)^{-1}\cdot e_y^+(t) \tag{2.70}$$

$$\rho_{h_x'}^{\mathrm{L}}(t)=\sqrt{\frac{P_E\cdot 3\sin\varphi\cos\varphi}{768\pi}\cdot\frac{\mu^2 r^2}{t^3}\cdot\frac{1}{h_x'(t)}} \tag{2.71}$$

$$\rho_{h_y'}^{\mathrm{L}}(t)=-\frac{P_E}{64\pi}\cdot\frac{\mu}{t^2}\cdot\frac{1}{h_y'(t)} \tag{2.72}$$

$$\rho_{h_z'}^{\mathrm{L}}(t)=\left[-\frac{P_E\cdot\sin\varphi}{40\pi\sqrt{\pi}}\cdot\frac{(\mu)^{3/2}\cdot r}{t^{5/2}}\cdot\frac{1}{h_z'(t)}\right]^{2/3} \tag{2.73}$$

$$\rho_{e_r^+}^{\mathrm{L}}(t)=\left(2A\cdot\cos\varphi\right)^{-1}\cdot e_r^+(t) \tag{2.74}$$

$$\rho_{e_\varphi^+}^{\mathrm{L}}(t)=\left(A\cdot\sin\varphi\right)^{-1}\cdot e_\varphi^+(t) \tag{2.75}$$

$$\rho_{h_r'}^{\mathrm{L}}(t)=-\frac{P_E\cdot\sin\varphi}{64\pi}\cdot\frac{\mu}{t^2}\cdot\frac{1}{h_r'(t)} \tag{2.76}$$

$$\rho_{h_\varphi'}^{\mathrm{L}}(t)=-\frac{P_E\cdot\cos\varphi}{64\pi}\cdot\frac{\mu}{t^2}\cdot\frac{1}{h_\varphi'(t)} \tag{2.77}$$

上角标“L”表示“晚期”。方位角φ使分母为零的都是该定义的奇点。对磁场，场值为零的也是该定义的奇点；对电场，场值为零的则是该定义的零点。

相对称地，根据“早期”$(x\to\infty)$场表达式列出“早期”视电阻率定义为

$$\rho_{e_x^+}^{\mathrm{E}}(t)=A^{-1}\cdot\left(2-3\cos^2\varphi\right)^{-1}\cdot e_x^+(t) \tag{2.78}$$

$$\rho_{e_y^+}^{\mathrm{E}}(t)=\left(A\cdot 3\sin\varphi\cos\varphi\right)^{-1}\cdot e_y^+(t)\quad\text{(等同于“晚期”视电阻率)} \tag{2.79}$$

$$\rho_{h_x'}^{\mathrm{E}}(t)=\left(A\cdot 3\sin\varphi\cos\varphi\right)^{-2}\cdot h_x'(t)^2\cdot(\pi\mu t) \tag{2.80}$$

$$\rho_{h_y'}^{\mathrm{E}}(t)=A^{-2}\cdot(2-3\cos^2\varphi)^{-2}\cdot h_y'(t)^2\cdot(\pi\mu t) \tag{2.81}$$

$$\rho_{h_z'}^{\mathrm{E}}(t)=\left(A\cdot 3\sin\varphi\right)^{-1}\cdot\mu\cdot r\cdot h_z'(t) \tag{2.82}$$

$$\rho_{e_r^+}^{\mathrm{E}}(t)=\left(A\cdot\cos\varphi\right)^{-1}\cdot e_r^+(t)=2\rho_{e_r^+}^{\mathrm{L}}(t) \tag{2.83}$$

$$\rho_{e_\varphi^+}^{\mathrm{E}}(t)=\left(A\cdot 2\sin\varphi\right)^{-1}\cdot e_\varphi^+(t)=0.5\rho_{e_\varphi^+}^{\mathrm{L}}(t) \tag{2.84}$$

$$\rho_{h_r'}^{\mathrm{E}}(t)=0.25\left(A\cdot\sin\varphi\right)^{-2}\cdot h_r'(t)^2\cdot(\pi\mu t) \tag{2.85}$$

$$\rho_{h_\varphi'}^{\mathrm{E}}(t)=\left(A\cdot\cos\varphi\right)^{-2}\cdot h_\varphi'(t)^2\cdot(\pi\mu t) \tag{2.86}$$

上角标“E”表示“早期”；方位角φ使分母为零的都是该定义的奇点；场值为零的则是该定义的零点。

“晚期”和“早期”视电阻率均仅视作观测信号的参考信息。它们不能从形态上完整地呈现与地电分层的近似正对应关系；又因为场值零点或接近零点处定义的视电阻率

可能导致目标函数对所有时间点数据的对等性失衡，所以亦不是反演中合适的理想的目标函数参与量。

2.2.2　上阶跃“全期”视电阻率定义

定义“全期”视电阻率是为了在全延迟时间段获得唯一一条连续的绝无零值的曲线，且与电性分层呈大致的一一正对应关系。它摒弃“晚期”、“早期”和“过滤期”概念，使各延迟时间点之间实现“平稳无缝对接”(苏朱刘和胡文宝，2002a，c)。

为方便于“全期”视电阻率的定义、计算和特性分析，引入相应场值的归一化函数概念。对均匀半空间介质归一化函数的理论公式如下

$$T_{e_x^+}(x)=x^{-2}\left[1-3\cos^2\varphi+\operatorname{erf}(x)-2\pi^{-0.5}x\mathrm{e}^{-x^2}\right] \tag{2.87}$$

$$T_{e_y^+}(x)=x^{-2} \tag{2.88}$$

$$T_{h'_x}(x)=2\mathrm{e}^{-0.5x^2}\cdot\left[I_1(x^2+4)-I_0x^2\right]/3 \tag{2.89}$$

$$T_{h'_y}(x)=2\mathrm{e}^{-0.5x^2}\cdot\left[(I_0-I_1)(\cos^2\varphi-1)x^2+I_1(3-4\cos^2\varphi)\right]/3 \tag{2.90}$$

$$T_{h'_z}(x)=x^{-2}\left[\operatorname{erf}(x)-2\pi^{-0.5}x\left(1+2x^2/3\right)\mathrm{e}^{-x^2}\right] \tag{2.91}$$

$$T_{e_r^+}(x)=x^{-2}\left[-2+\operatorname{erf}(x)-2\pi^{-0.5}x\mathrm{e}^{-x^2}\right] \tag{2.92}$$

$$T_{e_\varphi^+}(x)=x^{-2}\left[1+\operatorname{erf}(x)-2\pi^{-0.5}x\mathrm{e}^{-x^2}\right] \tag{2.93}$$

$$T_{h'_r}(x)=2\mathrm{e}^{-0.5x^2}\cdot\left[3I_1-x^2\left(I_0-I_1\right)\right]/3 \tag{2.94}$$

$$T_{h'_\varphi}(x)=-2\mathrm{e}^{-0.5x^2}\cdot I_1/3 \tag{2.95}$$

以上 $T_{e_x^+}(x)$ 等函数的下标表示其对应的电磁场分量，无量纲。均匀半空间介质归一化函数中的变量(瞬变参数)为 $x=r\sqrt{\mu/(4\rho t)}$，无量纲。除 $T_{e_x^+}(x)$ 和 $T_{h'_y}(x)$ 外，其他归一化函数形式上均与观测方位角无关，但由观测场量计算实测归一化函数时，会产生与方位角有关的奇点问题。

根据均匀半空间场的解析解可以定义时间域“全期”视电阻率 $\rho_{e_x^+}^{\mathrm{A}}(t)$、$\rho_{e_y^+}^{\mathrm{A}}(t)$、$\rho_{h'_x}^{\mathrm{A}}(t)$、$\rho_{h'_y}^{\mathrm{A}}(t)$、$\rho_{h'_z}^{\mathrm{A}}(t)$、$\rho_{e_r^+}^{\mathrm{A}}(t)$、$\rho_{e_\varphi^+}^{\mathrm{A}}(t)$、$\rho_{h'_r}^{\mathrm{A}}(t)$ 和 $\rho_{h'_\varphi}^{\mathrm{A}}(t)$，它们隐含在以下一系列对实测场量的拟合式中。分析表明，对实际地球介质，这些拟合式有可能无解或不止一个解，因此，需要视具体情况对这些可以视为基本的“全期”视电阻率的定义进行修正。

$$e_x^+(t)=B\cdot T_{e_x^+}(x),\quad x=r\sqrt{\mu/\left[4\rho_{e_x^+}^{\mathrm{A}}(t)t\right]} \tag{2.96}$$

$$e_y^+(t)=B\cdot 3\sin\varphi\cos\varphi\cdot T_{e_y^+}(x),\quad x=r\sqrt{\mu/\left[4\rho_{e_y^+}^{\mathrm{A}}(t)t\right]} \tag{2.97}$$

(其解为 $\rho_{e_y^+}^{\mathrm{A}}(t)=\left(A\cdot 3\sin\varphi\cos\varphi\right)^{-1}\cdot e_y^+(t)$，等同于“晚期”和“早期”视电阻率)

$$h'_x(t)=B\cdot 3\sin\varphi\cos\varphi\cdot(\mu\cdot r)^{-1}\cdot T_{h'_x}(x),\quad x=r\sqrt{\mu/\left[4\rho^{\mathrm{A}}_{h'_x}(t)t\right]} \tag{2.98}$$

$$h'_y(t)=-3B\cdot(\mu\cdot r)^{-1}\cdot T_{h'_y}(x),\quad x=r\sqrt{\mu/\left[4\rho^{\mathrm{A}}_{h'_y}(t)t\right]} \tag{2.99}$$

$$h'_z(t)=B\cdot 3\sin\varphi\cdot(\mu\cdot r)^{-1}\cdot T_{h'_z}(x),\quad x=r\sqrt{\mu/\left[4\rho^{\mathrm{A}}_{h'_z}(t)t\right]} \tag{2.100}$$

$$e^+_r(t)=B\cdot(-\cos\varphi)\cdot T_{e^+_r}(x),\quad x=r\sqrt{\mu/\left[4\rho^{\mathrm{A}}_{e^+_r}(t)t\right]} \tag{2.101}$$

$$e^+_\varphi(t)=B\cdot\sin\varphi\cdot T_{e^+_\varphi}(x),\quad x=r\sqrt{\mu/\left[4\rho^{\mathrm{A}}_{e^+_\varphi}(t)t\right]} \tag{2.102}$$

$$h'_r(t)=-B\cdot 3\sin\varphi\cdot(\mu\cdot r)^{-1}\cdot T_{h'_r}(x),\quad x=r\sqrt{\mu/\left[4\rho^{\mathrm{A}}_{h'_r}(t)t\right]} \tag{2.103}$$

$$h'_\varphi(t)=-B\cdot 3\cos\varphi\cdot(\mu\cdot r)^{-1}\cdot T_{h'_\varphi}(x),\quad x=r\sqrt{\mu/\left[4\rho^{\mathrm{A}}_{h'_\varphi}(t)t\right]} \tag{2.104}$$

2.2.3　上阶跃“全期”视电阻率性质及计算方法

下面根据均匀半空间介质归一化函数特性的不同，按五种类型来讨论任意介质下各电磁场分量时间域“全期”视电阻率的计算方法。

为行文表达方便，定义一个函数：

$$qt(t,x)=\frac{\mu}{4t\cdot x^2}\cdot r^2 \tag{2.105}$$

1. 三个电场分量归一化函数瞬变特性及“全期”视电阻率

此三个电场分量是指$e^+_y(t)$、$e^+_r(t)$和$e^+_\varphi(t)$，具有类似的瞬变特性，归入同一类。

1)　$e^+_y(t)$、$e^+_r(t)$和$e^+_\varphi(t)$归一化函数的瞬变特性

均匀半空间介质的归一化函数$T_{e^+_y}(x)$的振幅为斜直线，而$T_{e^+_r}(x)$和$T_{e^+_\varphi}(x)$的振幅曲线均为单调曲线(图 2.31，横坐标为瞬变参数x)。因此对层状介质的场，“全期”视电阻率均有唯一解。注意到三个分量归一化函数的幅度均在同一数量级上。

2)　“全期”视电阻率$\rho^{\mathrm{A}}_{e^+_y}(t)$、$\rho^{\mathrm{A}}_{e^+_r}(t)$和$\rho^{\mathrm{A}}_{e^+_\varphi}(t)$的计算方法

采用数值方法中解非线性方程的“二分法”即可方便求得其解。考虑到实际地球介质的情况，界定“全期”视电阻率的两个端点初始值为$\rho^{\mathrm{A}}_{\min}$和$\rho^{\mathrm{A}}_{\max}$是合适的。

由试验基本模型的“全期”视电阻率(图 2.32，绘有相应模型的频率域 MT 视电阻率曲线以作为参考对比)可知：各电场分量的“全期”视电阻率曲线在长延迟时趋于相应分量的“几何测深”视电阻率，在早期与 MT 的视电阻率曲线有一定的相似性，且在早期无类似于频率域的高频出现振荡现象的存在，其中$\rho^{\mathrm{A}}_{e^+_y}(t)$等同于“早期”和“晚期”视电阻率。

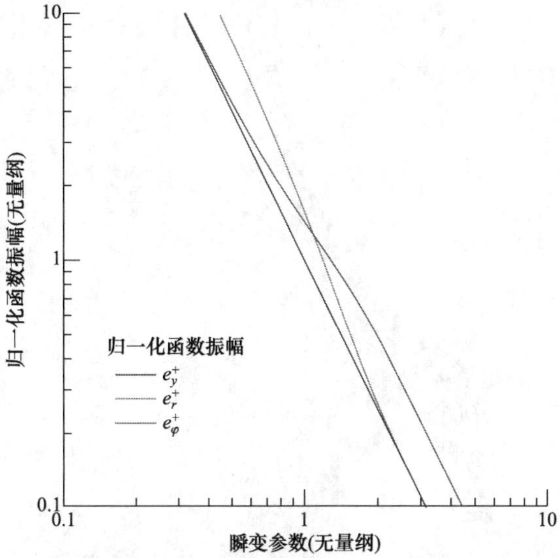

图 2.31　均匀半空间归一化函数 $T_{e_y^+}(x)$、$-T_{e_r^+}(x)$ 和 $T_{e_\varphi^+}(x)$ 的振幅曲线

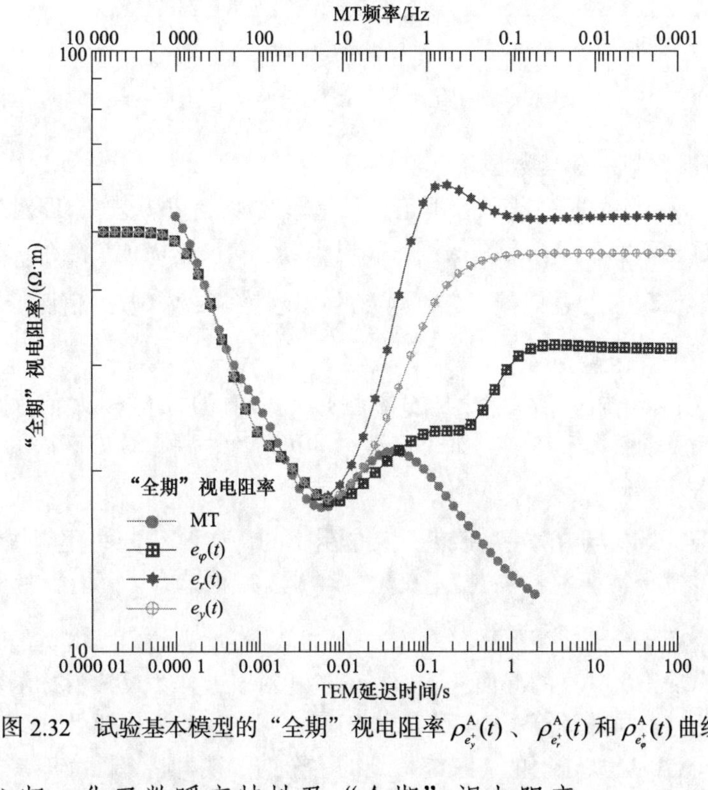

图 2.32　试验基本模型的“全期”视电阻率 $\rho_{e_y^+}^{A}(t)$、$\rho_{e_r^+}^{A}(t)$ 和 $\rho_{e_\varphi^+}^{A}(t)$ 曲线

2. $e_x^+(t)$ 归一化函数瞬变特性及“全期”视电阻率

1) $e_x^+(t)$ 归一化函数的瞬变特性

均匀半空间介质的归一化函数 $T_{e_x^+}(x)$ 与方位角 φ 有关(图 2.33)，其幅值存在负值区单

调(D 区)、负值区单调并正值区双值(C 区)、正值区三值(B 区)、正值区单调(A 区)的 4 种可能。为行文方便，特别约定 φ_8=55.613 85°(≈90°×0.618≈2φ_1)(相关分析中采用数值逼近获得)。

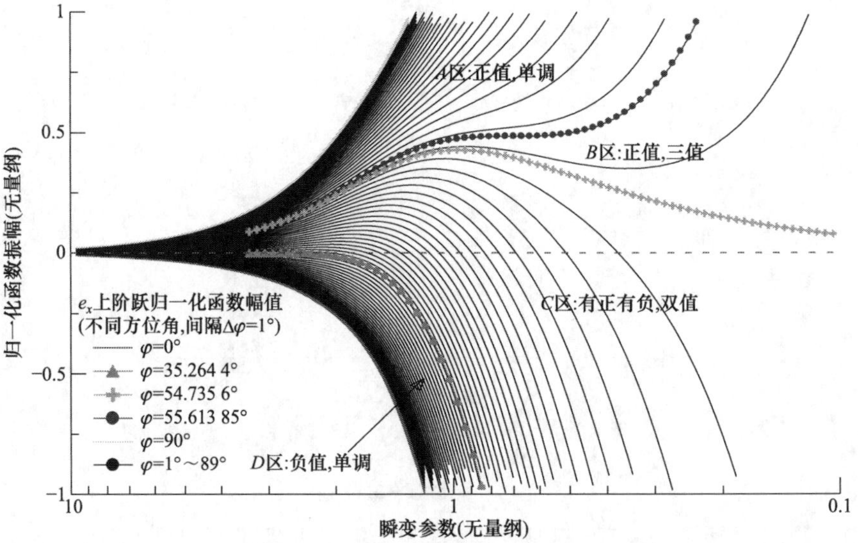

图 2.33　均匀半空间介质的归一化函数 $T_{e_x^+}(x)$ 在不同方位角($\Delta\varphi$ =1°)时的振幅曲线

A 区：$\varphi \geqslant \varphi_8$。归一化函数恒正，且单调。

B 区：$\varphi_3 < \varphi < \varphi_8$。归一化函数恒正，且呈单调加三值的形态，即对较大变量为单调，对较小变量为三值。存在局部的极大和极小点，对应的极值 $T_{e_x^+}(x)_{\max}$、$T_{e_x^+}(x)_{\min}$ 和变量 $x_{T_{e_x^+}(x)=\max}$、$x_{T_{e_x^+}(x)=\min}$ 是依赖于方位角 φ 的恒定特征参数。在三值区计算“全期”视电阻率要排除两个“伪解”。

考虑到对实际介质，存在实测的场值归一化值的局部极大值大于和/或小于 $T_{e_x^+}(x)_{\max}$、局部极小值大于和/或小于 $T_{e_x^+}(x)_{\min}$ 的可能性，则有对 B 区内的“全期”视电阻率定义作修正的必要。

比较特别地，当 $\varphi = \varphi_3$(对应“晚期”视电阻率的奇点)时，归一化函数为双值，且有对应最大值点的恒定特征量 $T_{e_x^+}(x)_{\max} = 0.427\,948\,649\,7$ 和 $x_{T_{e_x^+}(x)=\max} = 0.979\,047\,318\,7$。在双值区计算“全期”视电阻率要排除一个“伪解”。过此方位角，电场的时间信号过零后变号，开始出现正负共存的局面。若以场值的相对误差作为反演目标函数的元素，将引起求解的不稳定。虽然计算“全期”视电阻率过程中本质上也要处理场值过零问题，但是是以分时间点的方式进行的，最终得到的“全期”视电阻率恒大于零，因此用其作为反演目标函数中的元素可以保持各时间点数据相对的对等均衡。

C 区：$\varphi_2 < \varphi < \varphi_3$。归一化函数有正有负，在负值区单调，在正值区则为双值。电场的时间信号恒有过零后变号的情形。在正的双值区存在一个局部的极大点，对应的极值 $T_{e_x^+}(x)_{\max}$ 和变量 $x_{T_{e_x^+}(x)=\max}$ 依赖于方位角 φ，为恒定特征量。在双值区计算“全期”视

电阻率要排除一个“伪解”。考虑到对实际介质，存在实测的场值归一化值的局部极大值大于和/或小于 $T_{e_x^+}(x)_{\max}$ 的可能性，有修改“全期”视电阻率定义和实用计算方法的必要。

D 区：$\varphi \leqslant \varphi_2$。归一化函数恒负，单调。

特别指出，对非均匀半空间介质，在 4 个区的分界处附近时，有可能存在实测的归一化函数是单调、双值和单调加三值等的混合式。

进一步分析归一化函数关于变量 x 的导数的性态。由导数表达式：

$$\frac{\partial T_{e_x^+}(x)}{\partial x}=\frac{2}{x^3}\left(\frac{2x^3}{\sqrt{\pi}}\mathrm{e}^{-x^2}+\frac{2x}{\sqrt{\pi}}\mathrm{e}^{-x^2}-\operatorname{erf}(x)-1+3\cos^2\varphi\right)=\frac{2}{x^3}\left[3\cos^2\varphi-f'(x)\right] \tag{2.106}$$

绘出函数 $f'(x)$ 的图形(图 2.34)并将其比较于 $3\cos^2\varphi$。

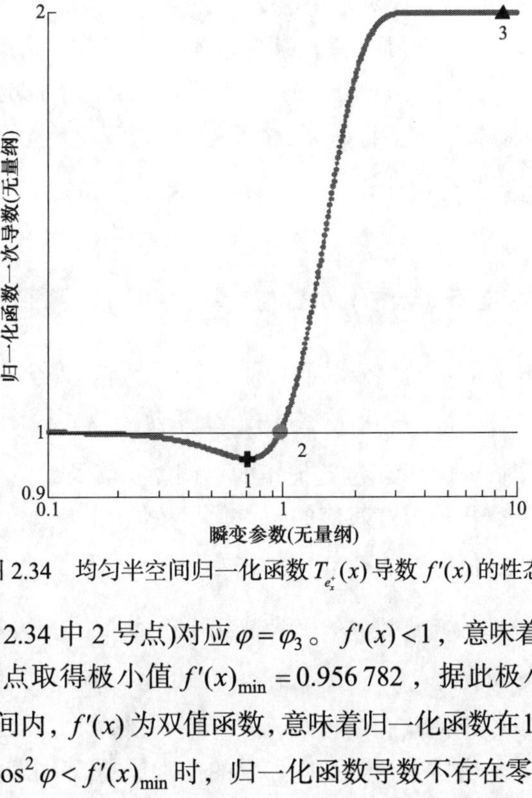

图 2.34　均匀半空间归一化函数 $T_{e_x^+}(x)$ 导数 $f'(x)$ 的性态

$f'(x)=1$ 的点(图 2.34 中 2 号点)对应 $\varphi=\varphi_3$。$f'(x)<1$，意味着 $\varphi<\varphi_3$，归一化函数为正。$f'(x)$ 在 1 号点取得极小值 $f'(x)_{\min}=0.956\,782$，据此极小值点可求得对应的 $\varphi=\varphi_8$。$f'(x)<1$ 的区间内，$f'(x)$ 为双值函数，意味着归一化函数在 $1>3\cos^2\varphi>0.956\,782$ 时为三值函数。因 $3\cos^2\varphi<f'(x)_{\min}$ 时，归一化函数导数不存在零值点，故归一化函数为单调函数。$f'(x)>1$，意味着 $3\cos^2\varphi>1$，当 $3\cos^2\varphi$ 落入此区间时，归一化函数为双值。$f'(x)=2$ 的点(图 2.34 中 3 号点，为随 $x\to\infty$ 的渐近点)对应 $3\cos^2\varphi=2$ 也即 $\varphi=\varphi_2$。$3\cos^2\varphi>2$ 时，归一化函数导数没有零值点，故归一化函数为单调函数。

2) “虚拟全期”视电阻率 $\rho_{e_x^+}^{\mathrm{A}}(t)_{\mathrm{P}}$ 的定义

鉴于归一化函数与方位角关系的复杂性，应对“全期”视电阻率的定义做出必要的修正。对实测的归一化函数 $T_{e_x^+}(t)$，定义“虚拟全期”视电阻率 $\rho_{e_x^+}^{\mathrm{A}}(t)_{\mathrm{P}}$，它满足下述情况。

(1) 当$\varphi \leqslant \varphi_2$或$\varphi \geqslant \varphi_8$时，因归一化函数单调，有$\rho_{e_x^+}^{\mathrm{A}}(t)_{\mathrm{P}} = \rho_{e_x^+}^{\mathrm{A}}(t)$。

(2) 当$\varphi_3 < \varphi \leqslant \varphi_8$时，归一化函数是三值函数，按下列步骤处理：①根据归一化函数，找到两个极值点和对应的归一化函数值(随φ而不同)；②将要处理的实测数据的极大值和极小值“形态伸缩”至均匀半空间理论归一化函数值的极大值和极小值(随φ而不同)；③分极大值点左侧、极大值点和极小值点之间、极小值点右侧三个区间(实为三个单调区间)，且按均匀半空间介质的归一化函数特性，界定“全期”视电阻率的搜索范围(等同于排除两个“伪解”)，分别求出唯一的“虚拟全期”视电阻率。

(3) 当$\varphi_2 < \varphi \leqslant \varphi_3$时，归一化函数为双值函数，且有正有负。按下列步骤处理：①根据归一化函数，在归一化函数正值区间找到极大值点和其对应的归一化函数值(随φ而不同)；②将要处理数据的极大值“形态伸缩”至均匀半空间介质的理论归一化函数值的极大值(随φ而不同)；③在归一化函数正值区间，分极大值点左侧、右侧两个区间(实为两个单调区间)，且按均匀半空间介质的归一化函数特性，界定“全期”视电阻率的搜索范围(等同于排除一个“伪解”)，分别求出唯一的“虚拟全期”视电阻率。在归一化函数负值区间(单调)，可直接求出$\rho_{e_x^+}^{\mathrm{A}}(t)_{\mathrm{P}} = \rho_{e_x^+}^{\mathrm{A}}(t)$。但也可形式化地采用正值区间的“形态伸缩”因子压缩后，再进行二分法计算(非必要步骤，仅为保持过零值点时曲线形态光滑度的连贯性)。

3) “虚拟全期”视电阻率$\rho_{e_x^+}^{\mathrm{A}}(t)_{\mathrm{P}}$的数值计算实用方法

依据测点的方位角φ的不同，分以下几种情况计算“虚拟全期”视电阻率。

(1) 当$\varphi \leqslant \varphi_2$或$\varphi \geqslant \varphi_8$时，采用“二分法”计算$\rho_{e_x^+}^{\mathrm{A}}(t)_{\mathrm{P}} = \rho_{e_x^+}^{\mathrm{A}}(t)$。

(2) 当$\varphi_3 < \varphi \leqslant \varphi_8$时，归一化函数是恒正的单调加三值函数，依以下三步处理：①根据归一化函数，找到两个极值点和对应的归一化函数值的 6 个恒定特征参数(随φ而不同)，即局部极大值和极小值点处的$T_{e_x^+}(x)_{\max}$、$T'_{e_x^+}(x)_{\min}$、$x_{T_{e_x^+}(x)=\max}$、$x_{T_{e_x^+}(x)=\min}$、$x^{\mathrm{D}}_{T_{e_x^+}(x)=\max}$和$x^{\mathrm{G}}_{T_{e_x^+}(x)=\min}$；②将要处理的实测数据的极大值和极小值“形态伸缩”至均匀半空间理论归一化函数的极大值和极小值，获取“虚拟”的归一化函数；③分极大值点左侧、极大值点和极小值点之间、极小值点右侧三个区间(实为三个单调区间)，且按均匀半空间介质的归一化函数特性，界定“全期”视电阻率的搜索范围(等同于排除两个“伪解”)，分别运用“二分法”求出唯一的“虚拟全期”视电阻率。

(3) 当$\varphi_2 < \varphi \leqslant \varphi_3$时，依以下四步处理：①在归一化函数恒正(双值)的区间，找到极大值点和其对应的归一化函数值(随φ而不同)的两个恒定特征参数$T_{e_x^+}(x)_{\max}$和$x_{T_{e_x^+}(x)=\max}$；②将要处理的数据的极大值“形态伸缩”至均匀半空间介质的理论归一化函数值的极大值，获取“虚拟”的归一化函数$\tilde{T}_{e_x^+}(t)$，即取校正系数

$$\beta = T_{e_x^+}(x)_{\max} / T_{e_x^+}(t)_{\max} \tag{2.107}$$

将实测的归一化函数修正为“虚拟”的归一化函数

$$\tilde{T}_{e_x^+}(t)=\beta\cdot T_{e_x^+}(t) \tag{2.108}$$

因归一化函数为过零的函数，为了保持“全期”视电阻率更好的连贯性，此校正可对所有时间点的数据同步进行(非必要步骤)；③在归一化函数恒正(双值)的区间，分极大值点左侧、右侧两个区间(实为两个单调区间)，且按均匀半空间介质的归一化函数特性，界定“全期”视电阻率的搜索范围(等同于排除一个“伪解”)，分别求出唯一的“虚拟全期”视电阻率；④对归一化函数恒负(单调)的区间，采用“二分法”计算“虚拟全期”视电阻率。

理论分析表明，“虚拟全期”视电阻率具有渐近特性：

$$\rho_{e_x^+}^{\mathrm{A}}(t)_{\mathrm{P}}\cdot\beta^{-1}\begin{cases}\overset{t\to 0}{=\!=}\rho_1\\ \overset{t\to\infty}{=\!=}\rho_{e_x^+}^{\mathrm{G}}(t)=\rho_{E_x}^{\mathrm{G}}\end{cases} \tag{2.109}$$

“虚拟全期”视电阻率改善了“全期”视电阻率在“过渡区”的错断、无解、多解等状态，为一条连续光滑的曲线，且在早期与“早期”视电阻率重合，在晚期与“晚期”视电阻率重合。由于实测归一化函数含有非均匀介质的复杂化信息，且含有噪声，函数本身有可能呈现复杂化的波浪起伏局面，需视具体情况灵活处理。此外，同频率域的情形一样：在同步观测有两个水平方向的电场时，可以换算出任意方位角 φ_e 上的场值。例如，换算出方位角 φ_e=0°上的场值，采用 $e_r^+(t)$ 的方法进行处理，且所获取的“虚拟全期”视电阻率与方位角 φ 无关。

4) 试验基本模型的“虚拟全期”视电阻率

等间隔取 φ=0～90°共 10 个方位角，获取 10 条试验基本模型的归一化函数曲线(图 2.35)，可见 φ=40°、50°和 60°时的归一化函数是双值函数，且有正有负。值得注意

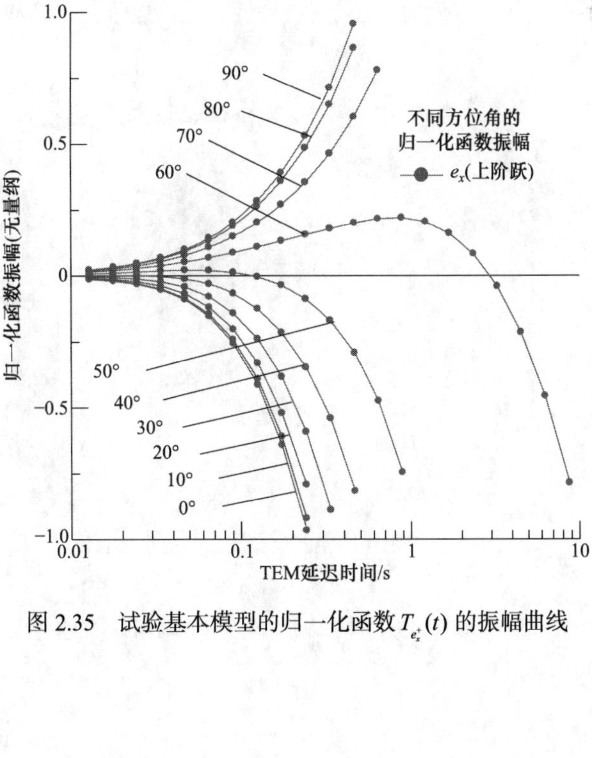

图 2.35　试验基本模型的归一化函数 $T_{e_x^+}(t)$ 的振幅曲线

的是 φ=60°时，归一化函数呈现正负双值的现象，不符合均匀半空间介质时为单调函数的预期。因此，对实际的地球介质，归一化函数发生形态改变的方位角并非严格按均匀半空间介质那样固定在特定的方位角上。对此种普遍存在的与均匀半空间介质预期特性不一致的现象，需要特殊处理。考虑到 $\varphi=\varphi_7$ 时的归一化函数特征最有代表性，人为地将类似于 φ=60°时的归一化函数“形式化”看成 $\varphi=\varphi_7$ 时的归一化函数，计算出“虚拟全期”视电阻率 $\rho^{\mathrm{A}}_{e_x^+}(t)_{\mathrm{F}}$，再对其进行返回式校正，即取

$$\rho^{\mathrm{A}}_{e_x^+}(t)_{\mathrm{P}}=0.5(2-3\cos^2\varphi)^{-1}\cdot\rho^{\mathrm{A}}_{e_x^+}(t)_{\mathrm{F}} \tag{2.110}$$

这样“虚拟全期”视电阻率在短延迟时将渐近于“早期”视电阻率，而对长延迟时，则差一个与 $\varphi=\varphi_7$ 时的均匀半空间归一化函数的零值点位置以及实测的归一化函数的零值点位置有关的系数。

试验基本模型的“全期”视电阻率和“虚拟全期”视电阻率分别如图 2.36 和图 2.37 所示。一般而言，“全期”视电阻率曲线可能是错断的、无解的、有唯一解的和有三个解的(可三选一)等多种复杂情况并存的状况。“虚拟全期”视电阻率曲线则是连续和光滑的曲线，并且在短延时与“早期”视电阻率重合，在长延时一端与“晚期”视电阻率重合，而低频的渐近值趋于各自方位角所对应的“几何测深”视电阻率(需要特殊处理的情形例外，如 φ=60°时)。

3. 三个磁场分量归一化函数瞬变特性及“全期”视电阻率

此三个磁场分量指 $h'_x(t)$、$h'_\varphi(t)$、$h'_z(t)$，归一化函数瞬变特性类同，“全期”视电阻率计算简单。

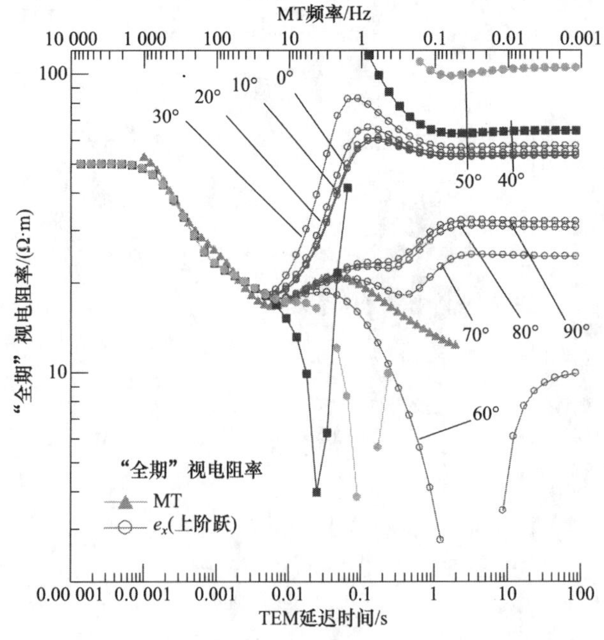

图 2.36　试验基本模型的“全期”视电阻率曲线

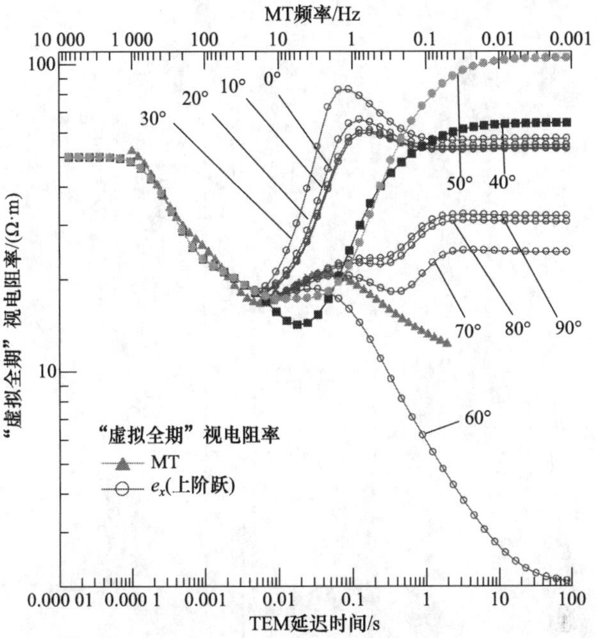

图 2.37　试验基本模型的"虚拟全期"视电阻率 $\rho_{e_x^*}^{A}(t)_{P}\cdot\beta^{-1}$ 曲线

φ =0～90°，共 10 条。其中 φ =40°、50°和 60°已克服了图 2.36 中的错断和无解状况

1) 三个磁场分量归一化函数的瞬变特性

从振幅曲线(图 2.38)可以看出，均匀半空间介质的归一化函数 $T_{h'_x}(x)$、$T_{h'_\varphi}(x)$、$T_{h'_z}(x)$ 均为双值函数，$T_{h'_x}(x)_{\max}=0.340\,675$，$T_{h'_\varphi}(x)_{\min}=-0.146\,07$，$T_{h'_z}(x)_{\max}=0.233\,87$，$x_{T_{h'_x}(x)=\max}=2.358$，$x_{T_{h'_\varphi}(x)=\min}=1.754\,86$ 和 $x_{T_{h'_z}(x)=\max}=1.6137$ 为相应恒定特征参数。

因采用同一的归一化因子，这三个磁场水平分量的振幅具有可比性。就振幅大小和进入静态速度的快慢而言，三个分量各有优劣。$T_{h'_x}(x)$ 振幅较大，但进入静态的时间最早；$T_{h'_z}(x)$ 进入静态的时间最晚，但在早期的幅度相对最小。

由于归一化函数的双值性，"全期"视电阻率均有两个等效解，必须排除其中的一个"伪解"。对非均匀半空间介质，存在实测归一化函数值极值大于和/或小于恒定特征参数的可能，则"全期"视电阻率存在有两个解、在最大值点附近仍有两个解、无解的三种可能，有必要修正其定义。

2) "虚拟全期"视电阻率 $\rho_{h'_x}^{A}(t)_{P}$、$\rho_{h'_\varphi}^{A}(t)_{P}$、$\rho_{h'_z}^{A}(t)_{P}$ 的定义

对 $T_{h'_x}(t)$，引入校正系数：

$$\beta=T_{h'_x}(x)_{\max}/T_{h'_x}(t)_{\max}=0.340\,675/T_{h'_x}(t)_{\max} \tag{2.111}$$

将实测归一化函数修正为形式化和标准化(满足理论均匀半空间的归一化函数特征)的"虚拟"归一化函数：

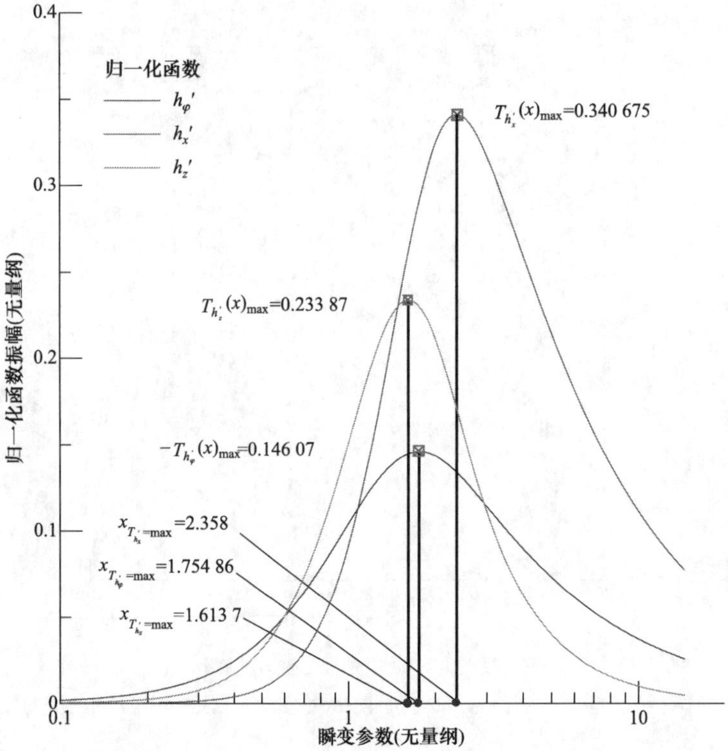

图 2.38　均匀半空间介质的归一化函数 $T_{h_x'}(x)$ 、$-T_{h_\varphi'}(x)$ 、$T_{h_z'}(x)$ 的振幅曲线

$$\tilde{T}_{h_x'}(t) = \beta \cdot T_{h_x'}(t) \tag{2.112}$$

从而定义“虚拟全期”视电阻率 $\rho_{h_x'}^{A}(t)_P$ 满足：

$$\tilde{T}_{h_x'}(t) = 2e^{-0.5x^2} \cdot \left[I_1(x^2+4) - I_0 x^2 \right] / 3, \quad x = r\sqrt{\mu / \left[4t \cdot \rho_{h_x'}^{A}(t)_P \right]} \tag{2.113}$$

这样，“虚拟全期”视电阻率对任意的介质均有两个等效解，其中一个是“伪解”。对任一短延时 t (以归一化函数最大值 $T_{h_x'}(t)_{max}$ 为界对应大变量 x 的一侧)，限定“虚拟全期”视电阻率不大于 $\rho_{h_x'}(t) = qt\left(t, x_{T_{h_x'}=max}\right)$，此亦相当于界定 x 的取值区间为 $\left(x_{T_{h_x'}(x)=max}，\infty\right)$，从而排除“伪解”；对长延时 t (以归一化函数最大值为界对应小变量 x 的一侧)，限定“虚拟全期”视电阻率不小于 $\rho_{h_x'}(t) = qt\left(t, x_{T_{h_x'}=max}\right)$，此亦相当于界定了 x 取值区间为 $\left(0, x_{T_{h_x'}(x)=max}\right)$，从而排除了“伪解”。

消除人为修正归一化函数值的连带效应，则要继之在全时间段将“虚拟全期”视电阻率乘以因子 β^{-2} (其他分量类同)。最终，当延迟时间 $t \to \infty (x \to 0)$ 时，“虚拟全期”视电阻率将与“晚期”视电阻率相差一个与 β 有关的倍数，即

$$\rho_{h_x'}^{A}(t \to \infty)_P = \beta^{-2} \cdot \beta^{-1/2} \cdot \rho_{h_x'}^{L}(t \to \infty) = \beta^{-5/2} \cdot \rho_{h_x'}^{L}(t \to \infty) \tag{2.114}$$

对延迟时间 $t \to 0 (x \to \infty)$，“虚拟全期”视电阻率将与“早期”视电阻率渐近的重合，即

$$\rho_{h_x'}^{\mathrm{A}}(t \to 0)_{\mathrm{P}} = \rho_{h_x'}^{\mathrm{E}}(t \to 0) \tag{2.115}$$

总之，将归一化函数分成两个子区间，分别排除“伪解”，计算出“虚拟全期”视电阻率真解，在全时间段将真解连起来即为一条连续光滑的曲线，且是唯一存在的。

对 $T_{h_\varphi'}(t)$ 和 $T_{h_z'}(t)$，采用类似的方法定义“虚拟全期”视电阻率” $\rho_{h_\varphi'}^{\mathrm{A}}(t)_{\mathrm{P}}$ 和 $\rho_{h_z'}^{\mathrm{A}}(t)_{\mathrm{P}}$，差别仅对应的校正系数 β、电阻率限定值和差异倍数不同。对 $T_{h_\varphi'}(t)$ 和 $T_{h_z'}(t)$，分别有

$$\begin{cases} \beta = T_{h_\varphi'}(x)_{\min} / T_{h_\varphi'}(t)_{\min} = -0.14607 / T_{h_\varphi'}(t)_{\min} \\ \rho_{h_\varphi'}(t) = qt\left(t, x_{T_{h_\varphi'}(x)=\min}\right) = qt\left(t, 1.75486\right) \\ \rho_{h_\varphi'}^{\mathrm{A}}(t \to \infty)_{\mathrm{P}} = \beta^{-2} \cdot \beta^{-1} \cdot \rho_{h_\varphi'}^{\mathrm{L}}(t \to \infty) = \beta^{-3} \cdot \rho_{h_\varphi'}^{\mathrm{L}}(t \to \infty) \end{cases} \tag{2.116}$$

$$\begin{cases} \beta = T_{h_z'}(x)_{\max} / T_{h_z'}(t)_{\max} = 0.23387 / T_{h_z'}(t)_{\max} \\ \rho_{h_z'}(t) = qt\left(t, x_{T_{h_z'}(x)=\max}\right) = qt\left(t, 1.6137\right) \\ \rho_{h_z'}^{\mathrm{A}}(t \to \infty)_{\mathrm{P}} = \beta^{-1} \cdot \beta^{-2/3} \cdot \rho_{h_z'}^{\mathrm{L}}(t \to \infty) = \beta^{-5/3} \cdot \rho_{h_z'}^{\mathrm{L}}(t \to \infty) \end{cases} \tag{2.117}$$

3) “虚拟全期”视电阻率 $\rho_{h_x'}^{\mathrm{A}}(t)_{\mathrm{P}}$、$\rho_{h_\varphi'}^{\mathrm{A}}(t)_{\mathrm{P}}$、$\rho_{h_z'}^{\mathrm{A}}(t)_{\mathrm{P}}$ 的数值计算实用方法

以 $\rho_{h_x'}^{\mathrm{A}}(t)_{\mathrm{P}}$ 为例，$\rho_{h_\varphi'}^{\mathrm{A}}(t)_{\mathrm{P}}$、$\rho_{h_z'}^{\mathrm{A}}(t)_{\mathrm{P}}$ 类同。

①根据实测资料找到归一化函数最大值 $T_{h_x'}(t)_{\max}$ 及其对应的延迟时间点 $t_{T_{h_x'}(t)=\max}$；②计算校正系数 β；③逐个延迟时间点上计算修正后的“虚拟”归一化函数 $\tilde{T}_{h_x'}(t_i)$，$i = 1, \cdots, M$，M 为延迟时间点总数；④当 $t_i \leqslant t_{T_{h_x'}(t)=\max}$，限定 x 在 $(2.358, \infty)$ 区间；当 $t_i > t_{T_{h_x'}(t)=\max}$，限定 x 在 $(0, 2.358)$ 区间；⑤采用“二分法”求出 x_i 拟合值，计算“虚拟全期”视电阻率 $\rho_{h_x'}^{\mathrm{A}}(t_i)_{\mathrm{P}} = qt\left(t_i, x_i\right)$。

4) 试验基本模型的“虚拟全期”视电阻率 $\rho_{h_x'}^{\mathrm{A}}(t)_{\mathrm{P}}$、$\rho_{h_\varphi'}^{\mathrm{A}}(t)_{\mathrm{P}}$、$\rho_{h_z'}^{\mathrm{A}}(t)_{\mathrm{P}}$

试验基本模型三种归一化函数的振幅曲线如图 2.39 所示(图中归一化函数未经修正)。对 $T_{h_x'}(t)$，特征参数为 $T_{h_x'}(t)_{\max} \approx 0.287\,41$；$t_{T_{h_x'}(t)=\max} \approx 0.120\,89$；$\rho_{h_x'}(t = t_{T_{h_x'}(t)=\max}) \approx 30.66\,\Omega \cdot \mathrm{m}$；$\beta \approx 1.206$。

“虚拟全期”视电阻率曲线如图 2.40 所示。一般情况下，“全期”视电阻率曲线可能是错断的、无解的、有唯一解的和有两个解的(可二选一)等多种复杂情况并存的状况。“虚拟全期”视电阻率曲线则是连续和光滑的，在短延迟时与“早期”视电阻率重合，仅在长延迟时与“晚期”视电阻率在渐近值上相差一与 β 有关的倍数。此模型的“虚拟全期”视电阻率曲线在早期无频率域有高频振荡现象，且对高、低电阻率层的反映更显有梯度和层次(尤其是水平磁场导数)。因此，就本特例而言，呈现出瞬变电磁法较之频率域法更好的分辨特性。若设置归一化函数的校正系数 β 随延迟时间变化，即从极值点向

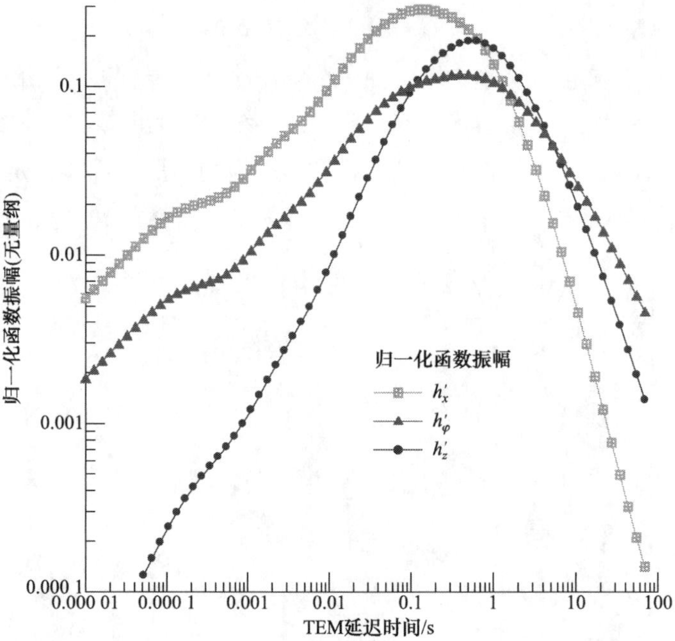

图 2.39　试验基本模型的归一化函数 $T_{h'_x}(t)$ 、 $-T_{h'_\varphi}(t)$ 、 $T_{h'_z}(t)$ 的振幅曲线

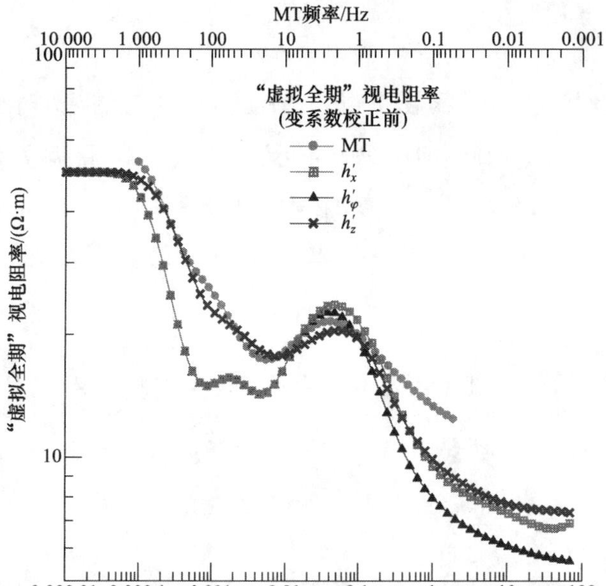

图 2.40　采用"恒定系数校正法"得到的试验基本模型"虚拟全期"视电阻率曲线

长、短延迟时间两侧逐渐消弭到在端点上取值为 1，亦不失为恰当的选项。这样就获取"变系数校正法"的"虚拟全期"视电阻率 $\rho^{A}_{h'_x}(t)_B$ 、$\rho^{A}_{h'_\varphi}(t)_B$ 、$\rho^{A}_{h'_z}(t)_B$ 和 $\rho^{A}_{h'_r}(t)_B$ (图 2.41)。注意到：相对于电场分量，磁场分量的"虚拟全期"视电阻率几乎与收发距无关，这意味着，理论上完全可以在小收发距时进行磁测深勘探。

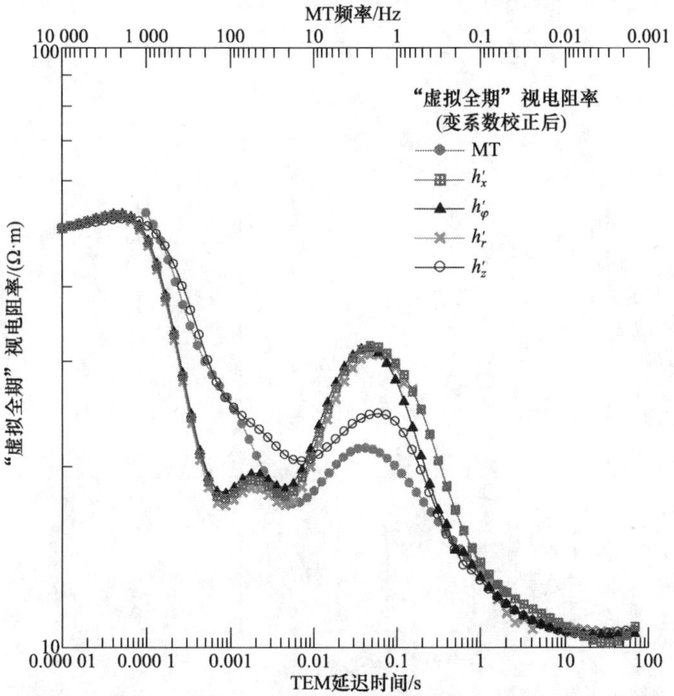

图 2.41 采用"变系数校正法"得到试验基本模型"虚拟全期"视电阻率 $\rho^{\mathrm{A}}_{h'_x}(t)_{\mathrm{B}}$、$\rho^{\mathrm{A}}_{h'_\varphi}(t)_{\mathrm{B}}$、$\rho^{\mathrm{A}}_{h'_z}(t)_{\mathrm{B}}$ 和 $\rho^{\mathrm{A}}_{h'_r}(t)_{\mathrm{B}}$ 曲线

4. $h'_r(t)$ 归一化函数瞬变特性及"全期"视电阻率

1) $h'_r(t)$ 归一化函数的瞬变特性

均匀半空间介质的归一化函数 $T_{h'_r}(x)$(图 2.42)与方位角 φ 无关，振幅过零，存在负值区双值、正值区双值两种可能。在归一化函数为零处，对应一个恒定特征参数 $x_{T_{h'_r}(x)=0}=1.08$；在正值区间，有对应极大值点的恒定特征参数 $T_{h'_r}(x)_{\max}=0.209\,88$ 和 $x_{T_{h'_r}(x)=\max}=2.573\,9$；在负值区间，有对应极小值点的恒定特征参数 $T_{h'_r}(x)_{\min}=-0.034\,78$ 和 $x_{T_{h'_r}(x)=\min}=0.696\,1$。因在正、负值区间归一化函数均为双值函数，求"全期"视电阻率时要排除一个"伪解"。对实际介质，还存在实测的归一化函数的极大值大于和/或小于 $T_{h'_r}(x)_{\max}$、极小值大于和/或小于 $T_{h'_r}(x)_{\min}$ 的可能性。因此要采用修正的"全期"视电阻率定义。

2) "虚拟全期"视电阻率 $\rho^{\mathrm{A}}_{h'_r}(t)_{\mathrm{P}}$ 的定义

基于归一化函数正负分区各自双值的特点，定义"虚拟全期"视电阻率 $\rho^{\mathrm{A}}_{h'_r}(t)_{\mathrm{P}}$，它满足

$$\tilde{T}_{h'_r}(t)=2\mathrm{e}^{-0.5x^2}\cdot\left[3I_1-x^2\left(I_0-I_1\right)\right]/3,\quad x=r\sqrt{\mu/\left[4\rho^{\mathrm{A}}_{h'_r}(t)_{\mathrm{P}}t\right]} \tag{2.118}$$

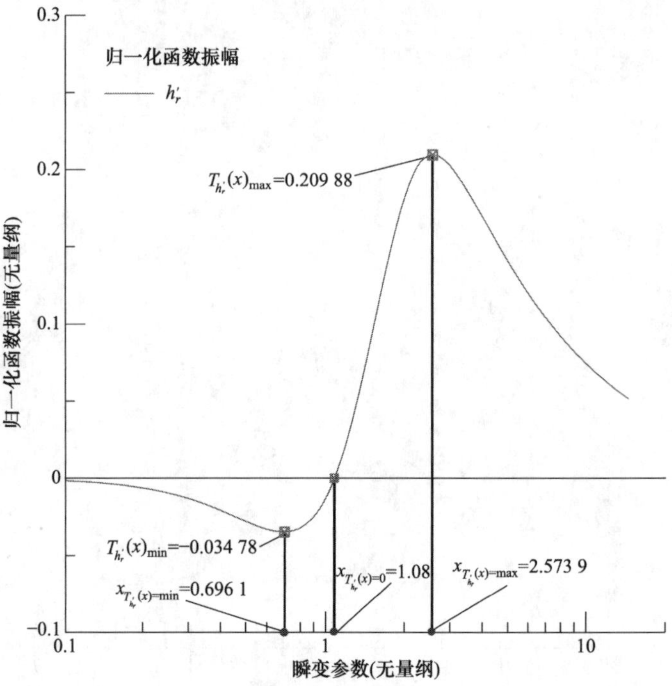

图 2.42　均匀半空间介质的归一化函数 $T_{h_r'}(x)$ 的振幅曲线

其中：$\tilde{T}_{h_r'}(t)$ 为修正的“虚拟”归一化函数。

对实测归一化函数的正负区间，分别引入校正系数：

$$\begin{cases}\text{当}T_{h_r'}(t)>0\text{时}, & \gamma = T_{h_r'}(x)_{\max}/T_{h_r'}(t)_{\max} = 0.209\,88/T_{h_r'}(t)_{\max} \\ \text{当}T_{h_r'}(t)<0\text{时}, & \beta = T_{h_r'}(x)_{\min}/T_{h_r'}(t)_{\min} = -0.034\,78/T_{h_r'}(t)_{\min}\end{cases} \tag{2.119}$$

将实测归一化函数修正为形式化和标准化(满足理论均匀半空间归一化函数特征)的“虚拟”归一化函数：

$$\begin{cases}\text{当}T_{h_r'}(t)>0\text{时}, & \tilde{T}_{h_r'}(t) = \gamma\cdot T_{h_r'}(t) \\ \text{当}T_{h_r'}(t)<0\text{时}, & \tilde{T}_{h_r'}(t) = \beta\cdot T_{h_r'}(t)\end{cases} \tag{2.120}$$

这样定义的“虚拟全期”视电阻率总有两个解，仅剩下一个排除“伪解”的问题。

3) “虚拟全期”视电阻率 $\rho_{h_r'}^{A}(t)_{P}$ 的数值计算实用方法

(1) 根据实测归一化函数，找到两个极值点和相对应的八个特征值：极大值和极小值 $T_{h_r'}(t)_{\max,\min}$，对应的延迟时 $t_{T_{h_r'}(t)=\max,\min}$ 和 $t_{T_{h_r'}(t)=0}$，对应极值和零值点的电阻率 $\rho_{h_r'}(t_{T_{h_r'}(t)=\max,0,\min}) = qt\left(t_{T_{h_r'}(t)=\max,0,\min}, x_{T_{h_r'}(t)=\max,0,\min}\right)$。

(2) 计算校正系数，将实测归一化函数修正为“虚拟”归一化函数。

(3) 采用“二分法”拟合“虚拟”归一化函数，计算“虚拟全期”视电阻率。为排除“伪解”以获得唯一真解，对电阻率取值范围做如下限定：

$$\begin{cases}当0 < t < t_{T_{h'_r}(t)=\max}时, & \rho_{h'_r}(t_{T_{h'_r}(t)=\max}) > \rho_{h'_r}^{A}(t)_P > \rho_{\min}^{A} \\ 当t_{T_{h'_r}(t)=\max} < t < t_{T_{h'_r}(t)=0}时, & \rho_{h'_r}(t_{T_{h'_r}(t)=\max}) < \rho_{h'_r}^{A}(t)_P < \rho_{h'_r}(t_{T_{h'_r}(t)=0}) \\ 当t_{T_{h'_r}(t)=0} < t < t_{T_{h'_r}(t)=\min}时, & \rho_{h'_r}(t_{T_{h'_r}(t)=0}) < \rho_{h'_r}^{A}(t)_P < \rho_{h'_r}(t_{T_{h'_r}(t)=\min}) \\ 当t_{T_{h'_r}(t)=\min} < t < \infty时, & \rho_{h'_r}(t_{T_{h'_r}(t)=\min}) < \rho_{h'_r}^{A}(t)_P < \rho_{\max}^{A}\end{cases} \tag{2.121}$$

按校正系数γ作早期归位后的“虚拟全期”视电阻率具有渐近性质：

$$\rho_{h'_r}^{A}(t)_P \begin{cases}\overset{t\to 0}{=\!=} \rho_1 \\ \overset{t\to\infty}{=\!=} \beta^{-2}\cdot\gamma^{-1}\cdot\rho_{h'_r}^{L}(t)\end{cases} \tag{2.122}$$

4) 试验基本模型的“虚拟全期”视电阻率 $\rho_{h'_r}^{A}(t)_P$

试验基本模型的归一化函数曲线是双值函数，且有正有负(图 2.43)。“虚拟全期”视电阻率(图 2.44)改变了“全期”视电阻率在“过渡区”的错断、无解、多解等缺点，是连续和光滑的曲线，在短延时与“早期”视电阻率重合，在长延时一端与“晚期”视电阻率差$\beta^{-2}\cdot\gamma^{-1}$倍。可与采用“变系数校正法”所得的“虚拟全期”视电阻率对比(图 2.41)。

5. $h'_y(t)$ 归一化函数瞬变特性及全期视电阻率

1) $h'_y(t)$ 归一化函数的瞬变特性

均匀半空间介质的归一化函数$T_{h'_y}(x)$与方位角φ有关(图 2.45)。其主要特征如下。

(1) 当$\varphi < \varphi_2$(“晚期”视电阻率的奇点)时，归一化函数为负的双值函数。存在两个从属于方位角φ的恒定特征参数$T_{h'_y}(x)_{\min}$和变量$x_{T_{h'_y}(x)=\min}$。

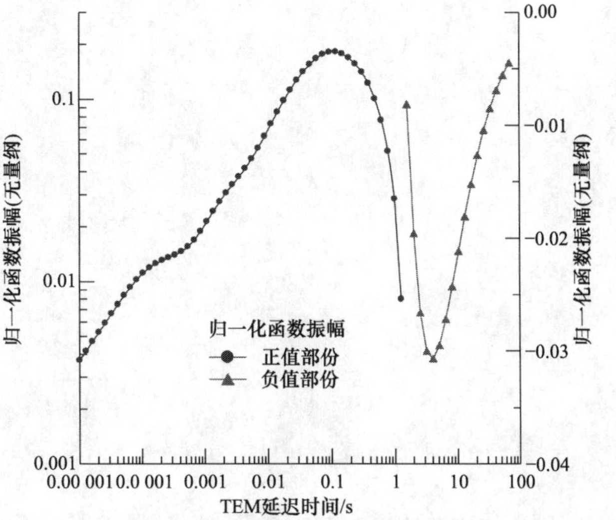

图 2.43　试验基本模型的归一化函数 $T_{h'_r}(t)$ 的振幅曲线

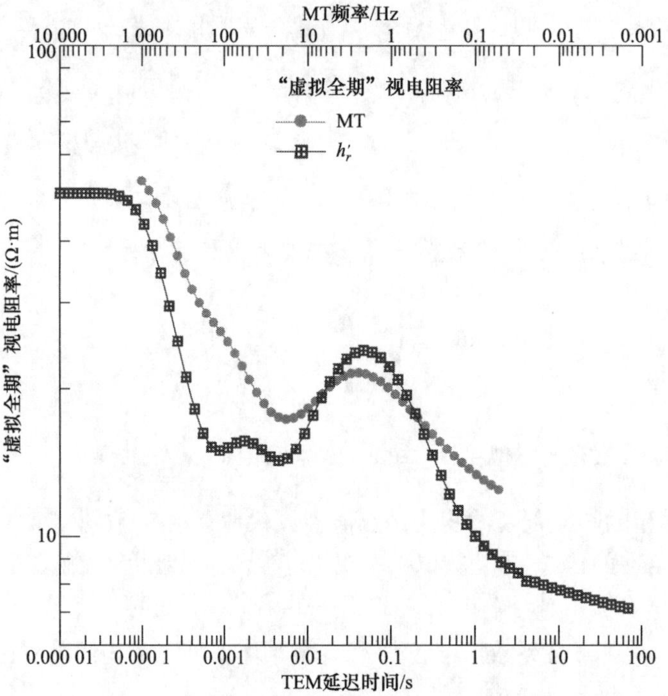

图 2.44 试验基本模型的"虚拟全期"视电阻率 $\rho_{h_r'}^{A}(t)_{P}$ 曲线

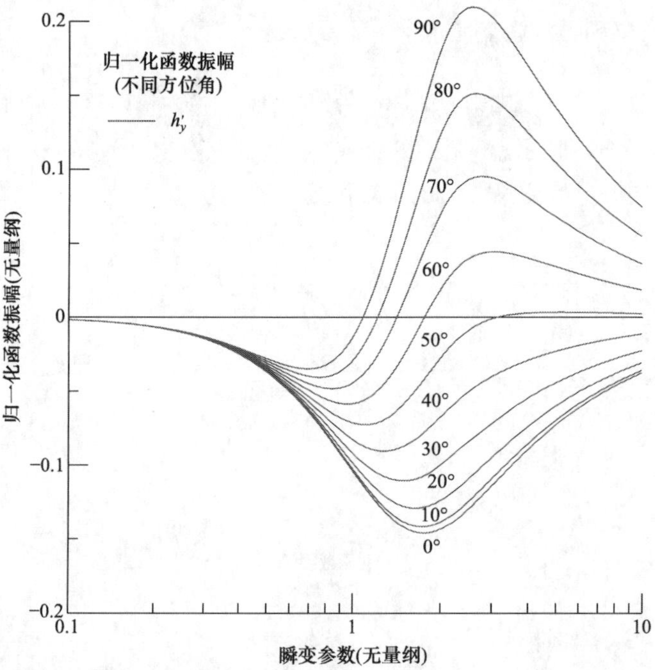

图 2.45 方位角不同时均匀半空间归一化函数 $T_{h_y'}(x)$ 的振幅曲线

(2) 当 $\varphi > \varphi_2$ 时，归一化函数的振幅过零，存在负值区双值、正值区双值两种可能。对应的函数极值 $T_{h_y'}(x)_{\max,\min}$、变量 $x_{T_{h_y'}(x)=\max,\min}$、零值对应的变量 $x_{T_{h_y'}(x)=0}$ 这 5 个恒定特

征参数均是方位角 φ 的函数。考虑到对实际介质，存在实测场值的归一化函数的极值大于和/或小于 $T_{h_y'}(x)_{\max,\min}$ 的可能性，同时正、负值区间 $T_{h_y'}(x)$ 均为双值函数，要排除一个“伪解”，故引入修正的“全期”视电阻率定义。

2) “虚拟全期”视电阻率 $\rho_{h_y'}^{\mathrm{A}}(t)_{\mathrm{P}}$ 的定义

基于 $T_{h_y'}(x)$ 的负值双值、正负分区各自双值的特点，对实测的 $T_{h_y'}(t)$，定义“虚拟全期”视电阻率 $\rho_{h_y'}^{\mathrm{A}}(t)_{\mathrm{P}}$，它满足

$$\tilde{T}_{h_y'}(t)=2\mathrm{e}^{-0.5x^2}\cdot\left[(3-4\cos^2\varphi)I_1+x^2(\cos^2\varphi-1)\left(I_0-I_1\right)\right]/3 \tag{2.123}$$

其中：$x=r\sqrt{\mu/\left[4\rho_{h_y'}^{\mathrm{A}}(t)_{\mathrm{P}}\cdot t\right]}$；修正的归一化函数 $\tilde{T}_{h_y'}(t)$ 需经以下处理获得。

(1) 对 $\varphi<\varphi_2$，归一化函数为恒负的双值函数，引入校正系数：

$$\alpha=T_{h_y'}(x)_{\min}/T_{h_y'}(t)_{\min} \tag{2.124}$$

将归一化函数修正为满足理论均匀半空间的归一化函数特征的“虚拟”归一化函数：

$$\tilde{T}_{h_y'}(t)=\alpha\cdot T_{h_y'}(t) \tag{2.125}$$

(2) 对 $\varphi>\varphi_2$，在实测归一化函数的正负区间，分别引入校正系数：

$$\begin{cases}\text{当}T_{h_y'}(t)>0\text{时，}\quad \gamma=T_{h_y'}(x)_{\max}/T_{h_y'}(t)_{\max}\\ \text{当}T_{h_y'}(t)<0\text{时，}\quad \beta=T_{h_y'}(x)_{\min}/T_{h_y'}(t)_{\min}\end{cases} \tag{2.126}$$

将实测归一化函数修正为满足理论均匀半空间归一化函数特征的“虚拟”归一化函数：

$$\begin{cases}\text{当}T_{h_y'}(t)>0\text{时，}\quad \tilde{T}_{h_y'}(t)=\gamma\cdot T_{h_y'}(t)\\ \text{当}T_{h_y'}(t)<0\text{时，}\quad \tilde{T}_{h_y'}(t)=\beta\cdot T_{h_y'}(t)\end{cases} \tag{2.127}$$

这样定义出的 $\rho_{h_y'}^{\mathrm{A}}(t)_{\mathrm{P}}$ 总有两个解，后续流程只需要排除一个“伪解”。

3) “虚拟全期”视电阻率 $\rho_{h_y'}^{\mathrm{A}}(t)_{\mathrm{P}}$ 的数值计算实用方法

(1) 对 $\varphi<\varphi_2$，依下列四步求解“虚拟全期”视电阻率。

①预先计算对应方位角的理论恒定特征参数 $T_{h_y'}(x)_{\min}$ 和 $x_{T_{h_y'}(x)=\min}$；②找到实测的 $T_{h_y'}(t)_{\min}$ 和对应的 $t_{T_{h_y'}(t)=\min}$，计算 $\rho_{h_y'}(t_{T_{h_r'}(t)=\min})=qt\left(t_{T_{h_y'}(t)=\min},x_{T_{h_y'}(x)=\min}\right)$；③计算校正系数 α 和“虚拟”归一化函数；④采用“二分法”计算“虚拟全期”视电阻率。为排除“伪解”，限定电阻率取值范围：

$$\begin{cases}\text{当}t<t_{T_{h_y'}(t)=\min}\text{时，}\quad \rho_{h_r'}(t_{T_{h_r'}(t)=\min})>\rho_{h_y'}^{\mathrm{A}}(t)_{\mathrm{P}}>\rho_{\min}^{\mathrm{A}}\\ \text{当}t>t_{T_{h_y'}(t)=\min}\text{时，}\quad \rho_{h_r'}(t_{T_{h_r'}(t)=\min})<\rho_{h_y'}^{\mathrm{A}}(t)_{\mathrm{P}}<\rho_{\max}^{\mathrm{A}}\end{cases} \tag{2.128}$$

(2) 对 $\varphi>\varphi_2$，依下列五步求解“虚拟全期”视电阻率。

①计算对应方位角五个恒定特征参数 $T_{h_y'}(x)_{\max,\min}$、$x_{T_{h_y'}(x)=\max,\min}$ 和 $x_{T_{h_y'}(x)=0}$；②找到

实测的特征量 $T_{h'_y}(t)_{\max,\min}$ 、 $t_{T_{h'_y}(t)=\max,\min}$ 和 $t_{T_{h'_y}(t)=0}$ ；③计算对应的极值电阻率 $\rho_{h'_y}(t_{T_{h'_r}(t)=\max,0,\min})=qt\left(t_{T_{h'_y}(t)=\max,0,\min},x_{T_{h'_y}(x)=\max,0,\min}\right)$；④分别计算校正系数$\beta$和$\gamma$，将正、负值区的归一化函数修正为“虚拟”归一化函数；⑤采用“二分法”拟合“虚拟”归一化函数，计算“虚拟全期”视电阻率。但要限定电阻率取值范围以排除“伪解”：

$$\begin{cases}\text{当}0<t<t_{T_{h'_y}(t)=\max}\text{时}, & \rho_{h'_y}(t_{T_{h'_y}(t)=\max})>\rho^{\mathrm{A}}_{h'_y}(t)_{\mathrm{P}}>\rho^{\mathrm{A}}_{\min}\\ \text{当}t_{T_{h'_y}(t)=\max}<t<t_{T_{h'_y}(t)=0}\text{时}, & \rho_{h'_r}(t_{T_{h'_y}(t)=\max})<\rho^{\mathrm{A}}_{h'_y}(t)_{\mathrm{P}}<\rho_{h'_y}(t_{T_{h'_y}(t)=0})\\ \text{当}t_{T_{h'_y}(t)=0}<t<t_{T_{h'_y}(t)=\min}\text{时}, & \rho_{h'_y}(t_{T_{h'_y}(t)=0})<\rho^{\mathrm{A}}_{h'_y}(t)_{\mathrm{P}}<\rho_{h'_y}(t_{T_{h'_y}(t)=\min})\\ \text{当}t_{T_{h'_y}(t)=\min}<t<\infty\text{时}, & \rho_{h'_y}(t_{T_{h'_r}(t)=\min})<\rho^{\mathrm{A}}_{h'_y}(t)_{\mathrm{P}}<\rho^{\mathrm{A}}_{\max}\end{cases}\tag{2.129}$$

按校正系数γ和α作早期归位后所得到的“虚拟全期”视电阻率具有渐近特性：

$$\rho^{\mathrm{A}}_{h'_y}(t)_{\mathrm{P}}\begin{cases}\overset{t\to0}{=\!=}\rho_1\\ \overset{t\to\infty}{=\!=}\begin{cases}\overset{\varphi>\varphi_2}{=\!=}\beta^{-2}\cdot\gamma^{-1}\cdot\rho^{\mathrm{L}}_{h'_y}(t)\\ \overset{\varphi<\varphi_2}{=\!=}\alpha^{-2}\cdot\alpha^{-1}\cdot\rho^{\mathrm{L}}_{h'_y}(t)=\alpha^{-3}\cdot\rho^{\mathrm{L}}_{h'_y}(t)\end{cases}\end{cases}\tag{2.130}$$

“虚拟全期”视电阻率改变了“全期”视电阻率在 “过渡区”的错断、无解、多解等状况，成为一条连续光滑的曲线，且在早期与“早期”视电阻率重合，在晚期与“晚期”视电阻率相差$\beta^{-2}\cdot\gamma^{-1}$或$\alpha^{-3}$倍。同时基本上与收发距无关，即小收发距时仍可得到近于 MT 的视电阻率曲线。

4) 试验基本模型的“虚拟全期”视电阻率 $\rho^{\mathrm{A}}_{h'_y}(t)_{\mathrm{P}}$

试验基本模型的归一化函数的振幅曲线(图 2.46)显示其为双值函数或全为负值或有正有负的三种格局。“虚拟全期”视电阻率曲线(图 2.47)是连续和光滑的曲线。将系数按时间点恰当分配后得到的“虚拟全期”视电阻率[即$\beta^2\cdot\gamma^1\cdot\rho^{\mathrm{A}}_{h'_y}(t)_{\mathrm{P}}$或$\alpha^3\cdot\rho^{\mathrm{A}}_{h'_y}(t)_{\mathrm{P}}$]曲线(图 2.48)基本上已与收发距、方位角无关，而与 MT 的视电阻率曲线十分相似。

这个特例也显示出时间域磁场水平分量对电性层的分辨能力优于频率域方法。然而，尚不能就此得出普适性的结论。

同频率域的情形一样，在同时观测有两个水平分量时，可以换算出任意方位角φ_e上的场值。例如，换算出方位角φ_e=0°上的场值后采用$h'_\varphi(t)$的方法进行处理，且所获取的“虚拟全期”视电阻率与方位角φ无关。

6. 电和磁分量比值的归一化函数瞬变特性及处理

在时间域也可研究电磁场比值，但一如频率域那样使视电阻率定义问题变得更复杂了。因为磁场测量的实际是其导数，电场和磁场时间导数都存在诸多零值点，其比值过零点且在磁场时间导数的零值点趋于无穷大。仅$\varphi<\varphi_2$方位上，归一化函数$R_{xy}(x)=$

$T_{e_x^+}(x)/T_{h'_y}(x)$ 单调(图 2.49)。根据此归一化函数定义并求解“全期”视电阻率有相当的难度。若采用张量源方式测量，可以改善 $R_{xy}(x)$ 零值点过多的状况。$R_{yx}(x)=T_{e_y^+}(x)/T_{h'_x}(x)$ 是单调函数(图 2.50)，采用“二分法”可以求出“全期”视电阻率，但应注意在 $\varphi=0°$ 和 $\varphi=90°$ 两个方位有奇点。

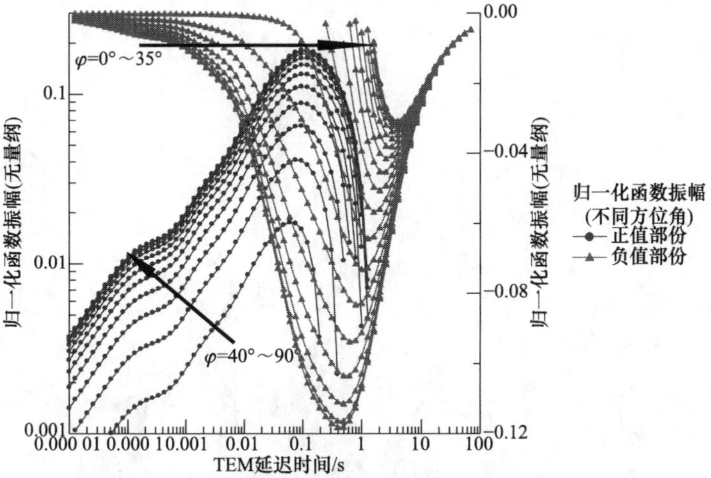

图 2.46　试验基本模型的归一化函数 $T_{h'_y}(t)$ 的振幅曲线

方位角不同，$\varphi=0°\sim90°$，$\Delta\varphi=5°$

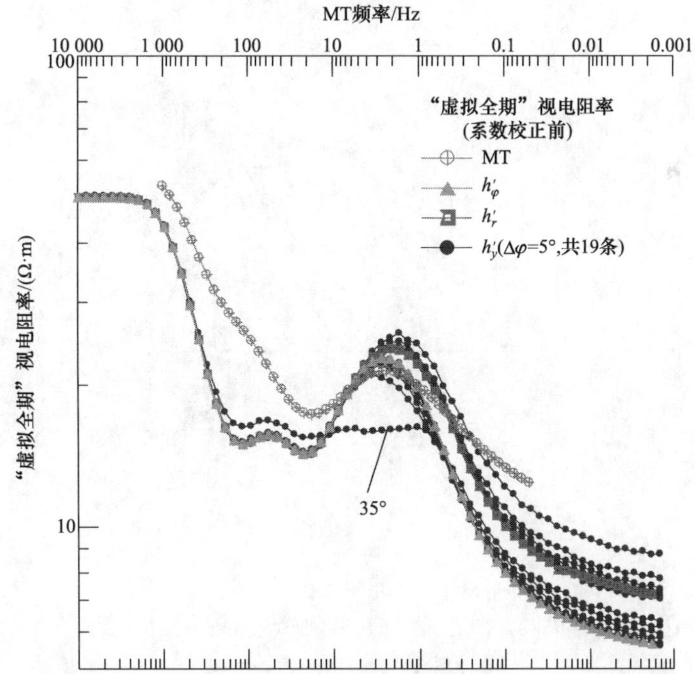

图 2.47　试验基本模型的“虚拟全期”视电阻率 $\rho^{A}_{h'_y}(t)_{P}$ 曲线

方位角不同，$\varphi=0°\sim90°$，$\Delta\varphi=5°$。$\varphi=35°$时怪异

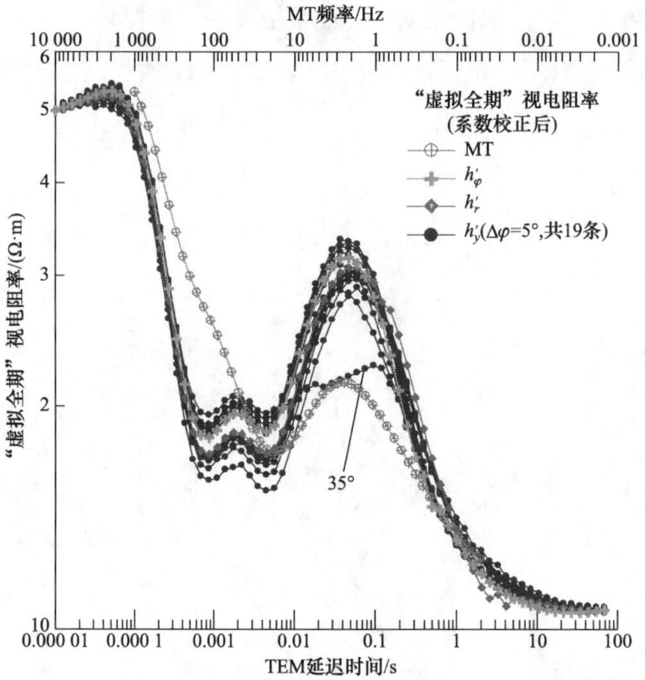

图 2.48　试验基本模型的"虚拟全期"视电阻率 $\beta^2\cdot\gamma^1\cdot\rho^{A}_{h'_y}(t)_P$ 或 $\alpha^3\cdot\rho^{A}_{h'_y}(t)_P$ 曲线

方位角不同，φ =0°～90°，$\Delta\varphi$ =5°。φ =35°时怪异。已将系数 $\beta^{-2}\cdot\gamma^{-1}$ 或 α^{-3} 按时间点分配

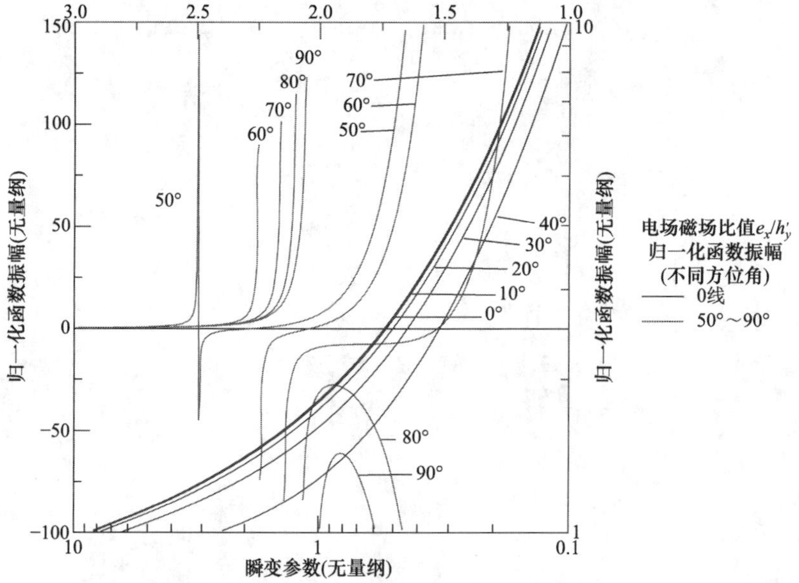

图 2.49　均匀半空间的归一化函数 $R_{xy}(x)$ 的振幅曲线

方位角不同，φ =0°～90°，$\Delta\varphi$ =10°

2.2.4　时间域电场"几何测深态"的湮灭效应

在任何电场分量的测量中增加一次直流条件恒定电场的独立观测，则将总场减去直

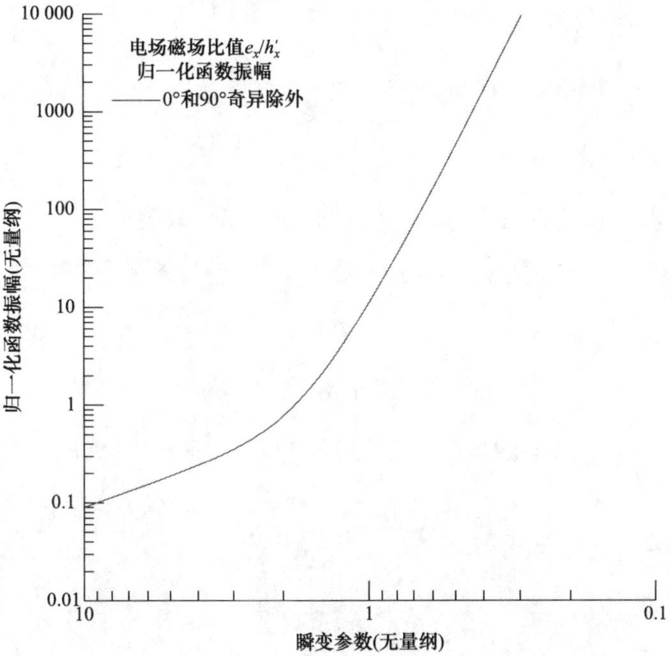

图 2.50　均匀半空间的归一化函数 $R_{yx}(x)$ 的振幅曲线

流恒定电场就可得到不含有直流成分的场(称之为“非恒定电场”，亦即下阶跃场)。在不过零方波激发时这种观测是必要完成的步骤。而对过零方波激发，则同时记录有上阶跃响应和下阶跃响应数据，可以独立测量一次零频率直流恒定电场，也可用上、下阶跃的统计差作为直流分量。无论何种情形，总可以有下阶跃的波形资料。且

$$e^{-}_{x,y,r,\varphi}(t)=e^{+}_{x,y,r,\varphi}(t=\infty)-e^{+}_{x,y,r,\varphi}(t) \tag{2.131}$$

1. 下阶跃场的性质

概括起来，下阶跃场具有下列主要特性：①下阶跃场形式上而非本质上相当于将所有不同方位角的测量等效到$\varphi=\varphi_3$方位；②上阶跃场对等于频率域的总场测量，下阶跃场“非恒定电场$e^{-}(t)$”则对等于频率域的“非直电场$E^{-}(\omega)$”；③下阶跃场与磁场(更确切地说应是感应电动势)的静态特征相类似，但亦存在差别。同磁场一样，上阶跃场和下阶跃场都具有完全独立的由浅层到深层的瞬变测深功能。“几何测深态”和“静态”，并非不具有对深层电性层的分辨能力。问题在于：当进行“晚期”测量时，在长延迟时间段地球深层各电性层在上阶跃场中的信号反映和彼此的差别已十分弱小，它极有可能被淹没在背景场(渐近于直流恒定电场，实测时还含有人文噪声)而实际上很难被分离出来。换言之，人工源方法上阶跃电场和磁场无论在“早期”或“晚期”测量都具有理论上的绝对的和一致的反映浅、深层的分辨能力，而实践上进入“晚期”观测时，这种分辨能力有可能被背景场和噪声淹没。理论分辨能力有，实践分辨能力可能无，这种现象被形象地称为上阶跃电场“几何测深态”的“湮灭效应”。但通过对下阶跃场的处理，

则能够显示出深部电性层的存在。

2. 下阶跃场“全期”视电阻率的定义、性质和计算方法

1) 下阶跃场归一化函数特性

对均匀半空间、任意方位角时，水平 x 方向非恒定电场：

$$e_x^-(x) = -A \cdot x^{-2}\left[\operatorname{erf}(x) - 2\pi^{-0.5}xe^{-x^2}\right] \tag{2.132}$$

归一化函数被定义为

$$T_{e_x^-}(x) = x^{-2}\left[\operatorname{erf}(x) - 2\pi^{-0.5}xe^{-x^2}\right] \tag{2.133}$$

此归一化函数在 $x_{T_{e_x^-}(x)=\max} = 0.969\,999$ 点取极值 $T_{e_x^-}(x)_{\max} = 0.427\,996$ 。考虑到归一化函数为双值函数，故“全期”视电阻率有两个等效解，其中一个为“伪解”。归一化函数和下阶跃场值本身的渐近特性为

$$T_{e_x^-}(x) = \frac{1}{x^2}\left[\operatorname{erf}(x) - \frac{2}{\sqrt{\pi}}xe^{-x^2}\right]\begin{cases}\overset{x\to\infty}{\approx} x^{-2} \to 0 \\ \overset{x\to 0}{\approx} \dfrac{2}{\sqrt{\pi}}\cdot\left(\dfrac{2x}{3} - \dfrac{2x^3}{5}\right) \approx \dfrac{4x}{3\sqrt{\pi}} \to 0\end{cases} \tag{2.134}$$

$$e_x^-(t) = \begin{cases}\overset{t\to 0}{\approx} -A\cdot\rho \\ \overset{t\to\infty}{\approx} -P_E/12\cdot(\mu)^{3/2}\cdot(\pi t)^{-3/2}\cdot\rho^{-1/2}\end{cases} \tag{2.135}$$

容易理解，下阶跃场值在短延迟时为静态(与时间无关)，而在长延迟时为瞬变测深态(与收发距无关)，这些都与频率域垂直磁场的感应电动势所具有的特性是完全类似的。无论“早期”、“晚期”都有时间域测深能力，可以定义出常规处理用的“早期”和“晚期”视电阻率。

特别地，将 $T_{e_x^-}(x) \overset{x\to 0}{\approx} 4x/\sqrt{\pi}/3$ 对比于 $T_{h_x'}(x) \overset{x\to 0}{\approx} x^4/24$ 和 $T_{h_y'}(x) \overset{x\to 0}{\approx} -x^2/2$ ，并注意到

$$T_{h_z'}(x) - T_{e_x^-}(x) = \frac{-4}{3\sqrt{\pi}}\cdot xe^{-x^2} \overset{x\to 0}{\approx} \frac{-4x}{3\sqrt{\pi}} = -\frac{2r}{3}\sqrt{\frac{\mu}{\pi\rho t}} \tag{2.136}$$

意味着，在长延迟时，磁场一次时间导数比下阶跃电场保持着更强的对低阻电性层的敏感性。用 $e_x^-(t)$ 和 $h_z'(t)$ 联合勘探，它的响应特性与 $\dfrac{\partial e_x(t)}{\partial t} = \dfrac{P_E\cdot\mu}{4\pi\sqrt{\pi}rt^2}\cdot xe^{-x^2}$ 相同，可根据上式定义相应的“全期”视电阻率。

2) “全期”视电阻率 $\rho_{e_x^-}^{A}(t)$ 的定义

“全期”视电阻率被定义为满足拟合以下等式：

$$e_x^-(t) = -A\cdot x^2\left[\operatorname{erf}(x) - 2\pi^{-0.5}xe^{-x^2}\right],\quad x = r\sqrt{\mu/\left[4\rho_{e_x^-}^{A}(t)\cdot t\right]} \tag{2.137}$$

3) “全期”视电阻率的性质和计算方法

对一维层状地球介质，“全期”视电阻率具有渐近性质：

$$\rho_{e_x^-}^{\mathrm{A}}(t)\begin{cases}\overset{t\to 0}{\approx}\rho_1\cdot(2-3\cos^2\varphi)-\rho_{E_x}^{\mathrm{G}}\cdot(1-3\cos^2\varphi)\\ \overset{t\to\infty}{\approx}\rho_N\end{cases}\tag{2.138}$$

如设按 $t\to 0$ 渐近值归位，则有

$$\rho_{e_x^-}^{\mathrm{A}}(t)_{\text{按}t\to 0\text{归位}}\begin{cases}\overset{t\to 0}{=\!=}\left[\rho_{e_x^-}^{\mathrm{A}}(t)+\rho_{E_x}^{\mathrm{G}}\cdot(1-3\cos^2\varphi)\right]/\left(2-3\cos^2\varphi\right)\to\rho_1\\ \overset{t\to\infty}{=\!=}\left[\rho_N+\rho_{E_x}^{\mathrm{G}}\cdot(1-3\cos^2\varphi)\right]/\left(2-3\cos^2\varphi\right)\end{cases}\tag{2.139}$$

在 $\varphi=\varphi_2$ 方位上的奇异性可通过张量源方式避开。若有必要，用比值 $e_x^-(t)/h'_y(t)$ 、$e_x^-(t)/h'_z(t)$ 进行资料处理时，电场和磁场处于相对对等的状态，且有渐近特性：

$$\frac{e_x^-(t)}{h'_y}\begin{cases}\overset{t\to 0}{=\!=}\sqrt{\pi\mu t\cdot\rho}/\left(3\cos^2\varphi-2\right)\\ \overset{t\to\infty}{=\!=}16\sqrt{\mu t\cdot\rho/\pi}/3\end{cases}\tag{2.140}$$

这意味着在早期、晚期，电场和磁场的比值与收发距无关，且都能反映地层电性信息。

4) 试验基本模型计算结果分析

任意方位角下归一化函数 $T_{e_x^-}(t)$ 均与均匀半空间的 $T_{e_x^-}(x)$ 形态接近(图 2.51)，但峰值有差异。引入校正因子 $\beta=T_{e_x^-}(x)_{\max}/T_{e_x^-}(t)_{\max}$ 对实测归一化函数进行必要的“形态伸缩”处理后，得到“虚拟全期”视电阻率，且当 $t\to\infty$，$\rho_{e_x^-}^{\mathrm{A}}(t)_{\mathrm{P}}=\beta^{-3}\cdot\rho_{e_x^-}^{\mathrm{A}}(t)$。采用“虚拟全期”视电阻率后，则不能施行按 $t\to 0$ 渐近值归位的操作。

试验基本模型的“虚拟全期”视电阻率 $\beta^3\cdot\rho_{e_x^-}^{\mathrm{A}}(t)_{\mathrm{P}}$ (图 2.52)保持与 MT 视电阻率曲线类似形态，呈现出清晰的与高、低电阻率电性层的正对应关系。然而，对非均匀介质，非恒定电场与方位角有关，因此未能获得一个对不同方位角都一致的“虚拟全期”视电阻率。

进一步考察试验基本模型。选择收发距 r =200 m，上阶跃的“全期”视电阻率表现强烈的“晚期”的“几何测深态”，而下阶跃的“虚拟全期”视电阻率则仍可呈现与 MT 类似的分层效果(图 2.53)，可以均衡地反映浅、深电性层信息。这显示出：至少在理论上，小收发距的时间域下阶跃电、磁场仍有良好的瞬变测深功能。因此，无论“早期”还是“晚期”，用电场探测电性层可以有磁场和大地电磁测深法类似的效果。图 2.54 为试验基本模型在不同收发距时的下阶跃理论场信号波形(对源的电偶极矩已做归一)。大、小收发距时下阶跃的共同点：全时间段具有测深能力，长延迟时趋于一致(与收发距无关)。不同点：小收发距早期信号强，衰减速率大，与测量方位角关系弱，动态范围大；大收发距早期信号幅度小，衰减速率小，与测量方位角关系较大(特别是小方位角时，分层信息模糊)，动态范围小。总之，除动态范围大外，小收发距有绝对优势。

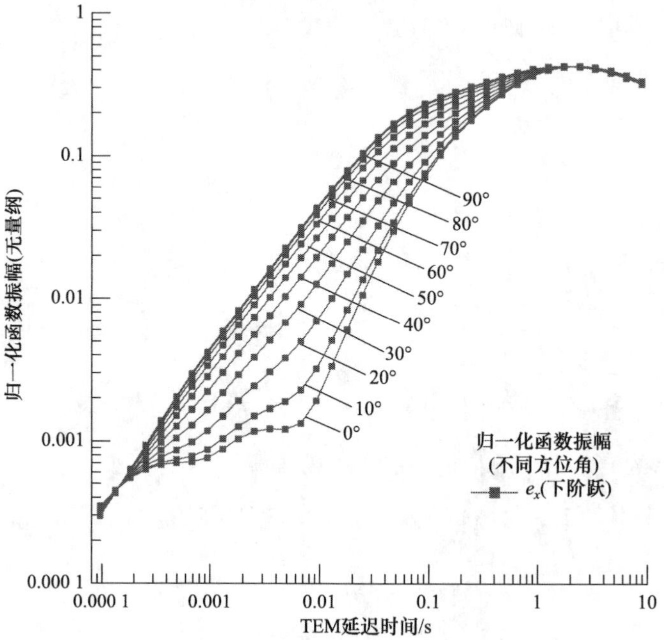

图 2.51 试验模型不同方位角非恒定电场 $e_x^-(t)$ 归一化函数的时间曲线

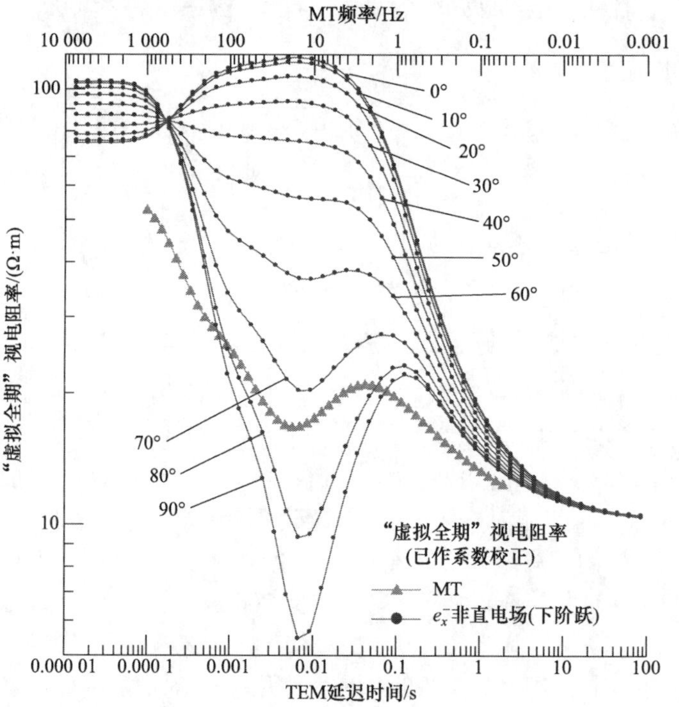

图 2.52 大收发距 r =8 100 m 时不同方位角时"虚拟全期"视电阻率 $\beta^3 \cdot \rho_{e_x^-}^{A}(t)_P$ 曲线

特别要指出的是：下阶跃的高信噪比比总电场的重要性要大得多。另外，均匀半空间的归一化函数是恒为正的函数，而实际地球介质不一定符合此条件，此处给出的"虚拟全期"视电阻率的定义仍有进一步改进的必要。

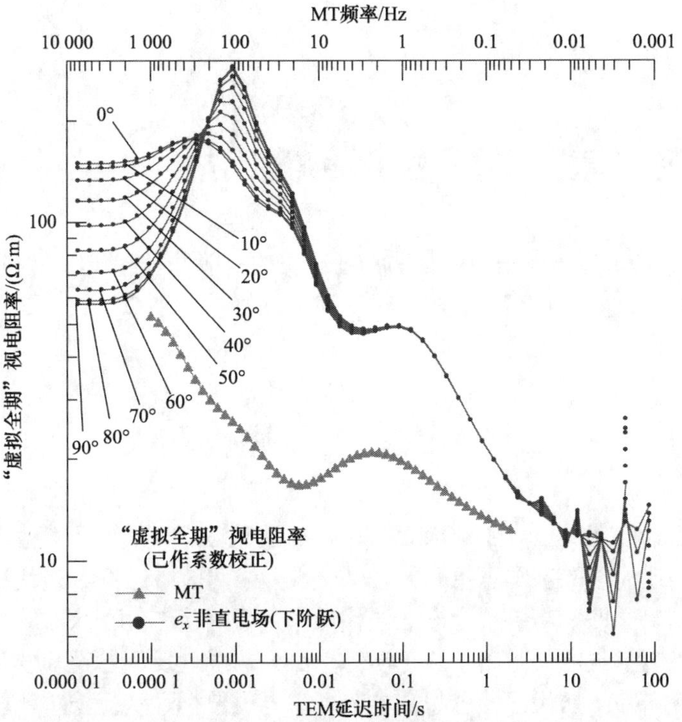

图 2.53　小收发距 r =200 m 时不同方位角时的“虚拟全期”视电阻率 $\beta^3 \cdot \rho_{e_x^-}^{A}(t)_P$ 曲线

长延迟时已有计算误差

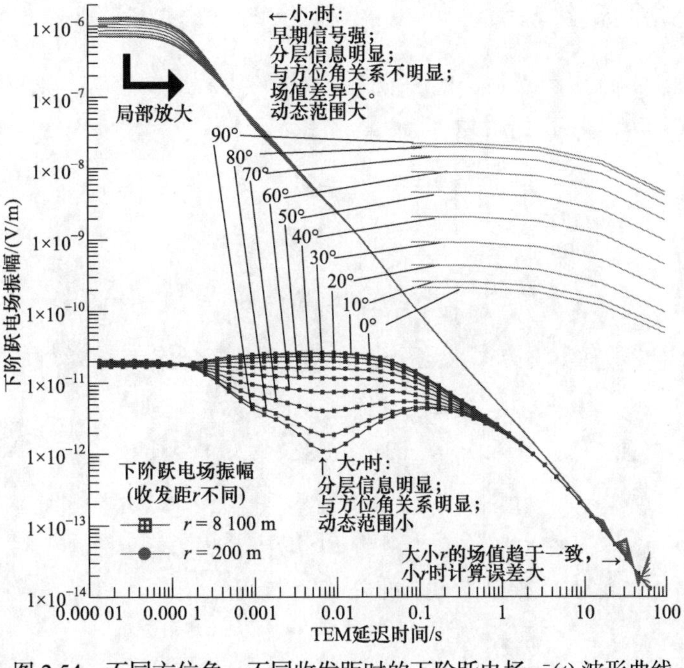

图 2.54　不同方位角、不同收发距时的下阶跃电场 $e_x^-(t)$ 波形曲线

小收发距 r =200 m，大收发距 r =8 100 m。小收发距长延迟时有一定的计算误差。已对电偶极矩归一

第 3 章　多分量正演修正法的一维反演

本章给出 ASEM 各分量正演修正法一维反演的一般原理和步骤。对常用的电磁测深方法有针对性的探讨应用正演修正法一维反演的具体技术细节。对第 2 章未展开的若干方法的特殊处理也作了补充说明。

3.1　一维反演的基本原理

本节引述高斯-赛德尔(Gauss-Seidel, G-S)迭代法和逐次超松弛(successive over relaxation, SOR)迭代法的基本思想和方法(邓建中 等，1985)。G-S 迭代法的核心是前一个参数迭代的结果立即参与下一个参数迭代操作过程(串行交互)；SOR 迭代法的核心在于引入加速和稳定收敛的松弛因子。正演修正法为非线性反问题迭代的直接算法，借用了 G-S 迭代法和 SOR 迭代法的思想。本节列举电磁数据迭代反演中比较关注的几个问题，重点分析在一维反演方法设计中，对有关电磁资料反问题中解的非唯一性、病态方程、迭代算法的稳定性、收敛性和收敛速度等基本问题的考虑。

3.1.1　逐次超松弛迭代法

将线性方程组的逐次超松弛迭代法推广到非线性方程组的解法，则有以下迭代算法。

设有 n 个元的非线性方程组为

$$\begin{cases} f_1(x_1, x_2, \cdots, x_n) = b_1 \\ f_2(x_1, x_2, \cdots, x_n) = b_2 \\ \qquad \cdots\cdots \\ f_n(x_1, x_2, \cdots, x_n) = b_n \end{cases} \tag{3.1}$$

改写成如下格式(可以有多种方案，这个等价格式将影响迭代的收敛性能)：

$$\begin{cases} x_1 = x_1 + g_1(x_1, x_2, \cdots, x_n) \\ x_2 = x_2 + g_2(x_1, x_2, \cdots, x_n) \\ \qquad \cdots\cdots \\ x_n = x_n + g_n(x_1, x_2, \cdots, x_n) \end{cases} \tag{3.2}$$

并沿用线性方程组的逐次超松弛迭代法采用如下迭代公式：

$$\begin{cases} x_1^{(K+1)} = x_1^{(K)} + \tau \cdot g_1(x_1^{(K)},\ x_2^{(K)},\ x_3^{(K)},\ x_4^{(K)},\cdots,x_n^{(K)}) \\ x_2^{(K+1)} = x_2^{(K)} + \tau \cdot g_2(x_1^{(K+1)},x_2^{(K)},\ x_3^{(K)},\ x_4^{(K)},\cdots,x_n^{(K)}) \\ x_3^{(K+1)} = x_3^{(K)} + \tau \cdot g_3(x_1^{(K+1)},x_2^{(K+1)},x_3^{(K)},\ x_4^{(K)},\cdots,x_n^{(K)}) \\ x_4^{(K+1)} = x_4^{(K)} + \tau \cdot g_4(x_1^{(K+1)},x_2^{(K+1)},x_3^{(K+1)},x_4^{(K)},\cdots,x_n^{(K)}) \\ \qquad\qquad\cdots\cdots \\ x_n^{(K+1)} = x_n^{(K)} + \tau \cdot g_n(x_1^{(K+1)},x_2^{(K+1)},x_3^{(K+1)},x_4^{(K+1)},\cdots,x_{n-1}^{(K+1)},x_n^{(K)}) \end{cases},\quad K=0,1,2,\cdots \tag{3.3}$$

式中：上标 K 为迭代次数，迭代过程中，参数的修改是串行交互式的；τ 为松弛因子；函数 $\tau \cdot g_n$ 可以看成是对 x_n 的修正量。设若再引用“模拟退火法”的思想，松弛因子 τ 还可随迭代次数而改变，且有意识地允许适当的随机性。取 $\tau = 1$ 即为 G-S 迭代法。

理论上，非线性方程组(3.1)的唯一不动点存在性和逐次超松弛迭代式(3.3)的收敛性由“压缩映射原理”(邓建中 等，1985)来判别。

3.1.2　电磁测深资料迭代反演中的一般问题

电磁测深资料反问题的复杂性在于以下几点。①非线性问题居多，通常要采用迭代算法。几乎难于用数学上严格的定理和判别条件来分析某种反演算法的收敛特性。一般要由试算来调整出合适的迭代格式。②电磁资料数据量大，正演(尤其是二、三维正演)时间长，现实期望算法收敛速度快。③根据迭代误差估计式，虽然一般收敛的算法与初始值的选取无关，但却对计算量有重大影响，具有局部收敛性的迭代方法，更不能任意选取初始值。④关于电磁反问题的非唯一性。以一维反演问题为例，电磁响应方程组可写成

$$A(\boldsymbol{x}) = \boldsymbol{b} \tag{3.4}$$

式中：A 为非线性泛函数；$\boldsymbol{x}$ 为模型参数列向量；$\boldsymbol{b}$ 为观测数据列向量。试图由有限维的数据集 $\boldsymbol{b}$ 确定无限维的模型参数空间 $\boldsymbol{x}$，解非唯一；或由有限维的数据集 $\boldsymbol{b}$ 确定有限维的模型参数空间 $\boldsymbol{x}$，但 $\boldsymbol{x}$ 的维数大于 $\boldsymbol{b}$ 的维数，则解亦非唯一。很显然，自然界的 $\boldsymbol{x}$ 是无穷维的，而观测数据 $\boldsymbol{b}$ 是有限的，故反问题非唯一是本质的。⑤关于病态问题。电磁反演的病态问题起源于反演迭代算法和数值计算误差，它不是电磁响应方程和观测设计所固有的。

3.1.3　电磁测深资料一维反演的基本特性

以下仅就设计一维电磁反演方法时所关注的几个问题加以讨论。

1. 唯一性

通过以下几个基本假设(物理准则)限制一维反演的唯一性。①地球电性结构是层状的，数学上称之为参数化的。基于层状介质模型的假设，反演的模型应具有一定的“粗糙度”。②模型参数空间 $\boldsymbol{x}$ 的维数也即电性结构层数等于观测数据集 $\boldsymbol{b}$ 的维数，也就是“根据数据说话”。一般地，对地下真实电性层的层数总是一无所知的。无论地下电性层真实层数多少，反演时被迫“视”地下为一个等效的结构——该结构含有与观测数据集 $\boldsymbol{b}$

的维数同样多的电性层(称之为“等效解”)。③获得观测数据集 $\boldsymbol{b}$ 的地球物理过程保持对数等间隔。为对应由浅到深的电性分辨能力，大地电磁测深法的周期点、瞬变电磁测深法的延迟时间点、直流垂向电测深法的供电-测量电极距等参数的取法通常选为对数等间隔。此三个基本假设并不能从理论上绝对保证解的非唯一性，必须寻求尽可能多的数学并合乎物理的约束准则以限制解的非唯一性。

2. 算法的稳定性

假定“等效解”唯一，电磁反问题稳定性则与算法有关。首先，尽量避免使用非线性问题线性化的方法，因为线性化的过程有可能改变响应方程本身所具有的良态性质。其次，慎用加快收敛速度的技巧，电磁反演宁求稳定而不刻意追求速度。

3. 算法的收敛特性

对非线性方程的迭代解法收敛性的理论分析较困难。实际上，一种迭代格式，不必一定事先判别了收敛性才被使用，可在试算和实践中逐步解决。对反演方法两个常用的判别收敛的准则是：数据拟合是否越来越好，这是对实测资料进行反演时的唯一的准则；方程的解是否越来越接近真值，此准则仅对试验模型而言是适用的。谨慎引用“人为的或数学上合理但物理上未必合理的”约束准则。

4. 噪声问题

本书不拟讨论去噪问题，可参考“物理去噪法”(苏朱刘 等，2004a)。

5. “先验信息”利用

电磁反演不提倡盲目刻意地追加“先验信息”。有关地层的“先验信息”可能是某个电性界面的位置或某个电性层的电阻率。但从测井曲线看，很难真正精准识别出一个电性界面和确定一个电性层的电阻率，在已有的电磁反演方法中，尚未见有将“先验信息”与电性层反演融合的适当方式。但以限定和约束电性层电阻率取值范围、参与电磁法反演结果和其他资料的综合解释，是利用“先验信息”两种可行的方式。

6. 初始模型

没有必要以均匀介质作为初始模型，来证明某种反演方法不依赖于初始模型的选择。本书电磁资料反演的初始模型来源于“类博斯蒂克反演法”，它是将 MT 的博斯蒂克近似反演推广到本书所涉及的电磁测深方法(包括频率域测深、时间域测深和直流电测深等方法)而产生的。

7. 等值性

电磁模型等值性同反演的唯一性相关联，但在电磁勘探方法的实践中，通常将等值性当作一个特别的问题来对待。等值性的存在源于电磁方法之局限性。对某种确定的野外电磁勘探法，其等值性已确定了。对确定的电磁方法、确定噪声水平的仪器、确定的资料点范围和间隔,实测数据所具有的一种特性——等值性的程度与范围就完全确定了。因为等值性的存在与反演方法无关，所以不加任何先决条件的精确反演方法也不可能突破等值性所界定的范围而获得真解。一个电性薄层，如果在数据上没有反映，那么在反演的结果中就不会被证实。等值性导致仅能获得一个等效解。

3.1.4　电磁测深多分量正演修正法一维反演步骤

根据第 2 章，对 ASEM 的五个分量均已给出了频率域全区和时间域全期的视电阻率定义和计算方法。不仅如此，如第 5、6 章所讨论的，在有限长线源和张量源激发的方式下，也已解决了视电阻率定义和计算方法问题。

“全区”和“全期”的视电阻率，包括必要时引入的“虚拟全区”和“虚拟全期”视电阻率等，与电性层之间基本上逐层正对应的可连续显示的属性，使构造反演用的深度上连贯、电阻率数值范围合理的初始模型成为现实的可能。同时，相对于其他量(如场值本身)，“全区”和“全期”视电阻率的非零性和连续性特点，使构造迭代目标函数更合理。结合前述有关设计反演算法原则的讨论，将 ASEM 的五个分量的“正演修正法一维反演”的步骤统一描述如下。

(1) 由实测资料计算“全区”或“全期”视电阻率。

(2) 根据“全区”或“全期”视电阻率(统一标为 ρ_{ASEM})构造出近似但合理的反演初始模型，其层数等于频率或时间点数 N。无论频率域、时间域或直流场，均采用推广的统一的“类博斯蒂克反演法”，近似深度取

$$Z_{\text{B}}=\sqrt{(\rho_{\text{ASEM}}\cdot\vartheta)/(2\pi\mu_0)} \tag{3.5}$$

对应深度上的近似电阻率取

$$\rho(Z_{\text{B}})=\rho_{\text{ASEM}}\cdot\left(1+\xi\frac{\mathrm{d}\lg\rho_{\text{ASEM}}}{\mathrm{d}\lg\vartheta}\right)\cdot\left(1-\xi\frac{\mathrm{d}\lg\rho_{\text{ASEM}}}{\mathrm{d}\lg\vartheta}\right)^{-1} \tag{3.6}$$

对频率域方法，$\vartheta=1/f=2\pi/\omega$ 为周期，系数 $\xi=1$；对时间域方法，$\vartheta\cong t/\zeta$，t 为瞬变延迟时间，$\xi=1$，$\zeta=0.15\sim0.25$；对直流场方法取 $\rho_{\text{ASEM}}=T_1(\lambda)$ (电阻率转换函数)，$\vartheta=1/f'\cong2\pi\mu_0/T_1(\lambda)\cdot\lambda^{-2}$，$\lambda$ 为积分变量，$\xi=-0.5$。

由于“全区”或“全期”视电阻率曲线是连续光滑且取值恒为正值的类似于 MT 的视电阻率曲线，初始模型(视为 $K=0$ 次迭代结果)电阻率取值是合理的，而深度是连贯递增的。

(3) 正演计算第 K 次反演模型的理论“全区”或“全期”视电阻率 ρ_{ASEMT}。

N 层一维介质 K 次迭代反演结果的理论“全区”或“全期”视电阻率计算式为

$$\rho_{\text{ASEMT}(i)}^{(K)}=F(\rho_1^{(K)},\cdots,\rho_{i-1}^{(K)},\rho_i^{(K-1)},\rho_{i+1}^{(K-1)},\cdots,\rho_N^{(K-1)};H_1^{(K)},\cdots,H_{i-1}^{(K)},H_i^{(K-1)},H_{i+1}^{(K-1)},\cdots,H_N^{(K-1)};\vartheta_i) \tag{3.7}$$

式中：上标(K)中的 K 为迭代次数；F 为 ASEM 一维正演泛函数；$\rho_1,\rho_2,\cdots,\rho_N$ 为各层电阻率；$H_1,H_2,\cdots,H_N$ 为各层厚度；i 既表示频率点或延迟时间点号也表示层号；ρ_{ASEMT} 表示正演计算的理论值。

(4) 计算基于“全区”或“全期”视电阻率实测和理论值的拟合均方根误差即统一的目标函数：

$$\varepsilon_{\mathrm{rms}}=\sqrt{\frac{2}{N}\sum_{i=1}^{N}\left(\frac{\rho_{\mathrm{ASEM}(i)}-\rho_{\mathrm{ASEMT}(i)}^{(K)}}{\rho_{\mathrm{ASEM}(i)}+\rho_{\mathrm{ASEMT}(i)}^{(K)}}\right)^2}\times 100\% \tag{3.8}$$

式中：N 表示测量总点数。此目标函数中的参量“全区”或“全期”视电阻率，对高频和低频、短延迟时和长延迟时基本对等，为处于大致同一数量级的正值。避免了有些反演方法目标函数参量大小差异数量级可能很大(如直接用场值作为参量)且可能有正负之分和零值(目标函数中出现分母为零项)而造成的不均衡和不稳定现象。

(5) 依据拟合均方根误差 $\varepsilon_{\mathrm{rms}}<\varepsilon_{\mathrm{rms0}}$ 判断是否停止迭代。$\varepsilon_{\mathrm{rms0}}$ 是目标函数的期望值。

(6) 若需迭代，则采用正演修正公式从第 1 层至最底层(共 N 层)串行地逐层修正第 i 层的电阻率和厚度：

$$\begin{cases}\rho_i^{(K)}=\rho_i^{(K-1)}+\Delta\rho_i=\rho_i^{(K-1)}+\beta_r\left|\rho_{\mathrm{ASEM}(i)}-\rho_{\mathrm{ASEMT}(i)}^{(K)}\right| \\ H_i^{(K)}=H_i^{(K-1)}+\Delta H_i=H_i^{(K-1)}+\beta_h H_i^{(K-1)}\end{cases},\quad i=1,\cdots,N \tag{3.9}$$

式中：β_r (电阻率修正系数)和 β_h (厚度修正系数)设置为可变的松弛因子，即使正演修正法接近于非线性方程求解的逐次超松弛迭代法，又兼容有“模拟退火法”的降温和一定范围内小概率的随机搜索特性。

(7) 回到步骤(3)，形成迭代，直到 $\varepsilon_{\mathrm{rms}}<\varepsilon_{\mathrm{rms0}}$。

从一般步骤可知，正演修正法一维反演具有以下特点：其一，为迭代反演方法，且只含有大量的正演计算，无须推导、求解雅可比矩阵以及大型矩阵求逆；其二，正演修正法一维反演是以连续的与电性层基本上逐层正对应的“全区”和“全期”视电阻率作为反演目标函数的构成要素。这种以寻求对应不同勘探深度的各频率点和时间点数据权重值较为均衡的目标函数，为反演中电性层参数的沿正确的修正方向稳定收敛提供了保证。“近区”、“远区”、“早期”、“晚期”视电阻率，场值本身均不具有此特性(构造的目标函数缺失权重值均衡，甚或在零值上形成函数奇异)。由于非线性方程组逐次超松弛迭代法的交互串行和相关联的参数修改功能，故而不必强要求“全区”和“全期”视电阻率与电性层严格地逐点和逐层一一对应，只要是正对应关系即可。模型试验表明，即或 ASEM“全区”和“全期”视电阻率在与电性层的正对应关系上不像 MT 视电阻率曲线那样在绝对数值上是紧致的(如 MT 视电阻率在高频渐近于第一层电阻率,在低频渐近于最底层电阻率)，也可获得最终收敛的反演结果。然而在过早进入“近区”或“晚期”导致电场和磁场进入静态的情形下，电磁测量中的噪声将有可能影响深部电性层的实际上而非理论上的反演分辨能力。此外，电磁法固有“等值性”导致反演的非唯一性也是不可逾越的“壁垒”。

本章下面几节将依次展开常用的分支方法：大地电磁测深法、AB-s 方式瞬变电磁测深法也即 LOTEM、中心回线方式瞬变电磁测深法、S-s 方式瞬变电磁测深法、阵列式电阻率和极化率测深法等方法具体应用 ASEM 正演修正法一维反演的技术细节。此反演方法不仅适用于单一电偶极子源、有限长线源、张量源、其他可能的特定组合源和磁偶极子源的 ASEM，而且也适用于其他可能的合成分量和多分量的比值。

3.2　大地电磁测深正演修正法一维反演

大地电磁测深法可以在形式上视为 CSAMT 的收发距为无穷大的特例，且改为借用天然大地电磁信号作为近似垂直入射地下的场源，并用电磁场的比值来定义视电阻率。由于收发距为无穷大，因此不存在 CSAMT 的“近区”问题。其一维层状介质反演方法已有多种，如试错法、高斯-牛顿法、梯度法、马奎特法和奥卡姆(Occam)法等。这些方法通常在反演之前要求预知层状介质的层数，大多比较依赖于初始模型，且因要求解大型矩阵的逆矩阵，层数划分得越多越可能呈现不稳定的特性。

本节依据 3.1 节 ASEM 正演修正法基本原理，讨论大地电磁测深一维层状介质反演(苏朱刘 等，2002b)的具体步骤和技术细节。

3.2.1　一维响应函数及正演公式

大地电磁测深法野外观测的是地面上水平正交的四分量电磁场，有时为了获取倾子资料，另加一垂直磁场道。其响应函数为阻抗：

$$Z(T)=\frac{E(T)}{H(T)} \tag{3.10}$$

式中：$E(T)$ 和 $H(T)$ 分别是水平正交的电场强度分量和磁场强度分量的频谱；$T=2\pi/\omega$ 为周期。一般地，研究下列两种响应函数，即视电阻率和相位：

$$\rho_a(T)=\frac{1}{\omega\mu_0}\left|Z(T)\right|^2,\quad \varphi_a(T)=\arctan\frac{\operatorname{Im}Z(T)}{\operatorname{Re}Z(T)} \tag{3.11}$$

大地电磁一维正演问题为：设地下有 N 层水平层状地层，将各层电阻率、底面埋深和厚度分别记为 $\rho_1,\rho_2,\cdots,\rho_N,\rho_{N+1};h_1,h_2,\cdots,h_N;H_1,H_2,\cdots,H_N$；为与反演问题照应，这里还虚设有第 N+1 层，其电阻率等同于第 N 层而厚度和埋深均为无穷大，求出地表处的阻抗 $Z(T)=Z_1(T)$。$Z_1(T)$ 由下列递推公式求解：

$$Z_m(T)=Z_{0m}\cdot\frac{Z_{0m}+Z_{m+1}(T)-\left[Z_{0m}-Z_{m+1}(T)\right]\cdot \mathrm{e}^{-2k_mH_m}}{Z_{0m}+Z_{m+1}(T)+\left[Z_{0m}-Z_{m+1}(T)\right]\cdot \mathrm{e}^{-2k_mH_m}},\quad m=1,2,\cdots,N-1 \tag{3.12}$$

其中：最底层(第 N 层)顶面处的阻抗为 $Z_N(T)=Z_{0N}=(-\mathrm{i}\omega\mu_0)/k_N$；第 m 层的特征阻抗为 $Z_{0m}=(-\mathrm{i}\omega\mu_0)/k_m$；第 m 层的复波数为 $k_m=\sqrt{(-\mathrm{i}\omega\mu_0)/\rho_m}$。

3.2.2　初始模型构建

采用一维博斯蒂克反演法构建初始模型。取博斯蒂克深度：

$$Z_{\mathrm{B}}=\sqrt{\rho_a\cdot T/\left(2\pi\mu_0\right)} \tag{3.13}$$

作为对应周期点上的反演深度，而该深度点上的真电阻率可由视电阻率曲线的微分转换而来：

$$\rho(Z_{\mathrm{B}})=\rho_a\cdot\left[1+\frac{\mathrm{d}\lg\rho_a}{\mathrm{d}\lg T}\right]\cdot\left[1-\frac{\mathrm{d}\lg\rho_a}{\mathrm{d}\lg T}\right]^{-1} \tag{3.14}$$

比较粗糙的博斯蒂克反演结果可作为精确反演的初始值。具体编程计算时，采用数值一阶差分近似式。设有 N 个周期点 $T_i(i=1,N)$ 上的视电阻率 $\rho_{a(i)}(i=1,N)$，取第 i 层的厚度和电阻率初始值分别为

$$H_i=\left[\sqrt{\rho_{a(i)}\cdot T_i}-\sqrt{\rho_{a(i-1)}\cdot T_{i-1}}\right]/\sqrt{2\pi\mu_0} \tag{3.15}$$

$$\rho_i=\rho_{a(i)}\cdot\left[1+\frac{\lg\rho_{a(i)}-\lg\rho_{a(i-1)}}{\lg T_i-\lg T_{i-1}}\right]\cdot\left[1-\frac{\lg\rho_{a(i)}-\lg\rho_{a(i-1)}}{\lg T_i-\lg T_{i-1}}\right]^{-1} \tag{3.16}$$

而 $H_1=\sqrt{\rho_{a(1)}\cdot T_1/(2\pi\mu_0)}$，$\rho_1=\rho_{a(1)}$，并设 $\rho_{N+1}=\rho_N$ 和 $H_{N+1}=\infty$，这样将地下介质分成了 $N+1$ 个电性层，每个电性层(第 $N+1$ 层除外)与周期点一一对应。

因恒有：$-1<\mathrm{d}\lg\rho_a/\mathrm{d}\lg T<1$，博斯蒂克反演法中转换的电阻率恒大于零；且 $\sqrt{\rho_{a(i)}\cdot T_i}>\sqrt{\rho_{a(i-1)}\cdot T_{i-1}}$，即 $h_i>h_{i-1}$，也即恒有 $H_i>0$。其物理解释是：更长周期的信号反映电性层的视深度一定大于短周期信号。如果地下电性层为一维的，则这个性质可用来判断资料是否具有物理合理性。

3.2.3 正演修正法一维反演步骤及特性

1. 正演修正法一维反演的步骤

正演修正法是根据一维正演计算的视电阻率理论(拟合)值与实测值的差别依次调整每一个电性层的厚度(或埋深)和电阻率。这是一个循环迭代过程，分下列四步进行。

第一步：一维正演计算第 K 次模型在第 i 个频率点上的视电阻率的理论(拟合)值 $\rho_{aT(i)}^{(K)}$。

根据非线性逐次超松弛迭代法的思想，前第 1 层到第 $i-1$ 层已迭代修正的结果将参与到求解第 i 个周期点上的视电阻率 $\rho_{aT(i)}^{(K)}$ 的过程。即

$$\rho_{aT(i)}^{(K)}=F_{\mathrm{MT}}\left[\rho_1^{(K)},\cdots,\rho_{i-1}^{(K)},\rho_i^{(K-1)},\rho_{i+1}^{(K-1)},\cdots,\rho_N^{(K-1)};H_1^{(K)},\cdots,H_{i-1}^{(K)},H_i^{(K-1)},H_{i+1}^{(K-1)},\cdots,H_N^{(K-1)};T_i\right] \tag{3.17}$$

式中：F_{MT} 为 MT 一维正演泛函数。由反演的第 i 个方程为 $\rho_{a(i)}=\rho_{aT(i)}^{(K)}$ 给出它的等价格式：$\rho_i=\rho_i+\beta_r\left|\rho_{a(i)}-\rho_{aT(i)}^{(K)}\right|$。

第二步：由等价格式构造迭代公式，采用以下两式同步修正第 i 层的电阻率和厚度

$$\rho_i^{(K)}=\rho_i^{(K-1)}+\Delta\rho_i=\rho_i^{(K-1)}+\beta_r\left|\rho_{a(i)}-\rho_{a\mathrm{T}(i)}^{(K)}\right|=\rho_i^{(K-1)}+\beta_r\left|\Delta\rho_{a(i)}^{(K)}\right| \tag{3.18}$$

$$H_i^{(K)}=H_i^{(K-1)}+\Delta H_i=H_i^{(K-1)}+\beta_h H_i^{(K-1)} \tag{3.19}$$

式中：β_r、β_h 分别称为电阻率修正系数和厚度修正系数，均类同于逐次超松弛迭代法中的松弛因子，通常取绝对值较小的数。电阻率修正系数的一般取法为：若 $\Delta\rho_{a(i)}^{(K)}>0$，$\beta_r>0$，则第 i 个电性层电阻率将被适当增大一点；若 $\Delta\rho_{a(i)}^{(K)}<0$，$\beta_r<0$，

则第 i 个电性层电阻率将被适当减小一点。厚度修正系数的符号和取值稍复杂些，分以下 4 种情形(图 3.1)。

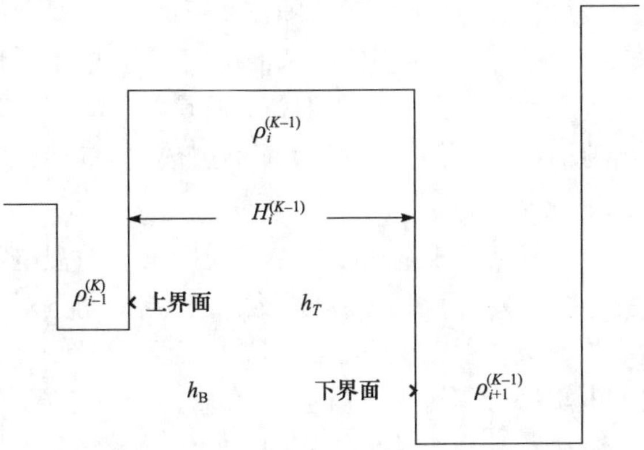

图 3.1　MT 正演修正法单层和相邻层修正参数模型

(1) 若 $\rho_{i-1}^{(K)} > \rho_i^{(K-1)} < \rho_{i+1}^{(K-1)}$，则：又若 $\Delta\rho_{a(i)}^{(K)} > 0$，$\beta_h < 0$，即第 i 个电性层厚度适当减薄，而上下层厚度相应增厚；又若 $\Delta\rho_{a(i)}^{(K)} < 0$，$\beta_h > 0$，即第 i 个电性层厚度适当增厚，而上下层厚度相应减薄。

(2) 若 $\rho_{i-1}^{(K)} > \rho_i^{(K-1)} > \rho_{i+1}^{(K-1)}$，则：又若 $\Delta\rho_{a(i)}^{(K)} > 0$，$\beta_h = 0$，本层厚度不变，但上一层底界面埋深和下一层顶界面埋深分别按相同的幅度都变深一点，即层界面下移；又若 $\Delta\rho_{a(i)}^{(K)} < 0$，$\beta_h = 0$，本层厚度不变，而层界面适当上移。

(3) 若 $\rho_{i-1}^{(K)} < \rho_i^{(K-1)} > \rho_{i+1}^{(K-1)}$，则：又若 $\Delta\rho_{a(i)}^{(K)} > 0$，$\beta_h > 0$，即第 i 个电性层厚度适当增厚，而上下层厚度相应减薄；又若 $\Delta\rho_{a(i)}^{(K)} < 0$，$\beta_h < 0$，即第 i 个电性层厚度适当减薄，而上下层厚度相应增厚。

(4) 若 $\rho_{i-1}^{(K)} < \rho_i^{(K-1)} < \rho_{i+1}^{(K-1)}$，则：又若 $\Delta\rho_{a(i)}^{(K)} > 0$，$\beta_h = 0$，本层厚度不变，但层界面适当上移；又若 $\Delta\rho_{a(i)}^{(K)} < 0$，$\beta_h = 0$，本层厚度不变，但层界面适当下移。

在计算机编程中，采用条件语句，实现修正因子的选取。

按式(3.18)和式(3.19)修正电阻率和厚度将依据拟合均方根误差 ε_{rms} 减小而被认可，且此误差可以针对一个、多个或全部频率点。

第三步：将第一步和第二步对每一电性层进行循环，即 i 从 1 到 N 循环。

第四步：将第一步、第二步和第三步对 K 循环。终止循环的准则是，视电阻率的实测值与一维正演计算的理论(拟合)值在所有周期点上拟合总体均方根误差 ε_{rms} [式(3.8)]小于预先指定的一个很小的误差期望数 $\varepsilon_{\text{rms0}}$。

2. 正演修正法一维反演的特性分析

(1) 注意到式(3.18)，正演修正法反演是根据第 i 个周期点上视电阻率之拟合情况修正相对应的第 i 个电性层的电阻率。众所周知，第 i 个周期点上的视电阻率与第 i 层的电阻率并不存在线性正相关逐点一一对应关系，但若每次修正量很小，则整体反演拟合呈稳定收敛。这将是以增加迭代次数为代价的，因此正演修正法反演算不上是一种快速的反演方法。式(3.19)可视为式(3.18)的补充式，即在修正电性层电阻率的同时也修正厚度。考虑到大地电磁测深视纵向电导(厚度与电阻率的比值)不变这个近似特征，正演修正法反演过程并未将层厚度作为独立的反演参数对待，而是将反演陈述为根据 N 个视电阻率数据求 N 个电性层的电阻率，虽然也可以将反演的层数定为 $\text{int}\left[0.5\cdot(N+1)\right]$。若由博斯蒂克深度固定层厚度，则取 $\gamma\equiv 0$。

(2) 在求解过程中，电阻率修改量是根据单一周期点上的视电阻率观测值与正演计算理论(拟合)值的差别之相对大小而取一适当的数值，该周期点对应的层厚度也视上下层电阻率与该层电阻率相对大小关系情况而适当调整，可见整个反演其实只用到正演。由于每次只修正一层的电阻率和厚度，这就避开了基于非线性问题线性化迭代方法中每次迭代对全部层参数整体修正一类方法所固有的求解偏导数矩阵和矩阵求逆两大过程。偏导数矩阵求解复杂，矩阵求逆又通常伴随有非稳定性问题。由于避免了可能非良态的矩阵求逆，正演修正法收敛稳定。

(3) 正演修正法将地下介质划分成 N 层(第 N+1 个电性层电阻率始终等于第 N 层电阻率)，也即有多少个数据点即划分多少个电性层。一般地，比其他的方法(如有限元法)纵向上划分的网格数要少。其合理性和实用性的优点在于：反演参数不超定；反演之前不必推测(对实际地球，也不易推测)地下实际电性层的层数；加密周期点不影响其反演的稳定收敛特性。这样在等值性范围内，一维反演正演修正法可以最大限度分辨出地下电性构造特征，此处最大限度含义是实际数据最大程度所包含的信息。等值性的存在降低了大地电磁测深法对薄层的分辨能力，它是 MT 所固有的不足。采集过程中的加密频率点而非采集后插值有可能提高方法的分辨能力，但它不可能突破等值性所界定的限度。

(4) 因为正演修正法反演总是将地下介质划分成 N 个电性层，所以模型结构具有一定的“粗糙度”。同时，短周期时由反射波干涉现象所引起的“假极值”，在反演结果上表现为浅部电性层的一些振荡。这是正演修正法反演需要改进之处，也是引起剩余拟合误差的原因之一。有可能通过改进视电阻率的定义而得到改善，例如，使用具有较小高频振荡特性的 Basokur 视电阻率定义式(吴小平　等，1998)。

(5) 正演修正法一维反演计算量为：对 K 次循环 N 个拟合数据，做 $K\times N$ 正演，计算量相对较大。但反演过程稳定收敛，对初始模型依赖性不强，在等值性范围内解是唯一的。

(6) 正演修正法一维反演将拟合观测数据作为唯一收敛标准。诸如最小模型、最平缓模型等约束条件仅是某些反演方法作为稳定迭代和获取唯一解的数学手段。

(7) 以上所述方法未采用相位资料。对一维大地电磁资料来说，因为相位大致表示视电阻率对周期的导数，相位不会提供相对于振幅更多的新信息，但不意味着它们之间具有逐点一一对应的关系，所以在反演中相位可作为修正电阻率的控制参数使用。其控制准则为：①若 $\Delta\rho_{a(i)}^{(K)}>0$ 且 $\beta_r>0$，或 $\Delta\rho_{a(i)}^{(K)}<0$ 且 $\beta_r<0$，则可适当减小电阻率修正量，因为这时视电阻率和相位资料所预示的电阻率的修正方向相反；②若 $\Delta\rho_{a(i)}^{(K)}>0$ 且 $\beta_r<0$，或 $\Delta\rho_{a(i)}^{(K)}<0$ 且 $\beta_r>0$，则可适当增大电阻率修正量，因为这时视电阻率和相位

资料所预示的电阻率的修正方向相同。在计算机编程中，加载相应的条件语句进行约束即可，即依据判别条件将电阻率修正系数另取为

$$\tilde{\beta}_r = \beta_r \left| \frac{\phi_{a(i)} - \phi_{aT(i)}^{(K)}}{\phi_{a(i)} + \phi_{aT(i)}^{(K)}} \right|^{\pm 1} \tag{3.20}$$

但基于下列三个方面的原因，正演修正法一维反演不提倡盲目使用相位资料：其一，对一维地电结构来说，相位与视电阻率资料不是独立的，这是因为相位代表着视电阻率对数对周期对数的导数，反过来，视电阻率代表着相位的积分；其二，若实测相位和视电阻率均含有噪声，或地下电性结构并非严格的一维，则同时使用视电阻率和相位的资料，意味着，有可能使用多个近似线性相关的和/或矛盾的资料；其三，从实际情况考虑，通常相位资料的质量比视电阻率资料质量要差。

(8) 在上述迭代过程中，一种比较实用的策略是，随迭代次数的增加，使 β_r 和 β_h 逐渐减小，视为可变的松弛因子，其作用类似于“模拟退火法”的降温(王家映，2002)，也即逐渐减小对电阻率和厚度的修正量，虽然相应逐步地放慢了收敛速度，但有利于增强收敛的稳定性。因正演修正法及其程序设计具备较强的算法开放兼容性，通过引入非线性人工智能技术(artificial inteligence，AI)处理方法可以解决可能的局部极小问题(王耀南，2003)。例如，对参数的改变可引入“模拟退火法”准则，即按某一较小的概率接受部分拟合均方根误差 ε_{rms} 增大的情形随机修改以避免迭代落入局部极小状态。

约定 SAMT 等(参见第 4 章)二维、三维反演过程中调用的“形式化一维反演”将采用此一维正演修正法。

3.2.4　模型算例分析

设计了 4 个具备代表性的三层理论模型，分别为 A 型、Q 型、H 型和 K 型(图 3.2～图 3.5)。每幅图中给出了相应的模型参数、视电阻率的理论和反演拟合曲线，及原始模

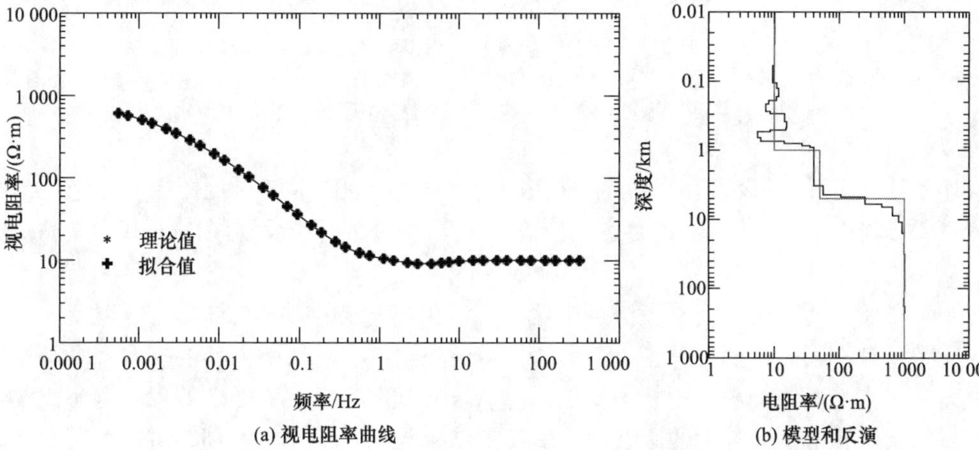

(a) 视电阻率曲线　　(b) 模型和反演

图 3.2　A 型模型视电阻率和反演结果

(a) 视电阻率曲线，40 个周期点数据。拟合误差 2.6%。(b) 模型和反演：原始模型(平滑细线，3 个电性层：电阻率 10 Ω·m、50 Ω·m 和 1000 Ω·m；厚度 1 km 和 4 km)和层状介质反演结果(锯齿粗线，40 个电性层)

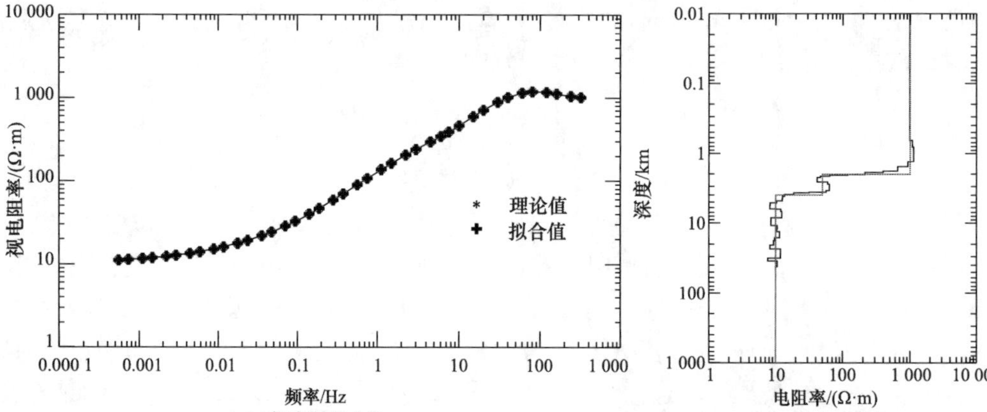

(a) 视电阻率曲线　　　　(b) 模型和反演

图 3.3　Q 型模型视电阻率和反演结果

(a) 视电阻率曲线，40 个周期点数据。拟合误差 2.1%。(b) 模型和反演：原始模型(平滑细线，3 个电性层：电阻率 1000 Ω·m 、50 Ω·m 和 10 Ω·m；厚度 2 km 和 2 km)和层状介质反演结果(锯齿粗线，40 个电性层)

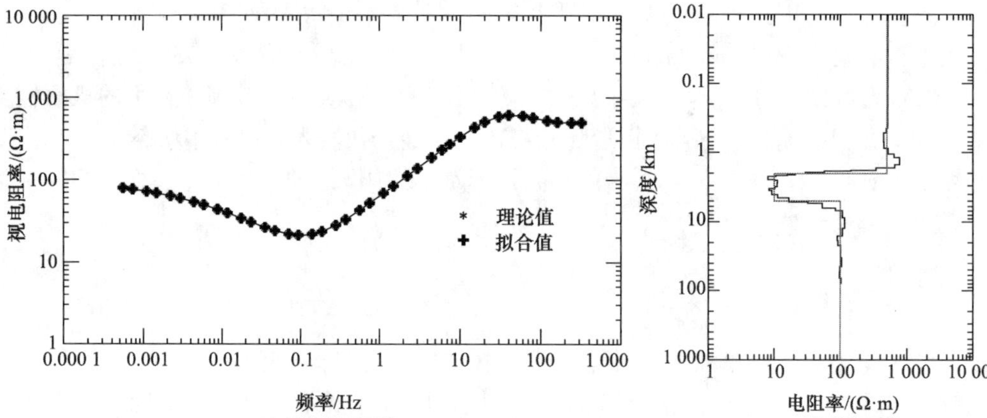

(a) 视电阻率曲线　　　　(b) 模型和反演

图 3.4　H 型模型视电阻率和反演结果

(a) 视电阻率曲线，40 个周期点数据。拟合误差 2.4%。(b) 模型和反演：原始模型(平滑细线，3 个电性层：电阻率 500 Ω·m 、10 Ω·m 和 100 Ω·m；厚度 2 km 和 3 km)和层状介质反演结果(锯齿粗线，40 个电性层)

型和基于层状介质(层数等于数据周期点数，$N=40$)反演结果的对比图像。拟合总体均方根误差ε均小于 3%。另外，对 A 型模型还结合相位进行了反演(图 3.6 和图 3.7)，反演结果和相位拟合略有改进。

模型试验表明：①正演修正法一维反演，尚存有一定的拟合总体均方根误差。部分来源于数值计算误差，部分源于反演方法本身的局限性。需要引入新的技术手段避免迭代在若干个点上落入局部极小状态。然而，从含有噪声实际资料处理的现实考虑，没有绝对寻求无限精确拟合数据的必要性。②反演结果与原始模型的差别，主要由等值性造成，这种差别却不能作为方法评价的标准。因为实际勘探资料的反演过程中，在没有或不能精确分层的情况下，只能被迫选择一个“人为的”层数。正演修正法选择的层数恰好等于数据点数，这可能不是最好的选择而是一种折中选择。

总之，可以有一般结论：对频率域的 MT(和 ASEM)，在存在等值性的情况下，正演修正法一维反演获得拟合数据在“层数等于频率数据点数”意义上的唯一“等效解”。因一维是二维的特例，合乎逻辑地，二维反演也只能获得某个等效解。

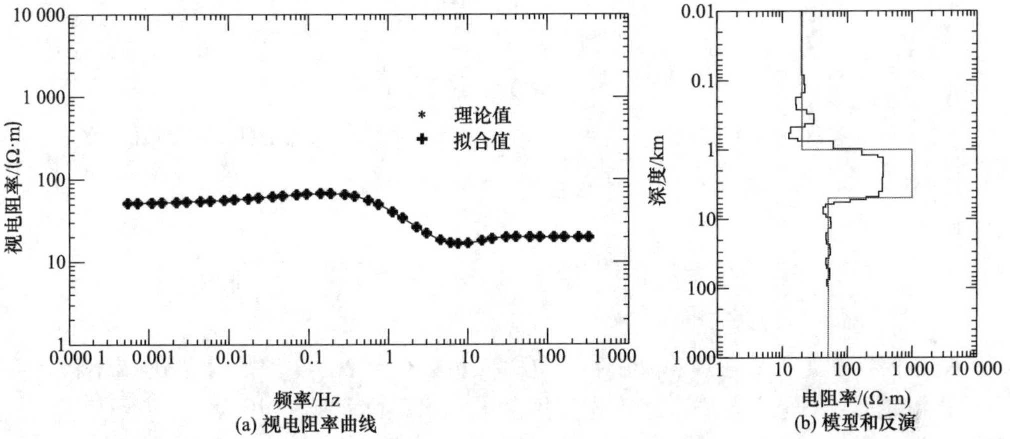

图 3.5　K 型模型视电阻率和反演结果

(a) 视电阻率曲线，40 个周期点数据。拟合误差 2.6%。(b) 模型和反演：原始模型(平滑细线，3 个电性层：电阻率 20 Ω·m 、1 000 Ω·m 和 50 Ω·m；厚度 1 km 和 4 km)和层状介质反演结果(锯齿粗线，40 个电性层)

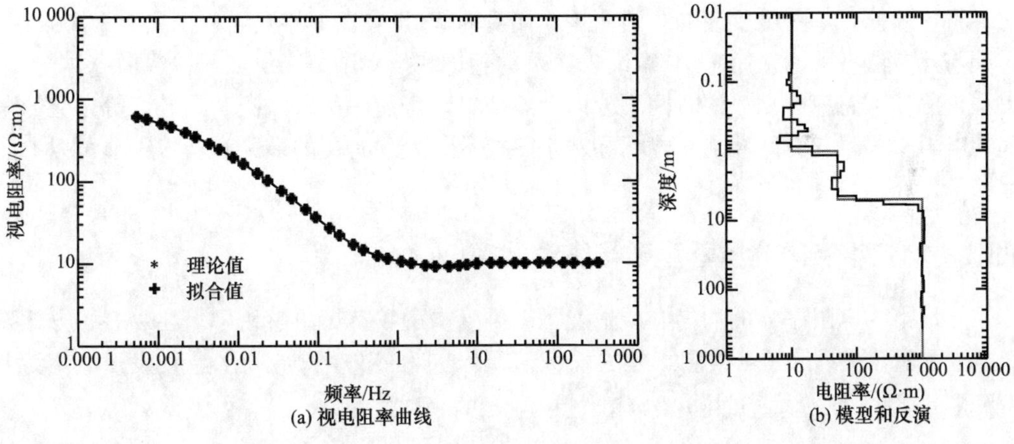

图 3.6　图 3.2 中 A 型模型结合视电阻率和相位进行反演

(a) 视电阻率曲线，40 个周期点数据。拟合误差 1.9%。(b) 模型和反演：原始模型(平滑细线，3 个电性层)和层状介质反演结果(锯齿粗线，40 个电性层)

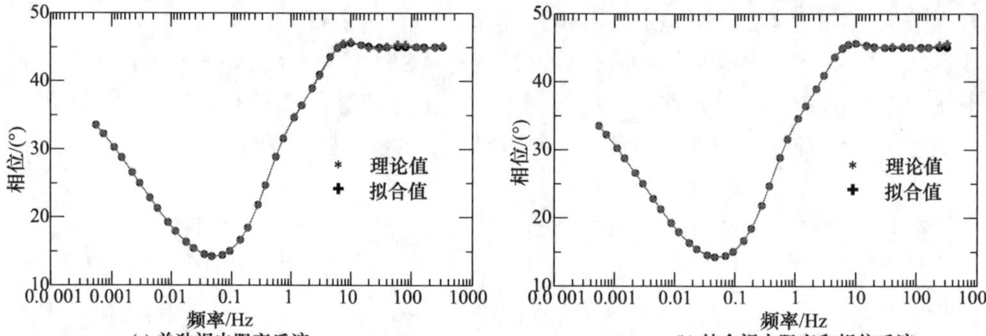

(a) 单独视电阻率反演　　(b) 结合视电阻率和相位反演

图 3.7　图 3.2 中 A 型地电模型反演时相位拟合情况

3.3　长偏移距瞬变电磁资料处理与一维反演

长偏移距瞬变电磁测深(LOTEM)，也称为建场法和 AB-s 方式瞬变电磁测深法。由于技术历史原因，这种方法得以优先发展。采用水平电偶极子(用大 AB 表示)发射、在收发距为 r 的接收点上用垂直磁偶极子(线圈，用小 s 代表)接收感应电动势即垂直磁场时间导数的单一分量。LOTEM 为 ASEM 五分量的特例，即时间域磁场垂直分量一次时间导数的测量方法。关于其“虚拟全期”视电阻率的定义及求解方法也已在第 2 章系统阐述。本节拟对此方法作更进一步详细分析和讨论，是基于：现阶段此种方法得到广泛使用；将正演修正法一维反演的一般原理应用到时间域 ASEM(苏朱刘和胡文宝，2002a)；拓展与此方法有关而在第 1、2 章尚未论及的理论和技术细节，例如，视纵向电导定义，由垂直磁场即感应电动势的时间积分以及感应电动势的一次或二次时间导数等定义的全期视电阻率等；与时间域水平电场和水平磁场分量处理有关的理论和技术细节可以参照此章节，而不再逐一单列。

3.3.1　均匀半空间介质垂直磁场表达式

在地下为电阻率 ρ 的均匀介质情况下，瞬变电磁场有简单解析解。在 AB-s 方式瞬变电磁测深法中，通常考察测点处的垂直磁场 $h_z(t)$ 和感应电动势 $\varepsilon(t)$ 。设发射电流为上阶跃形式(图 1.2)，垂直磁场 $h_z(t)$ (单位为 A/m)的表达式为

$$h_z(t) = -A\cdot r\cdot\sin\varphi\left[1-\left(1-1.5x^{-2}\right)\mathrm{erf}\left(x\right)-3\pi^{-0.5}x^{-1}\mathrm{e}^{-x^2}\right] \tag{3.21}$$

以现有常用的仪器设备，野外直接观测的物理量是感应电动势 $\varepsilon(t)$ (单位为 V)，也即垂直磁场的一次时间导数。垂直磁场可由感应电动势积分得到，即

$$h_z(t) = -\left(sn\cdot\mu\right)^{-1}\int_0^t\varepsilon\left(t\right)\mathrm{d}t \tag{3.22}$$

式中：s 为接收线圈面积，m^2；n 为接收线圈匝数。而垂直磁偶极子接收的感应电动势表达式为

$$\varepsilon(t) = 3A \cdot sn \cdot \sin\varphi \cdot r^{-1} \cdot x^{-2}\left[\mathrm{erf}(x) - 2\pi^{-0.5}x\left(1 + 2x^2/3\right)\mathrm{e}^{-x^2}\right] \tag{3.23}$$

3.3.2　一维层状介质下资料处理方法

对于地下为一维各向同性层状介质的情况，垂直磁场和感应电动势没有简单的解析解，但其正演是可实现的，详见第2章。资料处理的基本方法是假想地下为等效均匀半空间介质，而引用“全期”视电阻率和“全期”视纵向电导的概念。

1. 全期视电阻率

感应电动势的“全期”视电阻率概念在第2章已论及。此节将这一概念推及基于垂直磁场和感应电动势的时间导数也即垂直磁场的二次时间导数等。

1) 基于$\varepsilon(t)$定义的“全期”视电阻率$\rho_{h_z'}^{\mathrm{A}}(t)$

“全期”视电阻率以瞬变场参数$x = r\sqrt{\mu/[4\rho_{h_z'}^{\mathrm{A}}(t)\cdot t]}$的形式隐含在归一化函数$T_{h_z'}(x)$的拟合等式中：

$$\varepsilon(t) = 3A \cdot sn \cdot \sin\varphi \cdot r^{-1} \cdot T_{h_z'}(x) \tag{3.24}$$

2) 基于$h_z(t)$定义的“全期”视电阻率$\rho_{h_z}^{\mathrm{A}}(t)$

垂直磁场可能是非直接观测的导出物理量，也可能是直接观测量(如由超导量子干涉仪所观测)。由垂直磁场定义的“全期”视电阻率$\rho_{h_z}^{\mathrm{A}}(t)$以瞬变场参数$x = r\sqrt{\mu/[4\rho_{h_z}^{\mathrm{A}}(t)t]}$的形式隐含在式(3.21)中，而垂直磁场归一化函数计算式和表达式为

$$g(x) = -(A \cdot r \cdot \sin\varphi)^{-1} \cdot h_z(t) = 1 - \left(1 - 1.5x^{-2}\right)\mathrm{erf}(x) - 3\pi^{-0.5}x^{-1}\mathrm{e}^{-x^2} \tag{3.25}$$

3) 基于感应电动势一次时间导数定义的“全期”视电阻率$\rho_a^s(t)$

基于非直接观测量而导出感应电动势一次时间导数的全期视电阻率隐含在：

$$\varepsilon'(t) = -P_E \cdot sn \cdot \mu_0 \cdot \sin\varphi / \left[2\pi\sqrt{\pi}r^2t^2\right] \cdot x^3\mathrm{e}^{-x^2} \tag{3.26}$$

这里瞬变场参数相应为$x = r\sqrt{\mu/[4\rho_a^s(t)t]}$，而对应的感应电动势一次时间导数归一化函数$s(x)$计算式和表达式为

$$s(x) = -2\pi\sqrt{\pi}r^2t^2 \cdot \varepsilon'(t) / \left(P_E \cdot sn \cdot \mu_0 \cdot \sin\varphi\right) = x^3\mathrm{e}^{-x^2} \tag{3.27}$$

4) 基于联合感应电动势一次和二次时间导数定义的“全期”视电阻率$\rho_a^c(t)$

$$\varepsilon''(t) = \frac{\mathrm{d}^2\varepsilon(t)}{\mathrm{d}t^2} = \frac{\mathrm{d}\varepsilon(t)}{\mathrm{d}t}\left(\frac{r^2\mu}{4\rho_a^c(t)t^2} - \frac{7}{2t}\right) = \varepsilon'(t)\left(\frac{r^2\mu}{4\rho_a^c(t)t^2} - \frac{7}{2t}\right) \tag{3.28}$$

由感应电动势一次和二次时间导数(均为导出物理量，非直接观测量)联合定义的“全期”视电阻率有唯一解析解：

$$\rho_a^c(t)=\frac{r^2\mu}{4t^2}\left(\frac{\varepsilon''(t)}{\varepsilon'(t)}+\frac{7}{2t}\right)^{-1} \tag{3.29}$$

2. 全期视纵向电导

“全期”视纵向电导 $S_\tau(t)$ (单位为 S)是根据薄板近似理论(朴化荣，1990)引入的一种解释参数：

$$\varepsilon(t)=3P_E\cdot sn\cdot r\cdot\sin\varphi\cdot m(t)\cdot\left[r^2+4m(t)^2\right]^{-5/2}/\left[\pi S_\tau(t)\right] \tag{3.30}$$

$$h_z(t)=P_E\cdot r\cdot\sin\varphi\cdot\left[r^2+4m(t)^2\right]^{-3/2}/(4\pi) \tag{3.31}$$

$$\varepsilon'(t)=\frac{\mathrm{d}\varepsilon(t)}{\mathrm{d}t}=\frac{3P_E\cdot sn\cdot r\cdot\sin\varphi}{\pi\mu S_\tau(t)^2}\cdot\left[r^2-16m(t)^2\right]\cdot\left[r^2+4m(t)^2\right]^{-7/2} \tag{3.32}$$

式中：$m(t)=H_\tau(t)+t/\left[\mu S_\tau(t)\right]$，$H_\tau(t)$ 为等效薄板之埋深，m，可用上述三个定义式中的任意两个或全部求解。其中一组解为

$$m(t)=0.5\sqrt{\left(P_E\cdot r\cdot\sin\varphi\right)^{2/3}\cdot\left[4\pi\cdot h_z(t)\right]^{-2/3}-r^2} \tag{3.33}$$

$$S_\tau(t)=\frac{3P_E\cdot sn\cdot r\cdot\sin\varphi}{\pi\cdot\varepsilon(t)}\cdot\frac{m(t)}{\left[r^2+4m(t)^2\right]^{5/2}}=\sqrt{\frac{3P_E\cdot sn\cdot r\cdot\sin\varphi}{\pi\mu\cdot\varepsilon'(t)}\cdot\frac{r^2-16m(t)^2}{\left[r^2+4m(t)^2\right]^{7/2}}} \tag{3.34}$$

$$H_\tau(t)=m(t)-t/\left[\mu S_\tau(t)\right] \tag{3.35}$$

而若选用 $\varepsilon(t)$ 和 $\varepsilon'(t)$ 联合求解，则因为没有解析解，需用迭代法求解。也可由感应电动势的近似式求解“全期”视纵向电导。设 $H_\tau(t)\approx 0$，则

$$\varepsilon(t)=\frac{3P_E\cdot sn\cdot r\cdot\sin\varphi\cdot t}{\pi\mu S_\tau\cdot t^2}\cdot\left\{r^2+(2t)^2\cdot\left[\mu S_\tau(t)\right]^{-2}\right\}^{-5/2} \tag{3.36}$$

$$\frac{2t\rho_\varepsilon^{\mathrm{E}}(t)}{\mu r^5}=(2t)^2\left[\mu S_\tau(t)\right]^{-2}\cdot\left\{r^2+(2t)^2\cdot\left[\mu S_\tau(t)\right]^{-2}\right\}^{-5/2} \tag{3.37}$$

又设 $\left|2t/\left[\mu S_\tau(t)\right]\right|\ll r$，则 $S_\tau(t)=\sqrt{2t/\left[\mu\rho_\varepsilon^{\mathrm{E}}(t)\right]}$。式中：$\rho_\varepsilon^{\mathrm{E}}(t)$ 为基于感应电动势的“早期”视电阻率，故此时 $S_\tau(t)$ 可近似看成是早期视电阻率曲线的反像。

3.3.3 “全期”视电阻率基本性质及解法

感应电动势等同于磁场垂直分量一次时间导数，“全期”视电阻率已在第 2 章讨论。

1. $\rho_{h_z}^{\mathrm{A}}(t)$ 的基本性质及求解方法

1) 基本性质

考察垂直磁场归一化函数 $g(x)$，当 $x\to\infty$，$\mathrm{erf}(x)\to 1$，有 $g(x)\to 0$；当 $x\to 0$，

$\mathrm{erf}(x) \to 2\pi^{-0.5}x$，有 $g(x) \to 1$，故归一化函数的值是从零趋近于 1 的一支单调曲线。

对均匀半空间介质而言，“全期”视电阻率在全区间有唯一解(图 3.8)。正演理论及计算表明，对一维层状介质，恒有 $g(t) < 1$，故全期视电阻率 $\rho_{h_z}^{A}(t)$ 有唯一解。

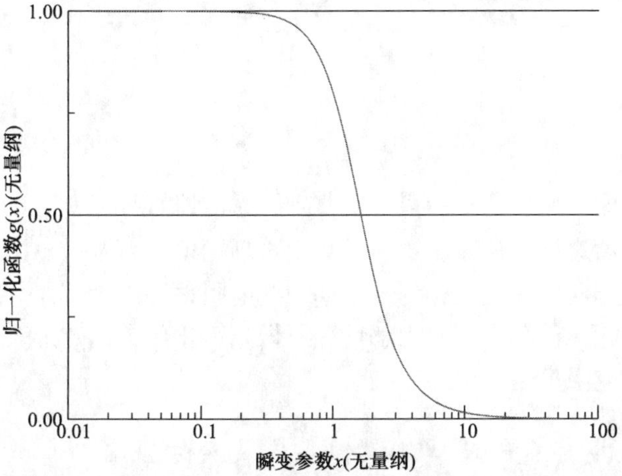

图 3.8　均匀半空间介质的垂直磁场归一化函数 $g(x)$ 特征曲线示意图

2) 求解方法

对任一时刻的归一化磁场观测值，若 $g(t) < 1$，则从 $\tilde{\rho}_{h_z}^{A}(t)$ 为某一很小的值(如 $0.01\ \Omega\cdot\mathrm{m}$)开始，按一个很小的数值 $\Delta\rho$ (如 $0.01\ \Omega\cdot\mathrm{m}$)递增，正演计算 $\tilde{g}(x)$ 理论值，直至拟合到 $\tilde{g}(x) = g(t)$，此时的 $\tilde{\rho}_{h_z}^{A}(t)$ 即为 $\rho_{h_z}^{A}(t)$，有唯一解，称为“正演搜索逼近法”。

2. $\rho_a^s(t)$ 的基本性质及求解方法

1) 基本性质

考察感应电动势一次时间导数归一化函数 $s(x)$ (图 3.9)，有对应极大值的两个恒定特征量 $s(x)_{\max} = 0.409\,916$ 和 $x_{s(x)=\max} = 1.224\,744\,87$。

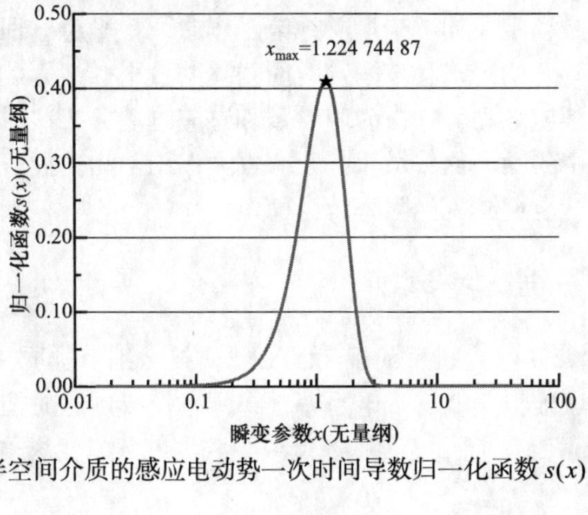

图 3.9　均匀半空间介质的感应电动势一次时间导数归一化函数 $s(x)$ 特征点示意图

对均匀半空间介质而言，“全期”视电阻率在感应电动势一次时间导数归一化函数的最大值点上有唯一解，而在其他点上总有且仅有两个解，其中必有一个“伪解”。正演理论及计算表明，对于一维介质，“全期”视电阻率 $\rho_a^s(t)$ 可能有下列三种情形：①当 $s(t) > s(x)_{\max}$，无解；②当 $s(t) = s(x)_{\max}$，有唯一解；③当 $s(t) < s(x)_{\max}$，有两个解(其中一个必是“伪解”)。

2) 求解方法

同样用“正演搜索逼近法”。对任一时刻的观测值 $s(t)$，从 $\tilde{\rho}_a^s(t) = \mu \cdot r^2 / (6t)$ 开始，向两边按很小的数值递增或递减，正演计算 $\tilde{s}(x)$ 理论值，直至 $\tilde{s}(x) = s(t)$，即得 $\rho_a^s(t)$，从而沿两个相反的方向搜索逼近得到“全期”视电阻率的两个解。利用极大值点和长、短延迟时的关系排除“伪解”。对无解情况要做归一化函数的“形态伸缩”处理，并引用“虚拟全期”视电阻率定义。

3. 关于“全期”视电阻率的其他性质及实际应用

以上仅列出了“全期”视电阻率的四种定义式，并分析了其基本的性质及求解方法。理论与计算分析表明，“全期”视电阻定义还具有几种特性。①多样性：“全期”视电阻率还可根据场值不同组合方式设计出多种定义。例如，根据感应电动势归一化函数 $T_{h_z'}(x)$ 和感应电动势时间一次导数归一化函数 $s(x)$ 可定义“全期”视电阻率 $\rho_a^{es}(t)$ 满足：

$$T_{h_z'}(x) = x^{-2}\left[\operatorname{erf}(x) - 2\pi^{-0.5} x \mathrm{e}^{-x^2} - 4\pi^{-0.5} s(x)/3\right], \quad x = r\sqrt{\mu / [4\rho_a^{es}(t)t]} \tag{3.38}$$

②非等同性：对于层状介质，由于不同的定义式在物理机理上是在不同性质场(感应电动势、垂直磁场、感应电动势导数性质有差别，即它们之间不具有逐个时间点一一对应的关系)的组合基础上用假想的均匀介质代替一维介质，所以由不同定义式计算出的“全期”视电阻率一般并不等同。③稳定性问题：在现有仪器技术水平上，感应电动势是可以直接观测的物理量。其他物理量如垂直磁场、感应电动势一次时间导数和感应电动势二次时间导数均为感应电动势的导出量。因为垂直磁场是由感应电动势积分而得，具有低通性能，所以基于垂直磁场定义的“全期”视电阻率曲线最平滑。但对实测资料来说，感应电动势并非从零时刻开始记录且按一定时间间隔离散采样，因此数值积分计算垂直磁场有累计系统误差。感应电动势一次时间导数和感应电动势二次时间导数，具有高通特性，它对感应电动势中的噪声比较敏感甚至有放大作用。相比而言，唯有基于直接观测的感应电动势定义的“全期”视电阻率较为稳定。

3.3.4　正演修正法一维反演步骤

应用 ASEM 正演修正法一维反演于 LOTEM 的技术细节类同于 3.2 节所述的 MT，只要将视电阻率换成“虚拟全期”视电阻率、将频率换成延迟时间即可。

(1) MT 一维博斯蒂克反演深度实质上反映趋肤深度，瞬变场也有趋肤深度，根据趋肤深度的对等原则，MT 的周期 T 和 LOTEM 的延迟时间 t 之间有简单关系 $T = t/\zeta$ 。根据均匀介质情况近似有系数 $\zeta = 0.194$，而对层状介质，通常根据经验在 0.15～0.25 选取。

设有 N 个时间点 $t_i (i=1,\cdots,N)$ 上的“虚拟全期”视电阻率 $\rho_{h'_z}^{\mathrm{A}}(t_i)_{\mathrm{P}} (i=1,\cdots,N)$，取第 i 层的厚度和电阻率初始值分别为

$$\begin{cases} H_i = \left(\sqrt{\rho_{h'_z}^{\mathrm{A}}(t_i)_{\mathrm{P}} \cdot t_i} - \sqrt{\rho_{h'_z}^{\mathrm{A}}(t_{i-1})_{\mathrm{P}} \cdot t_{i-1}}\right) / \sqrt{2\zeta\pi\mu_0} \\ \rho_i = \rho_{h'_z}^{\mathrm{A}}(t_i)_{\mathrm{P}} \cdot \left[1 + \dfrac{\lg\rho_{h'_z}^{\mathrm{A}}(t_i)_{\mathrm{P}} - \lg\rho_{h'_z}^{\mathrm{A}}(t_{i-1})_{\mathrm{P}}}{\lg t_i - \lg t_{i-1}}\right]\left[1 - \dfrac{\lg\rho_{h'_z}^{\mathrm{A}}(t_i)_{\mathrm{P}} - \lg\rho_{h'_z}^{\mathrm{A}}(t_{i-1})_{\mathrm{P}}}{\lg t_i - \lg t_{i-1}}\right]^{-1} \end{cases} \tag{3.39}$$

且 $H_1 = \sqrt{\rho_{h'_z}^{\mathrm{A}}(t_1)_{\mathrm{P}} \cdot t_1} / \sqrt{2\zeta\pi\mu_0}$ ，$\rho_1 = \rho_{h'_z}^{\mathrm{A}}(t_1)_{\mathrm{P}}$ ，$\rho_{N+1} = \rho_N$ ，$H_{N+1} = \infty$ 。这样将地下介质分成了 $N+1$ 个电性层，每个电性层(除最底层)与时间点一一对应。

(2) 对模型迭代修正。依赖正演计算的“虚拟全期”视电阻率理论拟合值与实测值的差别依次调整每一个电性层的厚度和电阻率，构成一个循环迭代过程。

3.3.5　理论模型算例分析

1. 模型 1：在全时间段 $\rho_{h'_z}^{\mathrm{A}}(t)$ 总有两个解

模型 1 为 4 层 HK 型地电模型，从上至下 4 层电阻率分别为 500 Ω·m 、100 Ω·m 、500 Ω·m 和 30 Ω·m ，前 3 层厚度分别为 500 m、300 m 和 500 m，收发距 r =1 000 m。因为在全时间段(0.000 01～10 s)感应电动势归一化函数 $T_{h'_z}(t) < 0.233\,87$ ，全期视电阻率(图 3.10)总有两个始终分开的解，不能对接成一条曲线，也即无从识别“真解”和“伪解”。这样，从全时间段上看，直观上无法获取地下电性介质层数信息。图 3.10 中同时绘有“早期”、“晚期”视电阻率曲线，以供对比。

2. 模型 2：在某一时间段 $\rho_{h'_z}^{\mathrm{A}}(t)$ 无解

模型 2 为 4 层 KH 型地电模型，从上至下 4 层电阻率分别为 100 Ω·m 、200 Ω·m 、20 Ω·m 和 200 Ω·m，前 3 层厚度分别为 500 m、2 000 m 和 2 500 m，收发距 r =2 000 m。因为在时间段 $10^{-2.6}$～$10^{-2.2}$ s 内(3 个时间点上)归一化函数 $T_{h'_z}(t) > 0.233\,87$ ，“全期”视电阻率无解。从全时间段上看，“全期”视电阻率出现有两个解和无解的情况。若不显示出无解的 3 个时间点[图 3.11 中 3 个无解点上所显示的是搜索迭代初始值 $\mu \cdot r \cdot r / (10.416\,666 t)$]，则“全期”视电阻率不连续，在无解的 3 个点上断开，直观上无法获取地下电性介质层数信息。

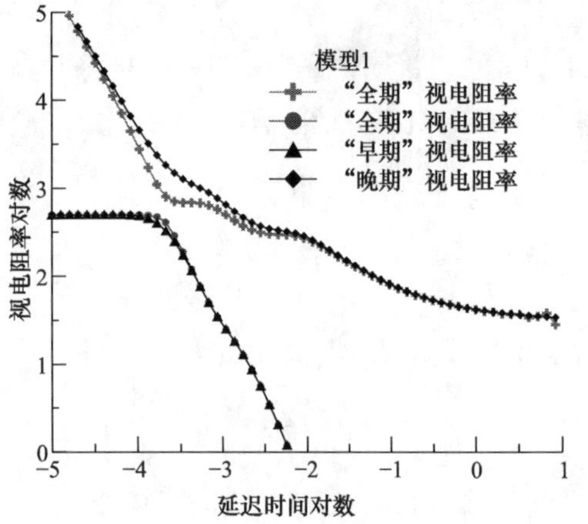

图 3.10　模型 1 的“全期”(总有两个解)和“早期”、“晚期”视电阻率曲线(双对数坐标)

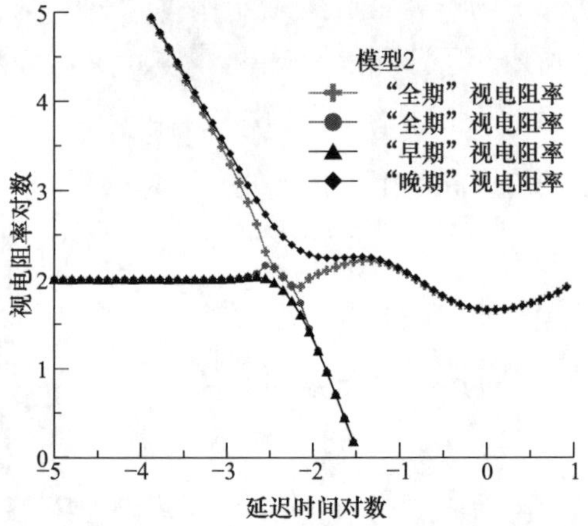

图 3.11　模型 2 的“全期”(2 条，中间 3 个点无解)和“早期”、“晚期”视电阻率曲线(双对数坐标)

3. 模型 1、2 的“虚拟全期”视电阻率 $\rho_{h_z'}^{\mathrm{A}}(t)_{\mathrm{P}}$

根据第 2 章所述计算方法，模型 1、2 的“虚拟全期”视电阻率曲线(图 3.12 和图 3.13)都是全时间段连续光滑的单条曲线，且均显示出明显 4 层电性结构。模型 1、2 的“虚拟全期”视电阻率比对应的晚期视电阻率的“晚期”尾支渐近值分别小 $\beta^{5/3}=0.89686$ 和 $\beta^{5/3}=1.275$ 倍。

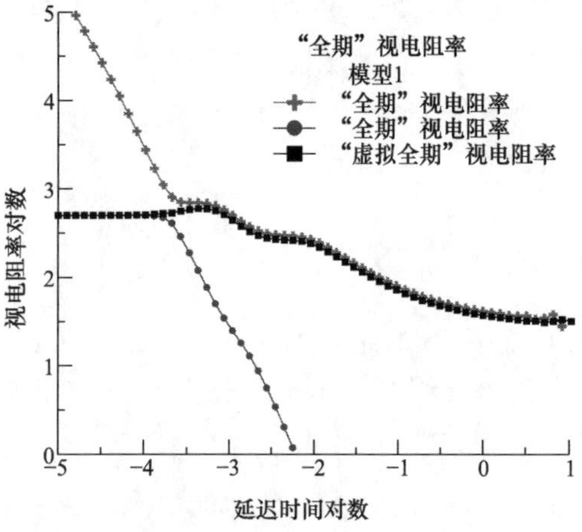

图 3.12　模型 1 的“全期”和“虚拟全期”视电阻率曲线(双对数坐标)

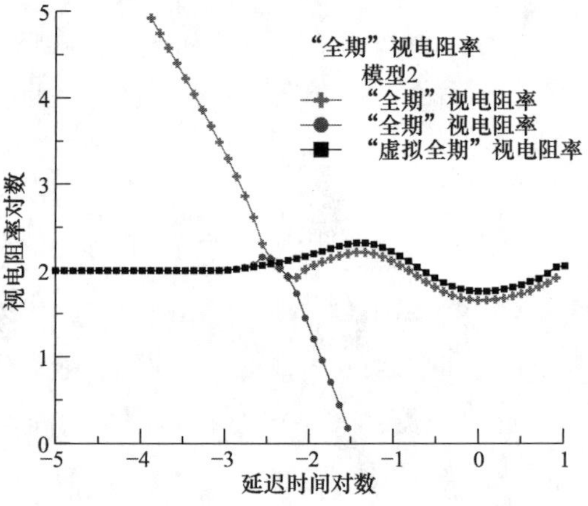

图 3.13　模型 2 的“全期”和“虚拟全期”视电阻率曲线(双对数坐标)

4. 模型 1 的一维反演

取 $\zeta=0.15$。类博斯蒂克反演法的初始模型(图 3.14)反映了理论模型的基本形态：第 1

层电阻率数值较准；在约 400 m 处由于干涉效应出现假高电阻层；最底层电阻率与真电阻率相差 $\beta^{-5/3}$ 倍。其他位置电阻率数值与其真值均有一定差异，且界面位置较模糊。精确反演时，将地下电性层划分为 $N+1=61$ 层，根据正演结果和实测“虚拟全期”视电阻率差异逐层修正电阻率和厚度并进行迭代循环。随着迭代次数增大，拟合总体均方根误差大体保持下降趋势，经过 $K=48$ 次迭代，由初始模型的 22%下降为 3.46%(图 3.15)。拟合误差由数值计算误差、短延迟时的干涉效应以及反演方法本身的局限性(尚不能无限精确拟合数据)所致。反演结果与理论模型对比显示：初始模型中的假高电阻层已不明显；各电性层层间界面较清晰；电阻率数值较接近真值；理论模型和最终反演模型的“虚拟全期”视电阻率已基本重合(图 3.16)。与理论模型仍存在着差别，一部分源于拟合误差，一部分源于等值性。

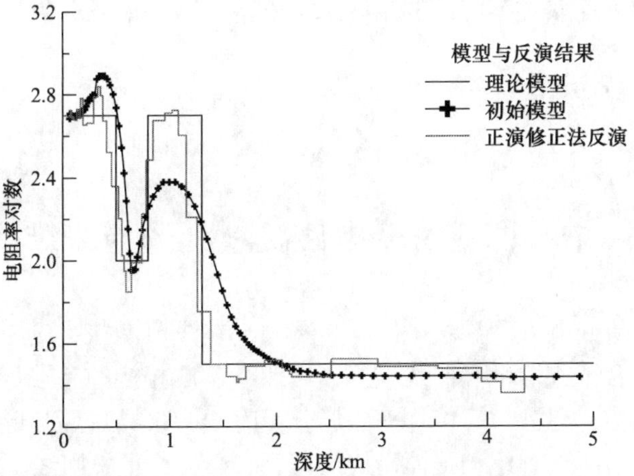

图 3.14　模型 1 的理论模型、初始模型和正演修正法反演结果对比图

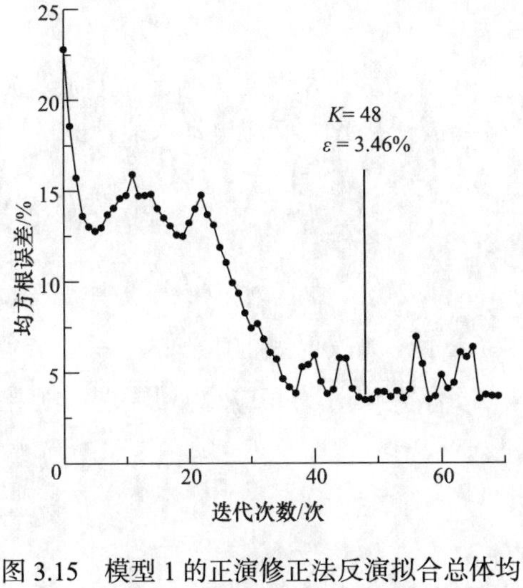

图 3.15　模型 1 的正演修正法反演拟合总体均方根误差随循环次数收敛曲线

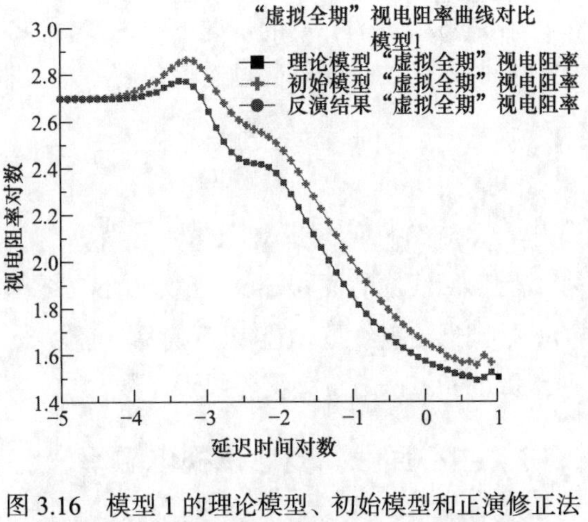

图 3.16　模型 1 的理论模型、初始模型和正演修正法反演结果经正演计算的“虚拟全期”视电阻率曲线对比图(双对数坐标)

对 ASEM 来说，偏导数矩阵求解比 MT 更为复杂，所以正演修正法反演的优越性表现更为明显。考虑到 ASEM 正演和“虚拟全期”视电阻率计算量相对 MT 要大，反演时间则更长。注意到，实际反演时并未强制要求依校正系数将“虚拟全期”视电阻率的长延迟时渐近值归于“晚期”视电阻率的渐近值。这是因为正演修正法一维反演更多的是借用视电阻率与电性层近于正对应的关系，而不对其数值的绝对值作苛刻要求。

本节以例证说明：在时间域，“虚拟全期”视电阻率对 ASEM 资料的定性解释和定量反演有实际意义，它构成了正演修正法一维反演的实施基础。“虚拟全期”视电阻率的类博斯蒂克反演结果可以作为正演修正法的合理和恰当的初始模型，而在精确的反演过程中又完全胜任了修正待求参数的载体角色。这个载体角色并非所有电磁响应均可胜任，例如，存在过零值点的某些水平电场、水平磁场分量场值本身的时间衰减曲线。

此例也说明：对时间域 ASEM 方法，在存在等值性的情况下，正演修正法一维反演获得拟合数据在“层数等于延迟时间数据点数”意义上的唯一“等效解”。

3.4 中心回线瞬变电磁资料处理与一维反演

中心回线方式瞬变电磁测深法(图 1.4 和图 1.5)在浅层勘探中应用广泛。发射源与接收磁偶极子中心重合。方形中心回线相当于用四个首尾相接的有限长的电偶极子供电的小收发距的 LOTEM，测量时间域垂直磁场分量时间一次导数。圆形中心回线则相当于无穷多个电偶极子沿线框首尾相接而形成的回路，亦可称重叠回线、共圈回线 TEM，又俗称小瞬变电磁测深法。因收发距小，主要利用“晚期”响应信息。

3.4.1 均匀半空间介质中场的表达式

在地下为均匀介质的情况下，视发射源为垂直磁偶极子，并设发射电流为上阶跃波形，接收点处的瞬变电磁场有简单解析解。垂直磁偶极子接收的感应电动势表达式为

$$\varepsilon(t)=\frac{3\cdot P_M\cdot sn\cdot\mu_0}{8\pi t r_E^2}\frac{1}{x^2}\left[\operatorname{erf}(x)-2\pi^{-0.5}x\left(1+2x^2/3\right)\mathrm{e}^{-x^2}\right]\tag{3.40}$$

式中：$P_M=I_0S_dN$ 为发射磁偶极子磁矩，$\mathrm{A\cdot m^2}$；$S_d=2\sqrt{\pi}L$ 为发射方形大线框等效面积或圆形回线框的面积，m^2；L 为方形大线框边长，m；N 为发射线框匝数；$r_E=L\cdot\pi^{-0.5}$ 为等效圆形发射线框半径(以下简称半径)，m；$x=r_E\sqrt{\mu/(4\rho t)}$ 为相应瞬变参数；s 为接收线圈面积，m^2；n 为接收线圈匝数。

3.4.2 中心回线瞬变电磁视电阻率

对于地下为一维层状各向同性介质的情况，中心回线方式瞬变电磁测深法的垂直磁场和感应电动势没有简单的解析解表达式，但其正演是可实现的，等同于收发距为发射线框半径 a 的 LOTEM。若视发射的方形大线框为无限个电偶极子(AB)沿线框首尾相接而

形成的回路，则经由 LOTEM 的沿发射线框回路环线积分而得到精确数值解。在近似为磁偶极子发射源的情况下，定义出下列三个常用的视电阻率概念。

1. “早期”、“晚期”视电阻率

根据$t \to 0$和$t \to \infty$时$\varepsilon(t)$的渐近值，分别定义出“早期”和“晚期”视电阻率：

$$\rho_{cc}^{\mathrm{E}}(t)=\frac{2\pi r_E^4}{3\cdot P_M\cdot sn}\cdot\varepsilon(t),\quad \rho_{cc}^{\mathrm{L}}(t)=\left[\frac{P_M\cdot sn\cdot r_E}{40\pi\sqrt{\pi}\cdot\varepsilon(t)}\right]^{2/3}\cdot\left(\frac{\mu_0}{t}\right)^{5/3} \tag{3.41}$$

2. “全期”视电阻率

设瞬变场参数$x=r_E\sqrt{\mu/[4\rho_{cc}^{\mathrm{A}}(t)t]}$，“全期”视电阻率$\rho_{cc}^{\mathrm{A}}(t)$定义隐含于等式(3.40)中，而

$$f(x)=\frac{8\pi t r_E^2}{3\cdot P_M\cdot sn\cdot\mu}\cdot\varepsilon(t)=\frac{1}{x^2}\left[\mathrm{erf}(x)-2\pi^{-0.5}x\left(1+2x^2/3\right)\mathrm{e}^{-x^2}\right] \tag{3.42}$$

为中心回线方式瞬变电磁测深法的感应电动势归一化函数，同 LOTEM 感应电动势的归一化函数形式上完全相同。因此，“全期”视电阻率基本性质的讨论及求解方法等同于 LOTEM，不再赘述。仅指出，对非均匀介质，亦需引入“虚拟全期”视电阻率$\rho_{cc}^{\mathrm{A}}(t)_{\mathrm{P}}$(苏朱刘和胡文宝，2002b)，方可获取类似于 MT 的一维连续视电阻率曲线。

3.4.3　正演修正法一维反演模型算例分析

下面就理论模型试验的正演修正法一维反演结果，作分析说明。取一个 6 层的地电模型，该模型从上至下各层电阻率分别为：100 Ω·m、20 Ω·m、200 Ω·m、30 Ω·m、1 000 Ω·m 和 20 Ω·m；前 5 层厚度分别为 40 m、20 m、100 m、50 m 和 500 m。

1. 在全时间段$\rho_{cc}^{\mathrm{A}}(t)$总有两个解

取半径r_E=120 m。全时间段(0.000 001～1 s)的感应电动势归一化函数值均有$f(t)<0.233\,87$，全期视电阻率总有两个分开的解(图 3.17，图中同时绘有早、晚期视电阻率曲线，以供对比)，不能对接成一条曲线。直观上无法获取地下电性介质层数信息。注意到，因为中心回线方式的瞬变场衰减太快，即便在双精度计算的情况下，长延迟时的几个时间点上仍有计算误差。

2. 在某一时间段$\rho_{cc}^{\mathrm{A}}(t)$无解

取线框半径r_E=350 m。在$10^{-3.6}$ s 延迟时附近两个点上“全期”视电阻率无解，因为这两个时间点上感应电动势归一化函数的值超过了 0.233 87 (图 3.18)。从全时间段上看，“全期”视电阻率出现有两个解和无解的情况。若不显示出无解的两个点，无解的两个点上标出的是搜索迭代初始值$\mu\cdot r_E\cdot r_E/(10.416\,666t)$，则“全期”视电阻率不连

续，在无解的两个点上断开。

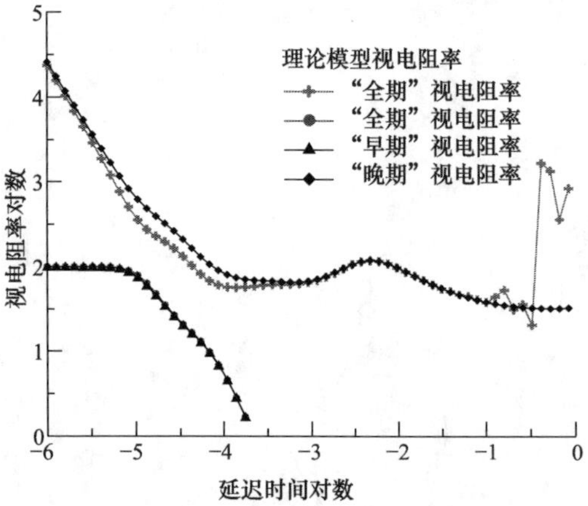

图 3.17　在半径 $r_E = 120$ m 时的“全期”(总有两个解)和“早期”、“晚期”视电阻率曲线(双对数坐标)

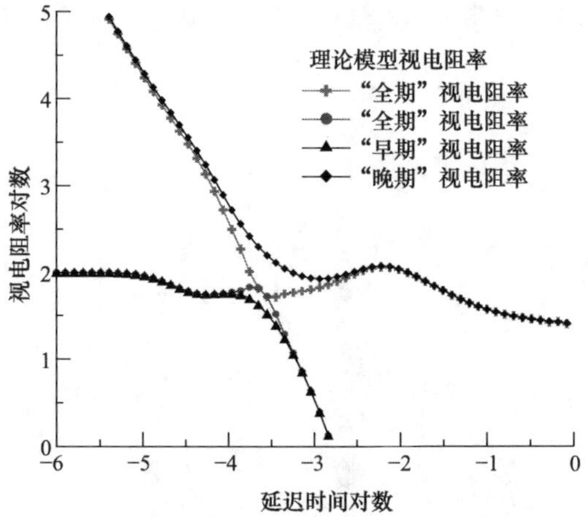

图 3.18　在半径 $r_E = 350$ m 时的“全期”(中间两个点无解)和“早期”、“晚期”视电阻率曲线(双对数坐标)

3. “虚拟全期”视电阻率 $\rho_{cc}^{\mathrm{A}}(t)_{\mathrm{P}}$

第 1、2 种情况下，“虚拟全期”视电阻率的尾支渐近值比晚期视电阻率的尾支渐近值分别大 $\beta^{5/3} = 0.633$ 和 $\beta^{5/3} = 1.07$ 倍(图 3.19 和图 3.20)。虽然如此，“虚拟全期”视电阻率为全时间段连续光滑的单条曲线，且在两种情况下均显示出明显的地下 6 层电性结构。

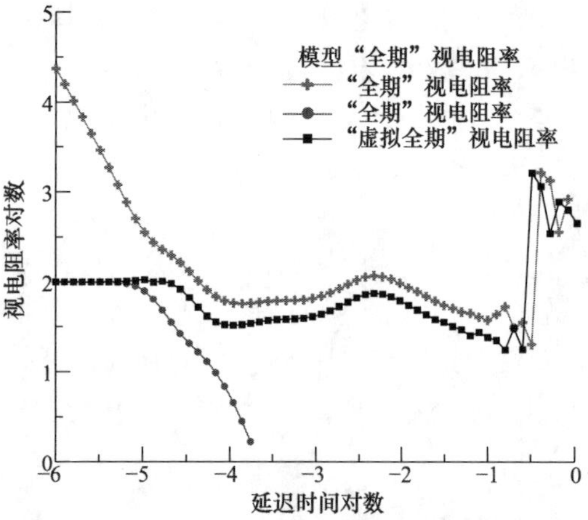

图 3.19　在半径 $r_E = 120$ m 时的“全期”(2 条)和“虚拟全期”视电阻率曲线(双对数坐标)

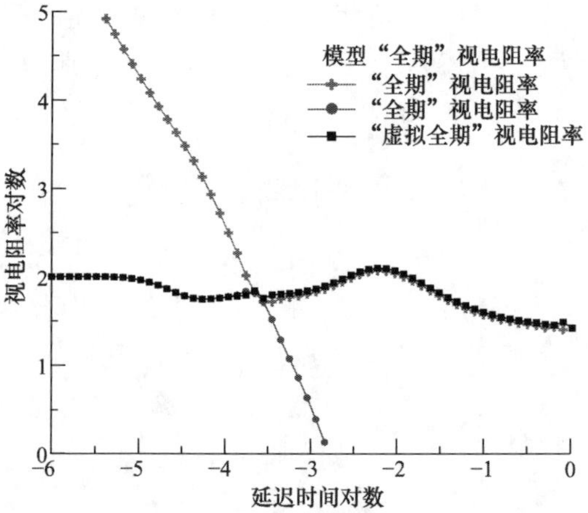

图 3.20　在半径 $r_E = 350$ m 时“全期”(2 条)和“虚拟全期”视电阻率曲线(双对数坐标)

4. 正演修正法一维反演

反演例子中的 r_E=250 m，近似取 $\zeta = 0.15$。选 50 个时间点的数据，以类博斯蒂克反演结果作为初始模型，将地下电性层划分为 $N+1=51$ 层。逐层修正电阻率和厚度并循环进行反演，正演修正法较好地恢复了理论模型的形态，各电性界面较清晰且位置准确(图 3.21)。随着循环次数增大，数据拟合总体均方根误差保持整体下降趋势，经过 $K=60$ 次迭代，下降到 2%左右，之后保持较平稳态势不再下降(图 3.22)。理论模型和最终反演结果的“虚拟全期”视电阻率已基本重合(图 3.23)。

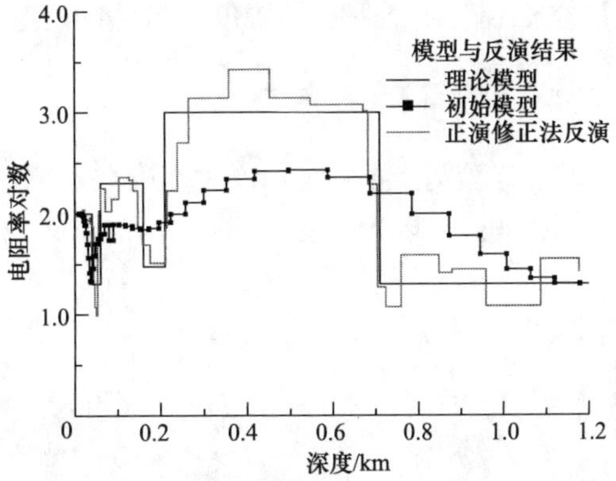

图 3.21　理论模型、初始模型和正演修正法反演结果对比图

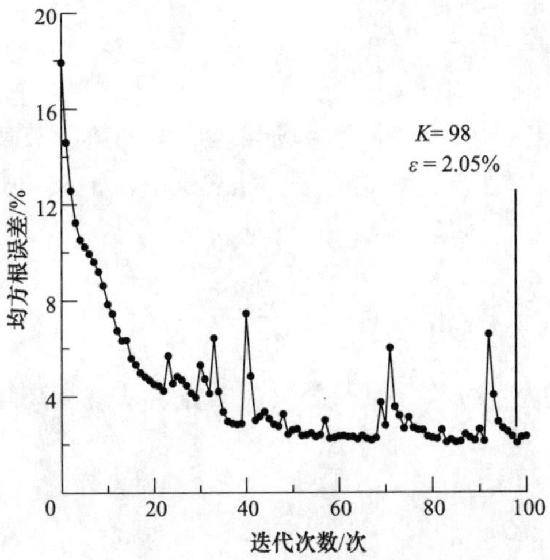

图 3.22　正演修正法反演拟合总体均方根误差随循环次数收敛曲线

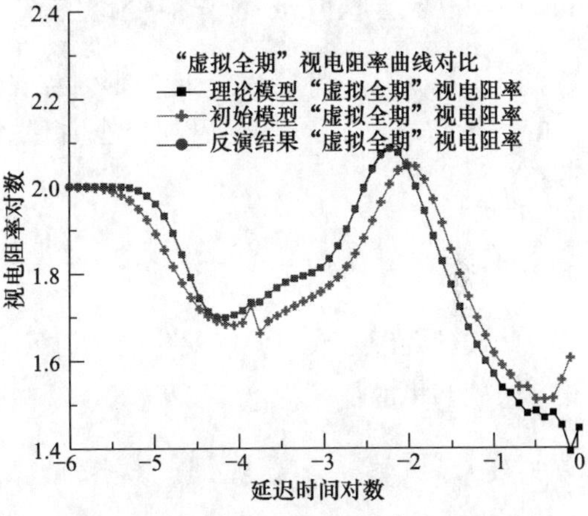

图 3.23　理论模型、初始模型和反演结果经正演计算的“虚拟全期”视电阻率曲线对比图

此例也再次说明：对时间域 ASEM，在存在等值性的情况下，正演修正法一维反演获得拟合数据的在“层数等于延迟时间数据点数”意义上的唯一“等效解”。

3.5　S-s 方式瞬变电磁资料处理与一维反演

S-s 方式瞬变电磁测深法(图 1.5，亦称共面分离回线)在浅层勘探中亦获得广泛应用。

野外勘探采用大回线(用大 S 表示)发射、在收发距为 r 的接收点上用小回线(用小 s 表示)接收感应电动势的工作方式。收发距 r (发射磁偶极子中心点到接收磁偶极子中心点的距离)通常远大于回线半径，因而源和接收均可视为垂直磁偶极子。通常关注的是“晚期”响应信息。

此节试图通过对 S-s 方式 TEM 资料处理和一维反演方法的描述来表明有关电偶极子源方法的思路和技术可以类推到解决磁偶极子源勘探方法的问题。

3.5.1 均匀半空间介质感应电动势表达式

设地下为均匀介质，发射电流为上阶跃电流，垂直磁场和感应电动势有简单解析解，某些解析解既可从电偶极子源的环线积分(更符合实际)也可从磁偶极子源(理想状态)推导得到。

垂直磁场 $h_z(t)$ 和实际接收的感应电动势 $\varepsilon(t)$ (垂直磁场一次时间导数)的表达式分别为

$$h_z(t)=-P_M\cdot(4\pi)^{-1}r^{-3}\left[1-\left(1-4.5x^{-2}\right)\mathrm{erf}(x)-\pi^{-0.5}\left(9x^{-1}+4x\right)\mathrm{e}^{-x^2}\right] \tag{3.43}$$

$$\varepsilon(t)=9P_M\cdot sn\cdot\rho\cdot(2\pi)^{-1}r^{-5}\left[\mathrm{erf}(x)-2\pi^{-0.5}x\left(1+2x^2/3+4x^4/9\right)\mathrm{e}^{-x^2}\right] \tag{3.44}$$

式中：$P_M=I_0S_dN$ 为发射磁偶极子磁矩，$\mathrm{A}\cdot\mathrm{m}^2$；$S_d$ 为发射线框面积，m^2。

3.5.2 一维层状介质下资料处理方法

对于地下为一维层状介质(假定为各向同性)的情况，垂直磁场和感应电动势没有简单的解析解表达式。在此仅列出垂直磁场频率域响应积分公式(Kaufman and Keller, 1983)：

$$H_z(\omega)=\frac{P_M}{2\pi}\cdot\int_0^{\infty}\frac{1}{r}\cdot\left(\frac{\lambda^3}{\lambda+u_1/R_1}-\frac{\lambda^2}{2}\right)\cdot J_0(\lambda r)\mathrm{d}(\lambda r)-\frac{P_M}{4\pi\cdot r^3} \tag{3.45}$$

此式已经经过改写，以便直接采用第 1 章描述的“虚拟积分核法”先后实现频率域和时间域的正演计算。

1. “早期”、“晚期”视电阻率

根据 $\varepsilon(t)$ (有时为负值)“早期”、“晚期”的渐近特征，“早期”和“晚期”视电阻率定义分别为

$$\rho_{\text{S-s}}^{\mathrm{E}}(t)=\frac{2\pi r^5}{9P_M\cdot sn}\cdot|\varepsilon(t)|,\quad \rho_{\text{S-s}}^{\mathrm{L}}(t)=\left(\frac{P_M\cdot sn}{20\pi\sqrt{\pi}}\right)^{2/3}\cdot\left(\frac{\mu}{t}\right)^{5/3}|\varepsilon(t)|^{-2/3} \tag{3.46}$$

2. “全期”视电阻率

“全期”视电阻率根据不同的函数有几种定义，如基于感应电动势、垂直磁场、感应电动势的时间导数等。

1) 基于 $h_z(t)$ 定义的“全期”视电阻率 $\rho_{\text{S-s-}h_z}^{\text{A}}(t)$

设瞬变场参数相应为 $x=r\sqrt{\mu/[4\rho_{\text{S-s-}h_z}^{\text{A}}(t)\cdot t]}$，则“全期”视电阻率隐含在式(3.43)中，伴随的 S-s 方式 TEM 的垂直磁场归一化函数计算和理论表达式为

$$g(x)=4\pi r^3/P_M\cdot h_z(t)=1-\left(1-4.5x^{-2}\right)\text{erf}\left(x\right)-\pi^{-0.5}\left(9x^{-1}+4x\right)\text{e}^{-x^2} \tag{3.47}$$

2) 基于 $\varepsilon(t)$ 定义的“全期”视电阻率 $\rho_{\text{S-s-}\varepsilon}^{\text{A}}(t)$

设瞬变场参数相应为 $x=r\sqrt{\mu/[4\rho_{\text{S-s-}\varepsilon}^{\text{A}}(t)t]}$，则“全期”视电阻率隐含在式(3.44)中，而 S-s 方式 TEM 的感应电动势归一化函数为

$$f(x)=\frac{8\pi tr^3\cdot\varepsilon(t)}{9P_M\cdot sn\cdot\mu_0}=x^{-2}\left[\text{erf}\left(x\right)-2\pi^{-0.5}x\left(1+2x^2/3+4x^4/9\right)\text{e}^{-x^2}\right] \tag{3.48}$$

3. “全期”视纵向电导 $S_\tau(t)$

“全期”视纵向电导是根据薄板近似理论引入的一种近似解释参数，有

$$\varepsilon(t)=P_M\cdot sn\left[4\pi S_\tau(t)\right]^{-1}\cdot m(t)\cdot\left[-36r^2+96m(t)^2\right]\cdot\left[r^2+4m(t)^2\right]^{-7/2} \tag{3.49}$$

$$h_z(t)=-P_M\left(4\pi\right)^{-1}\cdot\left[r^2-8m(t)^2\right]\cdot\left[r^2+4m(t)^2\right]^{-5/2} \tag{3.50}$$

$$\varepsilon'(t)=\frac{\text{d}\varepsilon(t)}{\text{d}t}=-\frac{P_M\cdot sn}{4\pi\mu S_\tau(t)^2}\cdot 4\left[9r^4-293m(t)^2r^2+384m(t)^4\right]\cdot\left[r^2+4m(t)^2\right]^{-9/2} \tag{3.51}$$

式中：$m(t)=H_\tau(t)+t/\left[\mu S_\tau(t)\right]$，$H_\tau(t)$ 为等效的薄板之埋深。由垂直磁场 $h_z(t)$ 采用迭代法可得到 $m(t)^2$，再由 $\varepsilon(t)$ 或 $\varepsilon'(t)$ 解出 $S_\tau(t)$。

3.5.3　“全期”视电阻率基本性质和解法

1. $\rho_{\text{S-s-}\varepsilon}^{\text{A}}(t)$ 的基本性质及求解方法

1) 基本性质

由感应电动势理论归一化函数 $f(x)$ 可以获取 6 个恒定特征量：对应 $x_1=2.248\,994$ 时的极大值 $f(x_1)_{\max}=0.147\,196\,2$；对应 $x_2=0.868\,535$ 时的极小值 $f(x_2)_{\min}=-0.037\,96$；对应 $x_3=1.255\,208$ 时 $f(x_3)=0$。

对均匀半空间介质而言，“全期”视电阻率在感应电动势归一化函数的极大值点、极小值点和零值点上有唯一解，而在其他点上总有且仅有两个解(图 3.24)。正演理论及计算表明，对一维层状介质，“全期”视电阻率可能有下列三种情形出现：①当 $f(t)=0$, $f(x_1)_{\max}, f(x_2)_{\min}$ 时，有唯一解；②当 $f(x_1)_{\max}>f(t)>f(x_2)_{\min}$ 时，有两个解，其中必有一个为“伪解”；③当 $f(t)>f(x_1)_{\max}$ 或 $f(t)<f(x_2)_{\min}$ 时，无解。

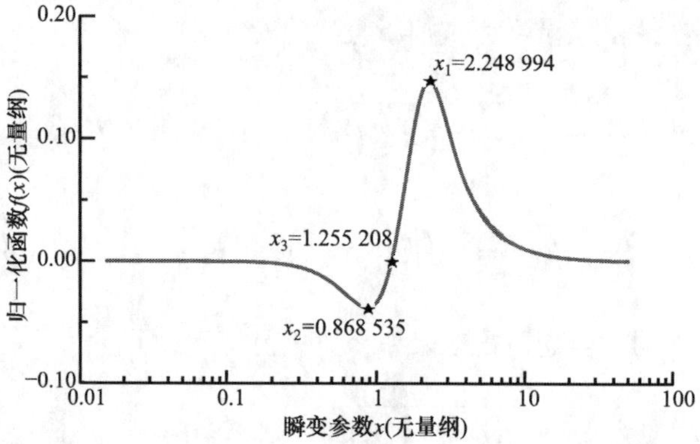

图 3.24　均匀半空间介质感应电动势归一化函数 $f(x)$ 特征点示意图

2) 求解方法

采用“正演搜索逼近法”。对任一时刻的观测值 $f(t)$：①若 $f(x_1)_{\max} > f(t) > 0$，则从搜索迭代初始值 $\tilde{\rho}^{\mathrm{A}}_{\text{S-s-}\varepsilon} = qt(t, x_1)$ 开始，向两边按一个很小的数值递增或递减，正演计算理论值 $\tilde{f}(x)$，直至 $\tilde{f}(x) = f(t)$，从而沿两个相反的方向(递增和递减)搜索逼近得到 $\rho^{\mathrm{A}}_{\text{S-s-}\varepsilon}(t)$ 的两个解，依据长、短延迟时和极值点相对关系可以排除“伪解”；②若 $0 > f(t) > f(x_2)_{\min}$，则从初始值 $\tilde{\rho}^{\mathrm{A}}_{\text{S-s-}\varepsilon} = qt(t, x_2)$ 开始，同样得到 $\rho^{\mathrm{A}}_{\text{S-s-}\varepsilon}(t)$ 的两个解和识别出“真解”；③若 $f(t) > f(x_1)_{\max}$ 或 $f(t) < f(x_2)_{\min}$，无解，不用计算；④若 $f(t) = f(x_1)_{\max}, f(x_2)_{\min}, f(x_3)$，有唯一解析解 $\rho^{\mathrm{A}}_{\text{S-s-}\varepsilon}(t) = qt(t, x_i), i = 1,2,3$。

2. $\rho^{\mathrm{A}}_{\text{S-s-}h_z}(t)$ 的基本性质及求解方法

1) 基本性质

由分析可知，垂直磁场归一化函数 $g(x)$ (图 3.25)：在 $x_3 = 1.255\,208$ 时，取得最大值 $g(x_3)_{\max} = 1.292\,292$；在 $x_4 = 1.992\,311$ 时，$g(x_4) = 1$。

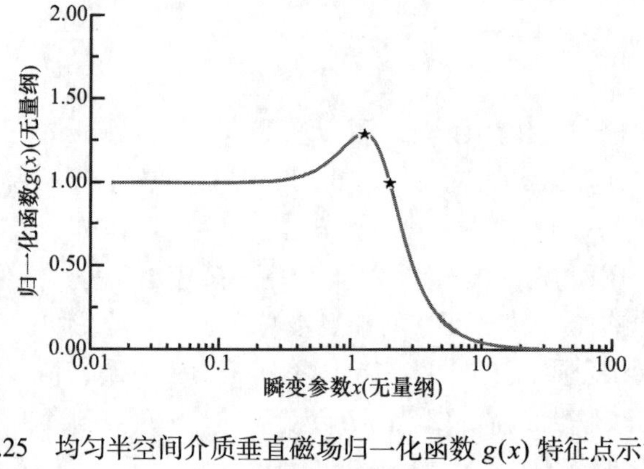

图 3.25　均匀半空间介质垂直磁场归一化函数 $g(x)$ 特征点示意图

对均匀半空间介质而言，“全期”视电阻率在垂直磁场归一化函数小于 1 的区间以及最大值点上有唯一解，而在最大值点与 1 之间的区域总有且仅有两个解。正演理论及计算表明，对一维层状介质，“全期”视电阻率可能有下列三种情形出现：①当 $g(t) \leqslant 1$ 或 $g(t) = g(x_3)_{\max}$ 时，有唯一解；②当 $g(x_3)_{\max} > g(t) > 1$ 时，有两个解；③当 $g(t) > g(x_3)_{\max}$ 时，无解。

2) 求解方法

用“正演搜索逼近法”。对任一时刻磁场归一化观测值 $g(t)$：①若 $g(t)<1$，则从初始值 $\tilde{\rho}^{\mathrm{A}}_{\text{S-s-}h} = qt(t,x_4)$ 开始递减搜索，得唯一解；②若 $g(x_3)_{\max} > g(t) > 1$，则从 $\tilde{\rho}^{\mathrm{A}}_{\text{S-s-}h} = qt(t,x_3)$ 开始，沿两个相反的方向(递增和递减)搜索逼近得到两个解并排除一个“伪解”；③若 $g(t) > g(x_3)_{\max}$ 时，无解，不用计算；④若 $g(t)=1$，则 $\rho^{\mathrm{A}}_{\text{S-s-}h}(t) = qt(t,x_4)$。

“全期”视电阻率的定义还可根据其他场值形式以及场值不同组合方式设计出多种。基于直接观测的感应电动势定义的“全期”视电阻率较为精确和稳定，仅对其做进一步的分析研究。

3.5.4 基于感应电动势的“虚拟全期”视电阻率

如 3.5.3 小节所述，“全期”视电阻率将视实测感应电动势归一化函数 $f(t)$ 和 $f(x_1)_{\max}$、$f(x_2)_{\min}$ 的大小关系，可能无解即解不存在、有唯一解或总是有两个解即解非唯一且其中必有一个为“伪解”。下面引入“虚拟全期”视电阻率和“虚拟收发距”的概念解决无解和多解问题。

由实测感应电动势归一化函数 $f(t)$ 的最大值 $f(t)_{\max}$ 和最小值 $f(t)_{\min}$，引入两个校正系数 α_1 和 α_2，将感应电动势归一化函数换算为“虚拟”的归一化函数：

$$\alpha_1 = f(t)_{\max} / 0.1471962, \quad \alpha_2 = -f(t)_{\min} / 0.03796 \tag{3.52}$$

$$f^{\mathrm{P}}(t) = \begin{cases} f(t)/\alpha_1, & f(t)>0 \\ f(t)/\alpha_2, & f(t)<0 \end{cases} \tag{3.53}$$

这样“虚拟”的归一化函数将与理论归一化函数具有相同的极值特征。相应地，可以引入“虚拟”收发距 r_{P}：

$$r_{\mathrm{P}} = \begin{cases} r\sqrt{\alpha_1}, & f(t)>0 \\ r\sqrt{\alpha_2}, & f(t)<0 \end{cases} \tag{3.54}$$

最后，基于 $f^{\mathrm{P}}(t)$ 定义“虚拟全期”视电阻率 $\rho^{\mathrm{A}}_{\text{S-s-}\varepsilon}(t)_{\mathrm{P}}$，它以 $x_{\mathrm{P}} = r_{\mathrm{P}}\sqrt{\mu/[4\rho^{\mathrm{A}}_{\text{S-s-}\varepsilon}(t)_{\mathrm{P}} \cdot t]}$ 的形式隐含在：

$$f^{\mathrm{P}}(t) = \frac{1}{x_{\mathrm{P}}^2}\left[\operatorname{erf}(x_{\mathrm{P}}) - \frac{2}{\sqrt{\pi}}x_{\mathrm{P}}\left(1+\frac{2x_{\mathrm{P}}^2}{3}+\frac{4x_{\mathrm{P}}^4}{9}\right)\mathrm{e}^{-x_{\mathrm{P}}^2}\right] \tag{3.55}$$

分析表明，以上定义的“虚拟全期”视电阻率具有下列性质。①在全时间段都有解。在最大值点、最小值点以及零值点有唯一解，在其他点总有两个解。最大值点早期延迟时间段一侧的“真解”为下支，因为下支的早期渐近值重合于早期视电阻率的早期渐近值(上支为“伪解”)；最小值点晚期延迟时间段一侧的“真解”为上支，因为上支最接近晚期视电阻率(下支为“伪解”)。最大值点至零值点之间的“真解”为上支，零值点至最小值点之间的“真解”为下支。在全时间段将“真解”连起来即为一条连续光滑的曲线，且是唯一存在的，完全类似于 MT 一维视电阻率曲线，与地下各电性层有良好的对应关系。可用于构造初始模型和正演修正法一维反演。②在“早期(远区)”，与“早期”视电阻率重合；在“晚期(近区)”，则与“晚期”视电阻率相差 $\alpha_2^{5/3}$ 倍，即有 $\rho_{\text{S-s-}\varepsilon}^{\text{A}}(t\to\infty)_{\text{P}}=\ \alpha_2^{5/3}\cdot\rho_{\text{S-s}}^{\text{L}}(t\to\infty)$。

3.5.5　正演修正法一维反演模型算例分析

获得“虚拟全期”视电阻率后，S-s 方式 TEM 同 MT、LOTEM 和中心回线 TEM 的反演就完全类似了：用近似一维类博斯蒂克反演法构造初始模型，用正演修正法作精确反演。

1. 模型 1

模型 1 为 3 层 K 型地电模型，第 1、2、3 层电阻率分别为 10 Ω·m、1 000 Ω·m 和 5 Ω·m，第 1、2 层厚度均为 1 000 m，收发距 r =5 000 m。

约 0.355 s(图 3.26 中纵向竖线位置)为感应电动势归一化函数 $f(t)$ 零值点。0.355 s 以前，归一化函数为正值，“全期”视电阻率在图中箭头所示的 4 个时间点上无解，因层状介质实测归一化函数值大于均匀介质归一化函数的最大值，图中绘出的仅是迭代初始值 $\tilde{\rho}_{\text{S-s-}\varepsilon}^{\text{A}}=qt(t,x_1)$；0.355 s 以后的时间段里，归一化函数为负值，且恒大于 $f(x_2)_{\min}$，故“全期”视电阻率总有两个始终分开的解，不能对结成一条连续的曲线。总之，在全时间段上，“全期”视电阻率出现有两个分开的解或无解的情况，同时也不连续，无法获取地下电性介质层数信息。

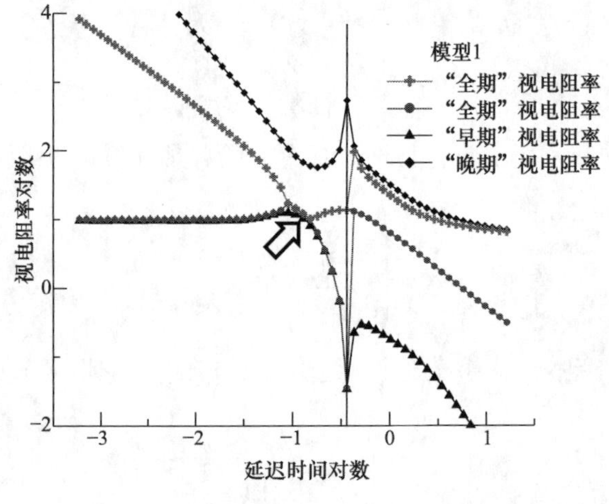

图 3.26　模型 1“全期”(2 条)与“早期”、“晚期”视电阻率曲线

2. 模型 2

模型 2 为 5 层地电模型，模型第 1～5 层电阻率分别为 10 Ω·m、100 Ω·m、10 Ω·m、2 000 Ω·m 和 10 Ω·m；第 1～4 层厚度分别为 300 m、1 000 m、800 m 和 2 000 m。收发距 r =2 000 m。

0.04 s(图 3.27 中纵向竖线位置)为感应电动势归一化函数 $f(t)$ 零值点。0.04 s 以前，$f(t)$ 为正值，“全期”视电阻率在图中左边箭头所示的 5 个时间点上无解，因实测归一化函数值大于均匀介质归一化函数的最大值，图中仅绘出初始值 $\tilde{\rho}_{\text{S-s-}\varepsilon}^{\text{A}} = qt(t, x_1)$。0.04 s 以后，$f(t)$ 为负值，“全期”视电阻率在图中右边箭头所示的 4 个时间点上无解，因实测归一化函数值小于均匀介质归一化函数的最小值，图中绘出的仅是迭代初始值 $\tilde{\rho}_{\text{S-s-}\varepsilon}^{\text{A}} = qt(t, x_2)$。总之，“全期”视电阻率在全时间段里无解或有两个解，不能连成一条自然过渡的光滑曲线，不能分辨“真解”和“伪解”，无法获取地下电性介质层数信息。

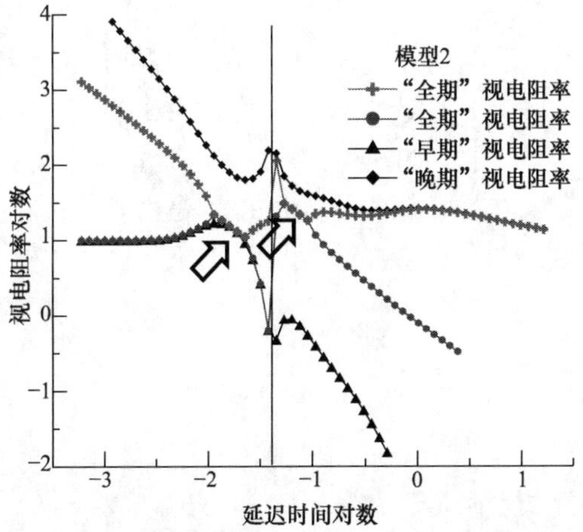

图 3.27　模型 2 的全期(2 条)与“早期”、“晚期”视电阻率曲线

3. 模型 1、2 的“虚拟全期”视电阻率 $\rho_{\text{S-s-}\varepsilon}^{\text{A}}(t)_{\text{P}}$

运用“正演搜索逼近法”，计算模型 1 和模型 2 的“虚拟全期”视电阻率曲线如图 3.28 和图 3.29 所示。因为晚期的“虚拟收发距”(约 4 002 m)比实际的收发距(5 000 m)小，故模型 1 的“虚拟全期”视电阻率比“晚期”视电阻率的晚期尾支渐近值小 $\alpha_2^{-5/3} = 2.1$

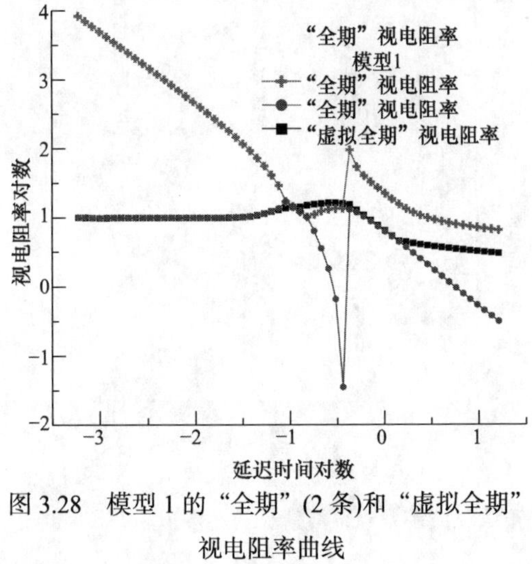

图 3.28　模型 1 的“全期”(2 条)和“虚拟全期”视电阻率曲线

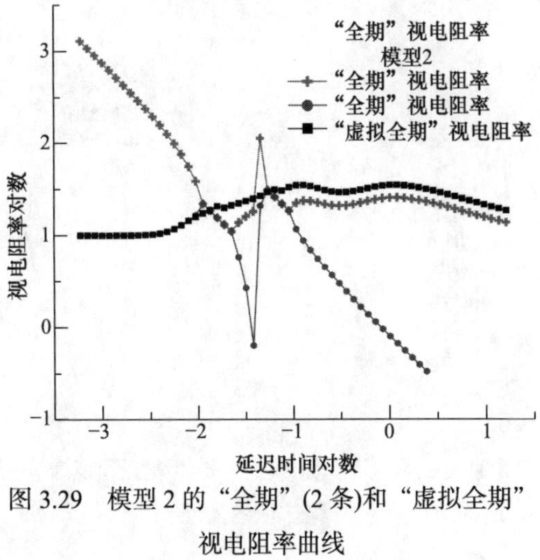

图 3.29　模型 2 的“全期”(2 条)和“虚拟全期”视电阻率曲线

倍。虽则如此，“虚拟全期”视电阻率为全时间段连续函数，且显示出明显的 3 层电性结构。因为晚期的“虚拟收发距”(约 2 195 m)比实际的收发距(2 000 m)要大，所以模型 2 的“虚拟全期”视电阻率比“晚期”视电阻率的晚期尾支渐近值大 $\alpha_2^{5/3}=1.364$ 倍。尽管如此，“虚拟全期”视电阻率曲线在全时间段呈现为连续光滑的单条曲线，且显示出明显的 5 层电性结构。在这个例子中，因为 2 s 的延迟时还不够长，事实上还没有完全地看到“晚期”视电阻率的尾支渐近值。

4. 模型 2 的一维反演

取 $\zeta=0.25$。将地下电性层划分为 $N+1=61$ 层，根据正演结果逐层修正电阻率和厚度并循环进行，经过 K=34 次迭代，拟合总体均方根误差 $\varepsilon_{\rm rms}$ 由 30.58%下降为 4.23%，之后保持平稳态势不再下降(图 3.30)。从反演结果与理论模型对比(图 3.31)可见，模型的各电性界面得到清晰反映，电阻率以及微层的差别是由等值性和拟合差两方面原因造成的。理论模型和最终反演结果的“虚拟全期”视电阻率已基本重合(图 3.32)。

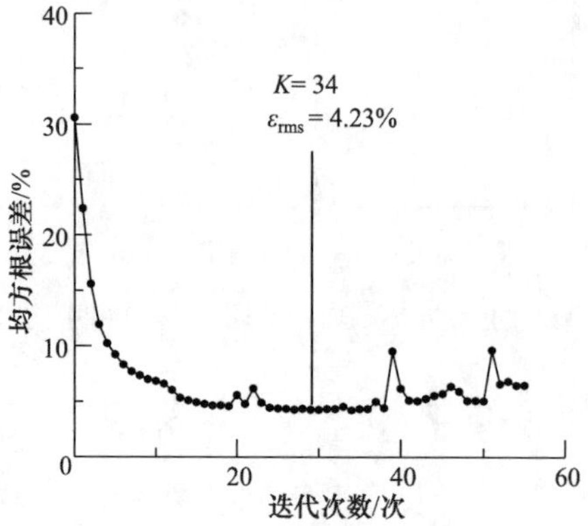

图 3.30　模型 2 的正演修正法反演拟合总体均方根误差随循环次数收敛曲线

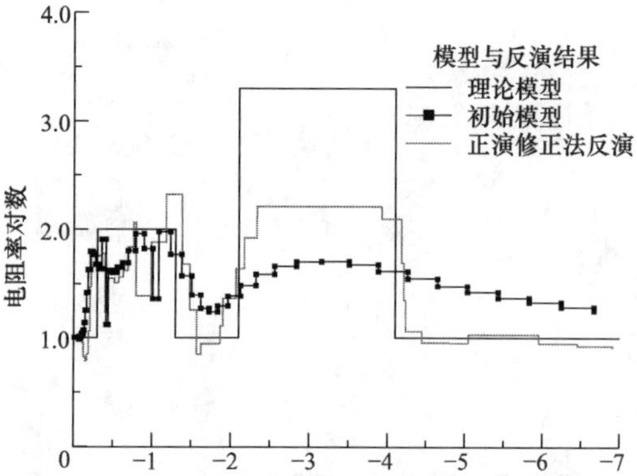

图 3.31　模型 2 的理论模型、初始模型和正演修正法反演结果对比图

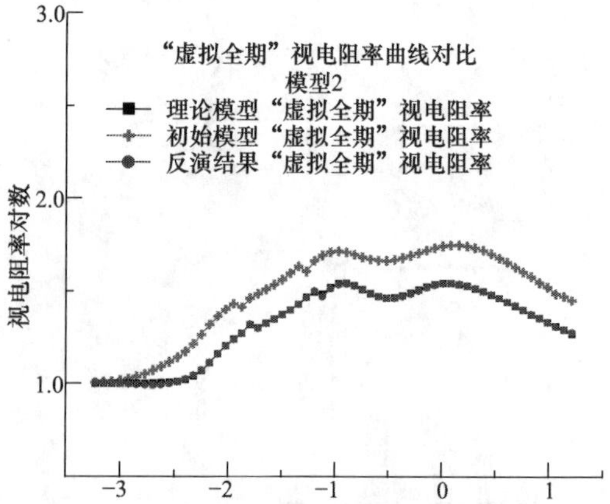

图 3.32　模型 2 的理论模型、初始模型和正演修正法反演结果经正演计算的“虚拟全期”视电阻率曲线对比图

此例亦说明：对 ASEM 时间域磁偶极子源激发的方法，在存在等值性的情况下，正演修正法一维反演获得拟合数据在“层数等于延迟时间数据点数”意义上的唯一“等效解”。

3.6　阵列式电阻率和极化率测深法一维反演

在直流垂向电测深和激发极化方法的基础上，构建一种组合电勘探方法——阵列式电阻率和极化率测深法(array resistivity and induced-polarization sounding, ARIPS)(苏朱刘 等，2005a)。对同一野外直流垂向电测深装置，既测直流效应(direct current, DC)同时也观测激发极化效应(induced-polarization, IP)。测深点沿一条测线呈密集阵列式分布(供电——测量电极距间隔较小)。对单一测深点的观测结果进行一维层状介质反演，可得到电性介质层界面的深度、每个电性层的电阻率和极化率参数。

常用的时间域激发极化法，如中间梯度法、单极梯度法和联合剖面法等，没有明显的测深功能，偶极-偶极法虽有测深功能，但理论计算公式复杂。结合直流垂向电测深法和激发极化法既达到观测激发极化效应，又能通过反演得到地下地层电阻率和极化率深度剖面的目的。对 ARIPS 的资料也可采用正演修正法作一维层状介质反演。

3.6.1　数据观测方式

ARIPS 在一条测线的所有测深点(测量偶极 MN 中点)上同时作直流电测深和激发极化测量。这要求仪器同时兼备有直流垂向测深和时间域激发极化测量功能。具体而言，观测量为总场 $\Delta U(r)$ (测量偶极 MN 总电位差)和二次场 ΔU^2 (测量偶极 MN 二次场电位差)，而一次场为 $\Delta U^1(r)=\Delta U(r)-\Delta U^2(r)$，此处 $r=AB/2$ 为测深点(测量偶极 MN 中点)到供电极(A 极或 B 极)的距离。当 MN 很小时，视电阻率 $\rho_s^*(r)$ 、$\rho_s(r)$ 和视极化率 $\eta_s(r)$ 可由上述观测量计算得(傅良魁，1983)

$$\rho_s^*(r)=\pi r^2\frac{E^*(r)}{I}=-\frac{\pi r^2}{I}\frac{\partial U(r)}{\partial r}\cong-\frac{\pi r^2}{I}\frac{\Delta U(r)}{MN} \tag{3.56}$$

$$\rho_s(r)=\pi r^2\frac{E(r)}{I}=-\frac{\pi r^2}{I}\frac{\partial U^1(r)}{\partial r}\cong-\frac{\pi r^2}{I}\frac{\Delta U^1(r)}{MN} \tag{3.57}$$

$$\eta_s(r)=\frac{\Delta U^2(r)}{\Delta U(r)}=\frac{\rho_s^*-\rho_s}{\rho_s^*} \tag{3.58}$$

式中：$E^*(r)$ 和 $E(r)$ 是总电场和一次电场强度，V/m；I 为供电电流强度，A；MN 为测量电极长度，m。

3.6.2　一维层状介质下响应函数

设在地下有 N 层水平层状地层即一维介质，各层电阻率、极化率、厚度和埋深分别记为：$\rho_1,\rho_2,\cdots,\rho_N;\eta_1,\eta_2,\cdots,\eta_N;H_1,H_2,\cdots,H_{N-1};h_1,h_2,\cdots,h_{N-1}$。在第 1 章已经表明，直流

垂向电测深的方法是频率域中电场分量 $E_x(\omega)$ 在取方位角 $\varphi=0°$ 和取频率 $\omega=0$ 时的特例变形式，即置测点位置不变，演变电偶极子为有限长线源供电极 AB，通过改变 AB 的长度实现“几何测深”功能。

由电偶极子源的电场表达式(1.114)，并根据贝塞尔函数性质 $xJ_1'(x)=xJ_0(x)-J_1(x)$，有

$$
\begin{aligned}
E(r) &= \int_{-r}^{r} E_x(\varphi=0,\omega=0)\mathrm{d}\xi \\
&= \frac{I}{\pi\cdot r^2}\cdot\int_0^\infty T_1(\lambda)\cdot\lambda r\cdot J_1(\lambda r)\mathrm{d}(\lambda r) \\
&= \frac{I\cdot\rho_1}{\pi\cdot r^2}\cdot\int_0^\infty\left(\frac{\lambda r}{R_1^*\big|_{\omega=0}}-\lambda r\right)\cdot J_1(\lambda r)\mathrm{d}(\lambda r)+\frac{I\cdot\rho_1}{\pi\cdot r^2}
\end{aligned}
\tag{3.59}
$$

式中：$T_1(\lambda)=\rho_1/R_1^*\big|_{\omega=0}$ 为电阻率转换函数，λ 是积分变量，后一个式子将保证数值积分的稳定。于是得到一维层状介质中直流电测深视电阻率的表达式为(傅良魁，1983)

$$
\rho_s(r)=r^2\int_0^\infty T_1(\lambda)J_1(\lambda r)\lambda\mathrm{d}\lambda \tag{3.60}
$$

电阻率转换函数只与各层电阻率及厚度有关，与 r 无关，它是表征地电断面性质的函数。正演计算的递推公式为

$$
T_i(\lambda)=\rho_i\cdot\frac{\rho_i+T_{i+1}(\lambda)-\left[\rho_i-T_{i+1}(\lambda)\right]\cdot\mathrm{e}^{-2\lambda H_i}}{\rho_i+T_{i+1}(\lambda)+\left[\rho_i-T_{i+1}(\lambda)\right]\cdot\mathrm{e}^{-2\lambda H_i}} \tag{3.61}
$$

且 $T_N(\lambda)=\rho_N$。根据“等效电阻率法”，只要将无激发极化时的上述各式中的电阻率替换成 $\rho_i^*=\rho_i/(1-\eta_i)$，则可得到体极化条件下的 $T_1^*(\lambda)$ 和 $\rho_s^*(r)$ (相当于激发极化测深法)。

3.6.3　电阻率和极化率正演修正法一维反演

本小节主要论述采用拟合电阻率转换函数[$T_1(\lambda)$ 和 $T_1^*(\lambda)$]的方法对 ARIPS 作电阻率和极化率一维反演的技术(亦可推广到高密度电法)。在反演之前要由视电阻率求解出电阻率转换函数。当然也可直接对视电阻率进行拟合反演(原理相同，但反演计算时间较长)。

1. 电阻率转换函数 $T_1(\lambda)$ 和 $T_1^*(\lambda)$ 的求解

以无激发极化时的一次场为例(有激发极化效应时类同)。根据实测的视电阻率求电阻率转换函数需要解方程(3.60)。该方程为关于电阻率转换函数的第一类弗雷德霍姆(Fredholm)方程，通常可用数字滤波法求解，也可采用巴克斯-吉尔伯特(Backus-Gilbert)反演理论中的最小模型方法(Backus and Gilbert, 1968)。为保证计算精度还可用以下直接离散积分的方法。

根据傅里叶-贝塞尔积分公式(反转定理)，可将式(3.60)变为

$$
T_1(\lambda)=\int_0^\infty \rho_s(r)\cdot r^{-2}\cdot J_1(\lambda r)r\mathrm{d}r \tag{3.62}
$$

设 $\rho_s(r)$ 对应 $r_{\min}$ 和 $r_{\max}$ 的值分别为 $\rho_s(r_{\min})$ 和 $\rho_s(r_{\max})$，且分别达到首支和尾支渐近

值，又假设满足渐近等值性 $\rho_s(r<r_{\min})\equiv\rho_s(r_{\min})$ 和 $\rho_s(r>r_{\max})\equiv\rho_s(r_{\max})$，并作变量代换，则

$$T_1(\lambda)=\rho_s(r_{\max})+\left[\rho_s(r_{\min})-\rho_s(r_{\max})\right]\int_0^{\lambda\cdot r_{\min}}\left[J_0(y)-J_1'(y)\right]\mathrm{d}y$$
$$+\int_{r_{\min}}^{r_{\max}}\frac{\rho_s(r)-\rho_s(r_{\max})}{r}J_1(\lambda r)\mathrm{d}r \tag{3.63}$$

式中：两个单项积分都是有界的。考虑到 $\rho_s(r)$ 是离散采样的以及贝塞尔函数的振荡特性，为了提高数值积分的精度，需要对其进行插值处理，如采用拉格朗日插值多项式插值(邓建中 等，1985)。

2. 由电阻率转换函数 $T_1(\lambda)$ 和 $T_1^*(\lambda)$ 反演电阻率和极化率的方法

比较电阻率转换函数之递推公式(3.61)和大地电磁测深法(MT)之波阻抗递推公式(3.12)可知，直流电测深中的积分变量 λ (实数)与MT中的复波数 $k=\sqrt{(-\mathrm{i}\cdot2\pi f\mu_0)/\rho}$ (复数)相当，也即与 $\sqrt{f}$ 相当。积分变量 λ 具有距离倒数的量纲，单位为 m^{-1}；而电阻率转换函数则与MT中的视电阻率相当，其单位为 $\Omega\cdot\mathrm{m}$。因此可采用正演修正法对电阻率转换函数进行一维反演。

构制初始模型采用一维类博斯蒂克反演法。因为MT中的博斯蒂克深度类同于复波数 k 的倒数，所以取 $Z_\mathrm{B}(\lambda)=1/\lambda$ 作为对应该积分变量点上的反演深度是恰当的。相应深度点上的电阻率则由电阻率转换函数曲线的微分转换而来：

$$\rho(Z_\mathrm{B})=T_1(\lambda)\cdot\left[1-\frac{1}{2}\cdot\frac{\mathrm{d}\lg T_1(\lambda)}{\mathrm{d}\lg\lambda}\right]\cdot\left[1+\frac{1}{2}\cdot\frac{\mathrm{d}\lg T_1(\lambda)}{\mathrm{d}\lg\lambda}\right]^{-1} \tag{3.64}$$

式中：系数 $\xi=-0.5$ 是考虑到 λ 与 $\sqrt{f}$ 对应而引入的。具体计算时，采用数值近似式，微分用一阶差分近似。设有 N 个离散积分变量点 $\lambda_i(i=1,\cdots,N)$ 上的电阻率转换函数 $T_{1(i)}(i=1,\cdots,N)$，第 i 层的厚度和电阻率初始值分别取为

$$\begin{cases}h_i=1/\lambda_i-1/\lambda_{i-1}\\ \rho_i=T_{1(i)}\cdot\left[1-\dfrac{1}{2}\cdot\dfrac{\lg T_{1(i)}-\lg T_{1(i-1)}}{\lg\lambda_i-\lg\lambda_{i-1}}\right]\cdot\left[1+\dfrac{1}{2}\cdot\dfrac{\lg T_{1(i)}-\lg T_{1(i-1)}}{\lg\lambda_i-\lg\lambda_{i-1}}\right]^{-1}\end{cases} \tag{3.65}$$

而且 $h_1=1/\lambda_1$，$\rho_1=T_{1(1)}$，$\rho_{N+1}=\rho_N$，$h_{N+1}=\infty$。这样将地下介质分成了 $N+1$ 个电性层，每个电性层(除最底层)与积分变量点一一对应。

类博斯蒂克反演结果可作为精确反演的初始模型。精确正演修正法则依据正演计算的电阻率转换函数理论值与实测值的差别依次调整每一个电性层的厚度和电阻率。反演步骤遵从ASEM反演的迭代循环过程，不复赘述。

由 $T_1(\lambda)$ 反演得到电阻率和厚度($\rho_1,\rho_2,\cdots,\rho_N;H_1,H_2,\cdots,H_N$)，而同样由 $T_1^*(\lambda)$ 反演则得到等效电阻率和厚度($\rho_1^*,\rho_2^*,\cdots,\rho_N^*;H_1,H_2,\cdots,H_N$)。理论上，两种反演的电性层厚度应该相同，但实践中由于等值性(主要因素)和计算误差，厚度存在一定的差别，这导致两

种应对策略：其一，对电阻率和等效电阻率单独反演，取相同深度点上的电阻率和等效电阻率计算极化率；其二，先对电阻率反演，继之保持每一个电性层的厚度不变，再对等效电阻率作反演，反演过程中仅对电阻率作修正，最后由式(3.58)计算极化率。

3.6.4 模型算例分析

设计了一个4层KH型电阻率理论模型,模型第1至第4层的电阻率分别为10 Ω·m、100 Ω·m、10 Ω·m和1 000 Ω·m，极化率分别为0%、10%、20%和0%，第1～3层厚度分别为100 m、500 m和500 m。

直流电测深转换函数理论曲线(图3.33)有两种显示方法：其一，直接以积分变量λ为横坐标；其二，以类频率f'为横坐标。根据ARIPS中积分变量λ与MT中的复波数k的相类比关系，取ARIPS类频率：

$$f' = T_1(\lambda)\cdot\lambda^2/(2\pi\mu_0) \tag{3.66}$$

在双对数坐标系中，ARIPS电阻率转换函数和MT的视电阻率具有可比性。由于第2高阻层的屏蔽，直流电测深对第3低阻层的反映没有MT明显，这是几何测深方法比感应测深方法分辨能力低的具体体现。理论模型的直流电测深转换函数和IP视极化率曲线(图3.34，横坐标为积分变量λ)则显示单纯从IP视极化率曲线上很难区分第2和第3极化层。理论数据点数取$N=60$，$\lambda=10^{-7}\sim10$等间隔取对数。

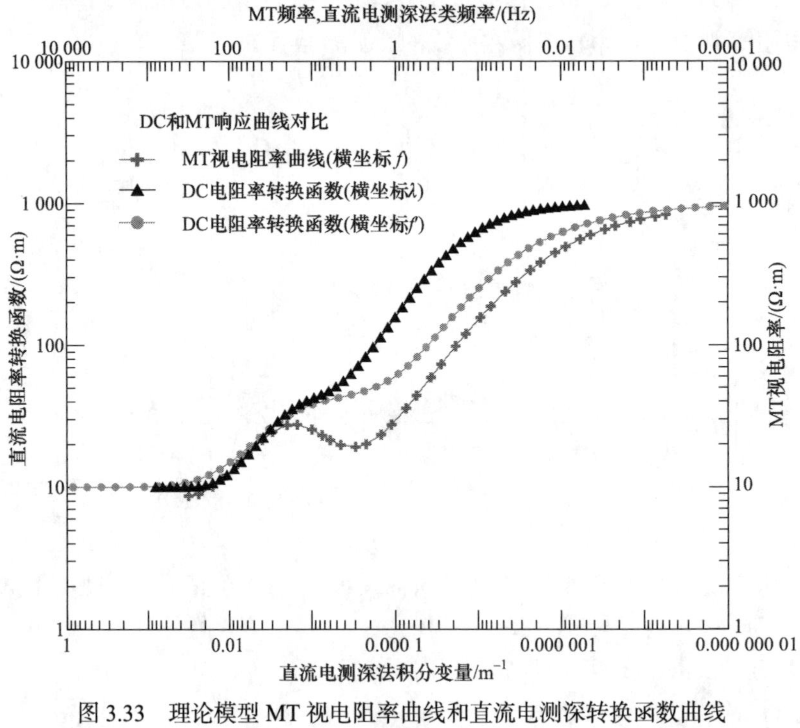

图3.33 理论模型MT视电阻率曲线和直流电测深转换函数曲线

无激发极化效应。十字号：MT，横坐标为频率f，40个频率点数据。三角号：DC，横坐标为积分变量λ，60个数据点。圆点号：DC，横坐标为类频率f'，60个数据点

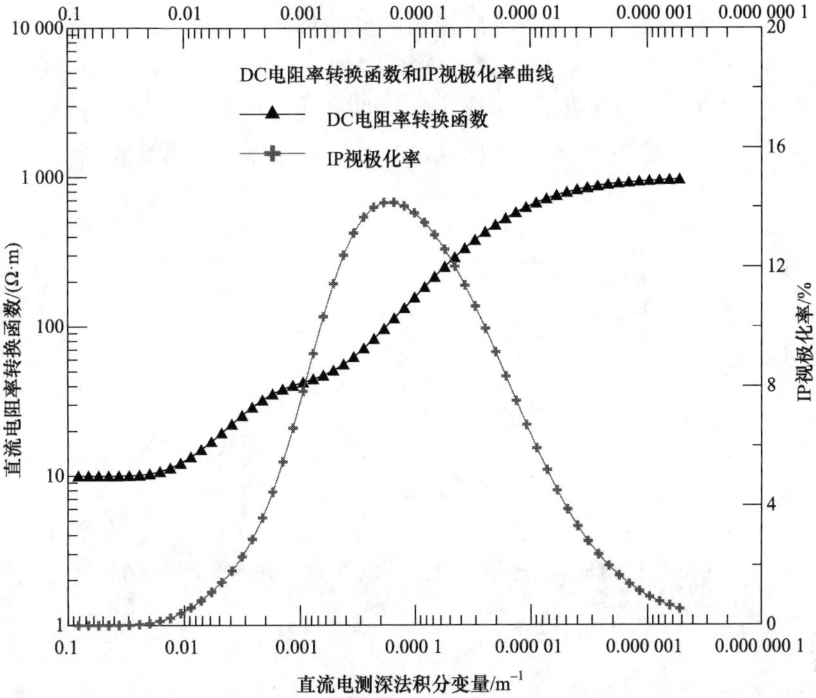

图 3.34　理论模型的直流电测深转换函数和 IP 视极化率曲线(横坐标为积分变量 λ)

正演修正法反演时将电性与极化介质划分为 60 层，原模型的前 3 个介质层基本得到恢复(图 3.35)。但直流测深法固有的等值性和几何测深低分辨能力导致对第 4 层(高阻、低极化)的顶界面反演不准。反演结果也显示出第 2 和第 3 极化层的明显差别。

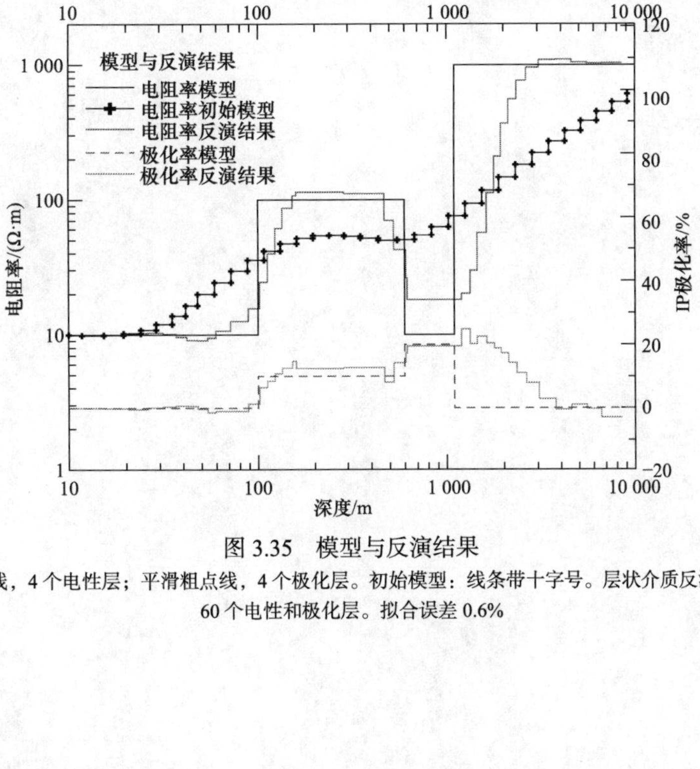

图 3.35　模型与反演结果

理论模型：平滑粗线，4 个电性层；平滑粗点线，4 个极化层。初始模型：线条带十字号。层状介质反演结果：锯齿细线，60 个电性和极化层。拟合误差 0.6%

反演时拟合总体均方根误差随循环次数收敛曲线(图 3.36)上除有三次参数调整时出现微小波动外，单调下降，说明反演算法稳定收敛。最终拟合误差为 0.6%。

此例说明：对直流电测深法，在存在等值性的情况下，正演修正法一维反演获得拟合数据的在“层数等于供电电极距数据点数”意义上的唯一“等效解”。

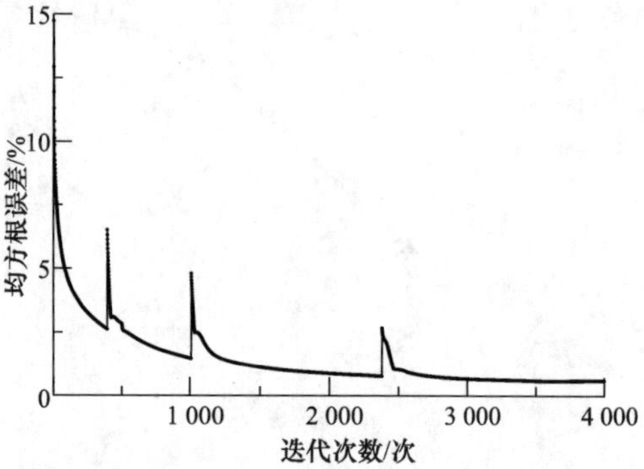

图 3.36　正演修正法反演拟合总体均方根误差随循环次数收敛曲线

第 4 章　多分量降维单参数法的二维反演

本章以 MT 二维反演为例证来阐述“降维单参数法二维反演”，此方法将电磁测深法的二维反演拆分成精确二维正演和精确一维反演两个过程并形成迭代。因此，直接将“降维单参数法二维反演”用于人工源电磁测深法五个分量的反演，是以 ASEM 二维正演为前提的。鉴于 ASEM 二维正演尚不成熟，在分析 ASEM 和 MT 对应关联性的基础之上，建立了借用 MT 完成 ASEM 近似二维反演的间接方法。最后，研究了 ASEM 二维正演的近似方法、CR 法二维反演和激发极化参数提取技术。

4.1　降维单参数法二维反演基本原理

为了清楚说明降维单参数法二维反演的基本步骤，给出了三个重要概念的定义。具体反演技术细节则在施行于单一方法过程中予以阐述。

4.1.1　三个基本概念

降维单参数反演方法是建立在“类一维视电阻率”、“修正的类一维视电阻率”和“形式化一维反演”三个重要概念的基础之上。

1. 类一维视电阻率

对各向同性且分区均匀的二维、三维介质，将测点垂直正下方的电性分布看成是一维层状介质而不考虑横向变化时作一维正演计算得到的视电阻率(如“全区”和“全期”视电阻率等)，不同方法含义不同，称为二维、三维介质在该测点的“类一维视电阻率”。任何二维、三维构造在每个测点上对应有一个恒定的类一维视电阻率。类一维视电阻率，对 MT 不依赖于极化方式；对人工源方法，则依赖于测量何种分量、方位角和收发距。理论模型的类一维视电阻率是可以计算出来的。对实测剖面则是未知的，但唯一存在。对二维、三维构造，找到每个测点处的类一维视电阻率并对之作一维反演，即可完成二维反演。

2. 修正的类一维视电阻率

在二维反演的迭代过程中，根据第 K 次反演迭代后正演计算的视电阻率与实测的视电阻率的差异，按某种规则和方式对第 $K-1$ 次“修正的类一维视电阻率”再次进行修正得到第 K 次“修正的类一维视电阻率”。修正的类一维视电阻率随迭代的进行是动态变化的，每次迭代反演之前都要根据由前次反演的近似结果所作正演计算的视电阻率与实测的视电阻率的差异按某种规则和方式进行更新。修正的类一维视电阻率在第一轮迭代反演之前的初始状态即为实测的视电阻率，可视为第 0 次修正的类一维视电阻率。

一般地，修正的类一维视电阻率在每轮迭代反演后与实测的视电阻率逐渐分离，动态地趋近于类一维视电阻率。修正的类一维视电阻率在迭代反演达到预期的目标后(终极态)，即为类一维视电阻率。降维单参数反演法反演本质即为寻找对应实测剖面各测点的类一维视电阻率的过程，也就是随每次迭代计算修正的类一维视电阻率的过程。修正的类一维视电阻率是理解降维单参数反演法的核心。基于这个概念，二维反演可被陈述为对每一个测点的一维反演加精确的二维正演。“降维”是指在实际操作过程中将反演维数降至一维。“单参数”有两层含义：因降二维反演为一维反演，故实际迭代过程中仅有逐点进行的单点一维反演；每次迭代逐个单一测点修正电阻率和深度参数，也即反演参数的修正独立于其他测点。

3. 形式化一维反演

对任意介质，将各测点上实测的视电阻率，如 MT 的视电阻率、类一维视电阻率、修正的类一维视电阻率、以及 ASEM 的“全区”“全期”视电阻率等，统一记为 ρ_{ASEM}，视作一维介质的视电阻率并对其反演，称之为形式化一维反演。对任意定义的视电阻率均可强制进行形式化一维反演。若介质恰是一维，则形式化一维反演即为实质上的一维反演。降维单参数反演法约定但不限定于采用第 3 章所陈述的“正演修正法”完成形式化一维反演。

4.1.2　降维单参数法二维反演步骤

基于以上所述的三个概念，降维单参数法二维反演的基本步骤可陈述如下。

步骤 1：采用正演修正法对电磁测深剖面所有测点的实测视电阻率逐一做形式化一维反演，将所有测点的结果叠合，形成近似的初始二维剖面；

步骤 2：对二维剖面进行相应的二维正演，获得理论预测的视电阻率数据；

步骤 3：计算实测的和二维正演计算的理论视电阻率之间的总体拟合均方根误差 $\varepsilon_{\mathrm{rms}}$；

步骤 4：以 $\varepsilon_{\mathrm{rms}} \leqslant \varepsilon_{\mathrm{rms0}}$ ($\varepsilon_{\mathrm{rms0}}$ 为预先指定的一个很小的期望数)作为反演迭代能否完成的准则，判断是否继续进行下一步迭代；

步骤 5：若需要迭代，则依某种规则和方式计算出迭代过程中新的修正的类一维视电阻率；

步骤 6：逐点对修正的类一维视电阻率做形式化一维反演，叠合形成二维剖面；

步骤 7：回到步骤 2，形成迭代反演。

由以上步骤可见，降维单参数法是将二维反演的每一次迭代化为整条剖面的二维正演和每个测点的精确形式化一维反演两个彼此独立进行而又相关联的过程；联络这两个过程的“桥梁”是修正的类一维视电阻率；技术关键在于依据何种规则和方式计算出迭代过程中修正的类一维视电阻率。

降维单参数法反演适用于 ASEM 多分量各类方法。对某一类具体的方法，要根据其特点进行相应反演流程细节的设计。但基本前提都是该方法具备：①有适当定义的视电阻率，②能进行精确的一维反演，③达到实用化和精确的二维正演，④找到合适的获得每次迭代时修正的类一维视电阻率的计算规则和方式。

就 ASEM 而言，设若已有成熟的二维正演方法，则可直接应用降维单参数法进行反演。考虑到 ASEM 二维正演的难度，将给出近似但现实应用可行的二维反演方法，即将 ASEM 响应转化为天然平面波入射的 MT 响应，再进行降维单参数二维反演。

4.2　同步阵列大地电磁测深降维单参数法二维反演

本节主要讨论将降维单参数法施行于同步阵列大地电磁测深(Su et al., 1997)二维反演的技术细节。SAMT 实质上是高密度的 MT。处于平面波激发下的 MT，有性态良好的视电阻率、基本可行的一维反演和臻于成熟的二维正演，均为二维反演提供了坚实的基础。

4.2.1　同步阵列大地电磁测深法

同步阵列大地电磁测深法的野外勘探部署参见图 4.1。其主要特点是如下。①空间高密度采样。沿一条测线上的 SAMT 点距为 200～300 m。因而对构造的横向分辨能力比常规 MT 要高。②单个测点(单站)上两个水平电道和两个水平磁道四分量观测。有时为了得到倾子的资料需要另加一个垂直磁道。在合适的空间范围内，多个电站有时还可共用一个磁站。但要谨慎选择共用范围，因为磁场水平方向的变化对 TE 极化资料的影响较大。③张量处理求阻抗。④卫星同步记录时间信号，可直接在时间域处理，灵活方便。可自由加密周期点(不同于根据有限周期点数据内插)。但如何获得纵、横向较高分辨能力的电性构造图像，反演是关键。

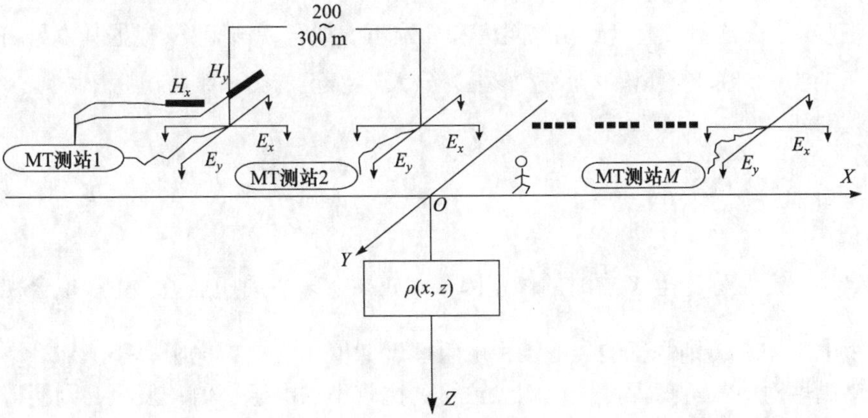

图 4.1　同步阵列大地电磁测深法的野外勘探部署图

4.2.2 二维介质中基本电磁方程

对二维大地电磁问题，约定取 x 方向为二维介质(地电构造)的倾向并假设为测线方向，y 方向为走向方向，z 方向垂直向下。电阻率为直角坐标 (x, z) 的函数。频率域的麦克斯韦方程组[式(1.6)]可以分成两组无关的方程式，电磁场随之解耦为两组独立的组合方式，一组仅包含 E_y、H_x 和 H_z 分量，称为 TE 极化模式，另一组仅包括 H_y、E_x 和 E_z 分量，称为 TM 极化模式。SAMT 在地面测线各测点上观测电磁场的各个水平分量，得到两种极化波的电磁场比，进而得到常用的响应函数(视电阻率)：

$$\rho_a^{\mathrm{TE/TM/DA/TA}} = (\omega\mu_0)^{-1} \left| Z_{\mathrm{TE/TM/DA/TA}} \right|^2 \tag{4.1}$$

式中：$Z_{\mathrm{TE}} = E_y / H_x$、$Z_{\mathrm{TM}} = E_x / H_y$、$Z_{\mathrm{DA}} = \sqrt{Z_{\mathrm{TE}} Z_{\mathrm{TM}}}$ 和 $Z_{\mathrm{TA}} = 0.5(Z_{\mathrm{TE}} + Z_{\mathrm{TM}})$ 分别是 TE 极化波平均阻抗、TM 极化波平均阻抗、几何平均阻抗和算术平均阻抗；约定 SAMT 定义的视电阻率为 ρ_a。

各种视电阻率定义形式上不同，物理本质也有差别。在存在明显等值性的情况下，根据不同定义的视电阻率进行二维反演，其结果也有差别。

4.2.3 降维单参数法二维反演步骤

1. 降维单参数法 SAMT 二维反演的基本步骤

根据 4.1 节所述降维单参数法二维反演，具体到 SAMT 其步骤如下。

第一步：沿剖面对各单个测点修正的类一维视电阻率 $\rho_{a1d}^{(K-1)}$ 作形式化一维反演，例如，采用正演修正法，将所有测点的反演结果拼接组合成二维剖面，将其作为第 K 次的二维反演剖面。实测 ρ_a 可视为 $\rho_{a1d}^{(0)}$，由实测视电阻率反演得到的为初始剖面。

第二步：对第 K 次的二维反演剖面作二维正演，例如，采用矩形网格有限元法(陈乐寿 等，1989)，得到各测点上正演拟合视电阻率 $\rho_{aT}^{(K)}$。

第三步：比较各测点上实测视电阻率和二维正演拟合视电阻率，根据其差异将第 $K-1$ 次“修正的类一维视电阻率” $\rho_{a1d}^{(K-1)}$ 修正为第 K 次修正的类一维视电阻率 $\rho_{a1d}^{(K)}$，预备下一步迭代时作形式化一维反演，即

$$\rho_{a1d}^{(K)} = \frac{\rho_a}{\rho_{aT}^{(K)}} \cdot \rho_{a1d}^{(K-1)} = \xi_{2d}^{(K)} \cdot \rho_{a1d}^{(K-1)} = \frac{\rho_a^{(K+1)}}{\rho_{aT}^{(1)} \cdot \rho_{aT}^{(2)} \cdots \rho_{aT}^{(K)}}, \quad K = 1,2,3,4,\cdots \tag{4.2}$$

式中：$\xi_{2d}^{(K)} = \dfrac{\rho_a}{\rho_{aT}^{(K)}}$ 称为第 K 次时的修正因子。如果在某一周期点上，正演拟合视电阻率比实测视电阻率大，则修正的类一维视电阻率近似值比实测视电阻率小，那么下一步反演时在该周期对应的近似深度上就能大致得到比较小的电阻率值；反之，则能得到大致比较大的电阻率值。在此过程中，许可加载关于电性参数的任何先验的确定性的等式和/或不等式约束条件。

第四步：回到第一、二、三步进行循环迭代。直至一条测线上所有测点实测的视电

阻率和二维正演视电阻率的拟合总体均方根误差 ε_{rms} 不大于预期很小的数 $\varepsilon_{\text{rms0}}$：

$$\varepsilon_{\text{rms}}=\sqrt{\frac{2}{N\cdot M}\sum_{i=1}^{N}\sum_{j=1}^{M}\left(\frac{\rho_{a(i,j)}-\rho_{aT(i,j)}^{(K)}}{\rho_{a(i,j)}+\rho_{aT(i,j)}^{(K)}}\right)^{2}}\times 100\%\leqslant\varepsilon_{\text{rms0}},\quad i=1,\cdots,N;\,j=1,\cdots,M \tag{4.3}$$

式中：N 是单个测点的观测周期点(或频率点)数；M 是 SAMT 测线上的总测点数。

对实测数据的反演而言，判断迭代是否收敛的唯一标志是看总体均方根误差是否越来越小，也即 $\xi_{2d}^{(K)}(K\to\infty)\to 1$。对理论模型验证来说，因为类一维视电阻率的真值是已知的，所以判断迭代是否收敛，既可根据视电阻率的拟合情况，还可以观察随着迭代的进行，修正的类一维视电阻率是否越来越接近类一维视电阻率的真值。

由于等值性的存在，当实测视电阻率数据和正演拟合数据之间的总体均方根误差已很小时，可以认为反演结果是拟合观测数据的，因此反演结果是可接收的，类一维视电阻率拟合近似值与其真值之间的差别仍然有可能很大，即使它是随着迭代次数的增加而呈现减小的趋势。这种差别就反映了 MT 二维介质固有的等值性的程度和范围。

2. 降维单参数二维反演法的特性分析

结合实际操作中若干具体的细节问题，对 SAMT 降维单参数法二维反演特性分析如下。

(1) 此算法在每一轮反演迭代中，仅用到了一次对修正的类一维视电阻率的形式化一维反演(由二维反演降为一维反演，即降维)和一次二维正演，从而避开了某些二维非线性迭代反演方法每轮迭代中要完成目标函数雅可比矩阵的求解和大型矩阵求逆运算，因而预期反演过程是稳定收敛的。算例和试验也表明，本算法中的迭代过程呈较快的稳定收敛特性。

(2) 此算法将二维反演问题化为了二维正演和(针对所有测点的)一维反演两个过程，反演效果将取决于二维正演和一维反演的精度。因二维正演和一维反演两个过程是相互独立的，故在计算机条件许可的情况下，尽可能增加正演划分网格数以保证二维正演的精度。反演时用不着作网格划分，地层层数固定等于频率点数。又由于形式化一维反演是采用正演修正法，保证了一维反演的精度，但并不排斥使用其他高精度的一维反演方法。精确的二维、三维正演和精确的一维反演就构成了精确的二维、三维反演的全部。

(3) 占用计算时间的主要是二维正演，一维反演时间相对可忽略。再考虑到收敛速度较快，基本上可对野外资料做实时处理。

(4) 降维单参数法对构造的横向分辨能力不超过 SAMT 测点的点距，一般不能分辨其横向尺度小于点距的电性异常体。虽然二维正演时可加密横向网格，它是提高正演计算精度的手段，却不能因此而提高反演对构造的横向分辨能力。提高横向分辨能力的可行方法是加密勘探测点，但因电磁方法本身固有等值性的存在，提高横向分辨能力存在“门限”，超过该“门限”，无限加密测点则效果不再明显。降维单参数法纵向分辨能力为：能够反演的电性层数不超过 SAMT 单一测点的周期点数，因为后者是数据点所能提供纵向分辨能力的最大限度。换言之，即或地下实际的电性层数多于实测资料周期点数，就资料本身而言能反演的电性层也是有限的。虽然二维正演时可加密纵向网格，它是提高正演计算精度的手段，却不能与提高反演对构造的纵向分辨能力相提并论。提高纵向分辨能力的可行方法是加密周期点，但由于电磁方法本身固有等值性的存在，提高纵向分辨能力也存在“门限”，超过该“门限”，则继续加密周期点亦无意义。纵向网格划分与横向网格划分有一点不同：在每次迭代过后可能有些微变化，视单点形式化一维反演的结果而定。如果单点反演后某一薄层的厚度比相应深度处的纵向网格距要小，则该处的纵向网格要相应适当加密。总之，在 MT 固有的等值性范围内，降维单参数法最大横向分辨能力等于测点距，纵向分辨能力则体现在最多能确定的电性层层数等同于观测资料的周期点数。在纵、横向分辨能力已有界定的情况，SAMT 降维单参数法二维反演通常能得到唯一的“等效解”。虽然 SAMT 的这种二维反演算法可单独使用 TE 或 TM 资料反演，也联合两者进行反演，但一般地，“等效解”是不同的。

(5) 二维正演和形式化一维反演两个过程是完全相互独立的，只要计算机条件能满足正演的需要，反演的测点数和频率点数原则上不受限制。

4.2.4　理论模型算例分析

设计包括有浅层低阻层、垂直断面、垂向断层、倾斜界面和深层低阻层具代表性的二维地电模型如图 4.2 所示(纵、横坐标均为 km)。图中显示的为模型参数变化较大的主体部分，为了保证正演计算的精度，实际剖面网格向两边以层状一维介质延扩、向深部以均匀介质(电阻率等于最底层)延伸。对 TE 极化还向空中作了延扩。有限元正演网格划分：矩形网格(由于理论模型已知，且电性层厚度和展宽分别大于垂向和横向网格距，所以此网格剖分在反演过程中保持不变)。水平方向 109 列，垂直方向 100 行(包括空中 10 行)。在模型主体部分以及浅部网格均较密，纵向最小网格距为 50 m，横向为 200 m。测点共 109 个，每个测点位于网格中心点。周期点数 40 个，在 320～0.000 55 Hz 之间取对数等间隔。有限元正演对 TE 极化模式和 TM 极化模式分别假设在一定高度的空中和地面的磁场为常数是不精确的，因为反射回空中的场的能量不随传播距离而衰减。

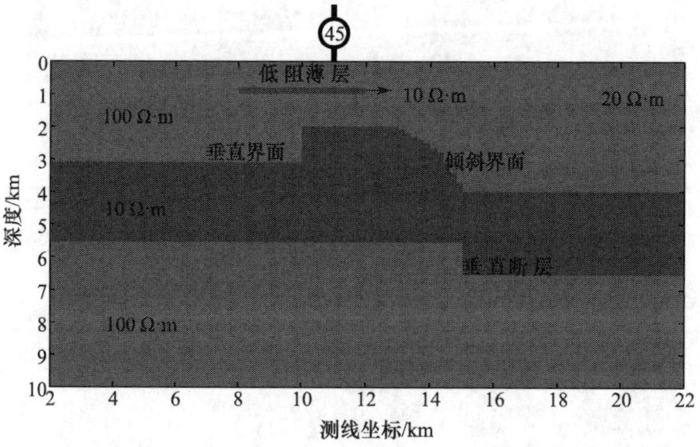

图 4.2　SAMT 二维地电模型(附 45 号测点位置)

二维电性构造的类一维视电阻率(真值)例证可参见 45 号测点正下方一维模型对应的视电阻率曲线(图 4.3)。该一维模型及对类一维视电阻率作精确一维反演的结果对比见图 4.4，反演时将地下划分成 40 个电性层(层数等同于周期点数)，反演拟合总体均方根误差为 1.89%。虽然数据已得到很好拟合，但真实模型并未得到完全精确恢复。其物理原因在于“等值性”：存在多个模型拟合同一套离散化、有限的观测数据集。降维单参数法二维反演所得到的模型，首先也是拟合数据的，其次具有一定的“粗糙度”。从解释的实用角度来说，“粗糙”模型优于“平滑”模型，因为多出一个“假的”薄层(当然，这并非是反演所期望的)比“平滑掉”一个实际存在的薄层或更合理也更有利于解释。

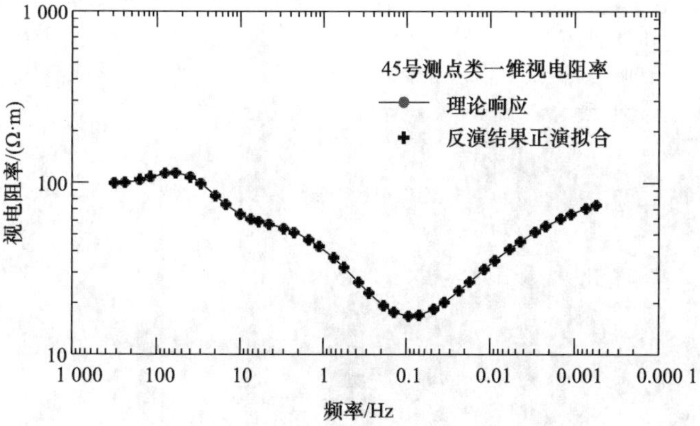

图 4.3　45 号测点类一维视电阻率(真值)曲线

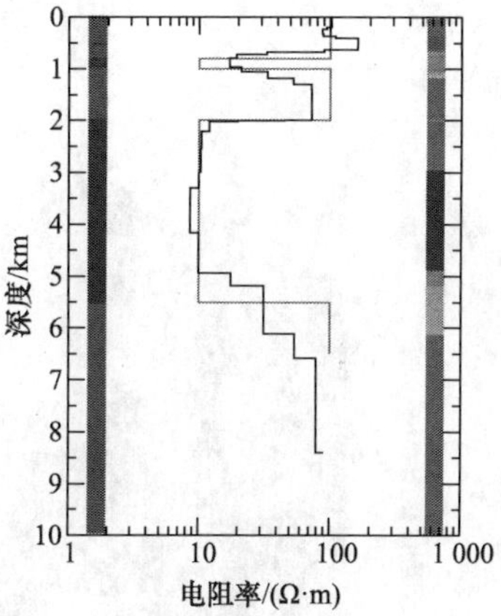

图 4.4　45 号测点下方一维模型及一维精确反演结果

将二维理论模型作二维正演得到的理论合成视电阻率和相位作为待反演的数据(等值断面图见图 4.5 和图 4.6，有 TE 和 TM 两种极化)。

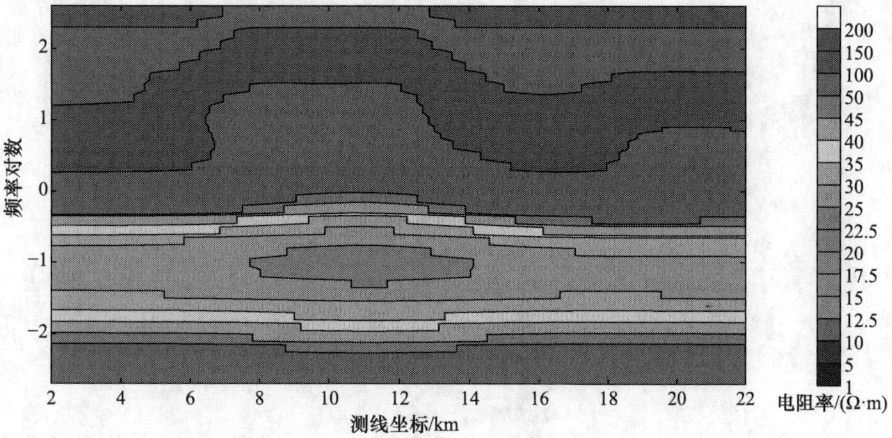

(a) TE极化

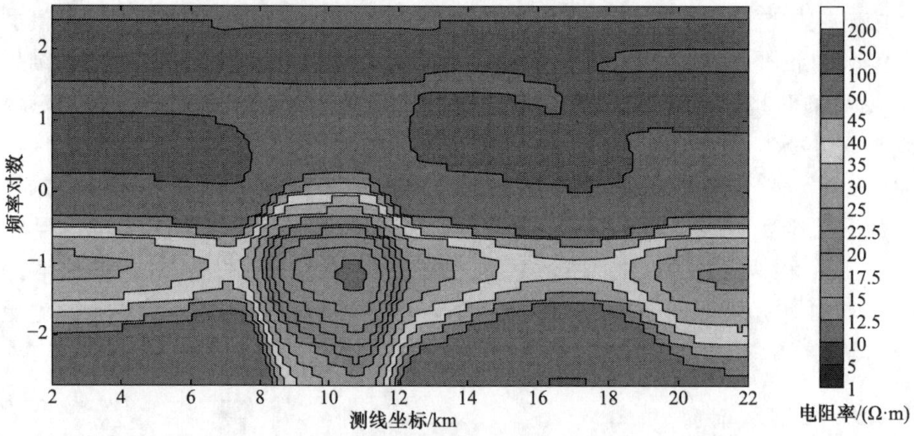

(b) TM极化

图 4.5　二维理论模型视电阻率等值断面图

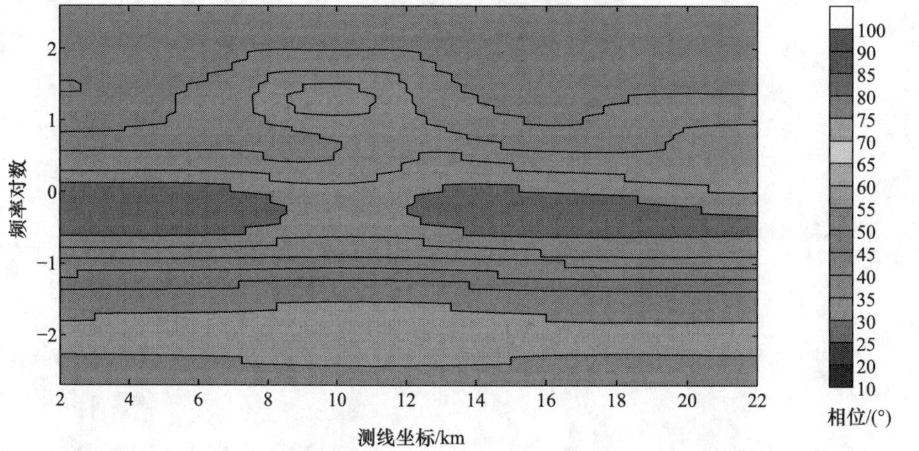

(a) TE极化

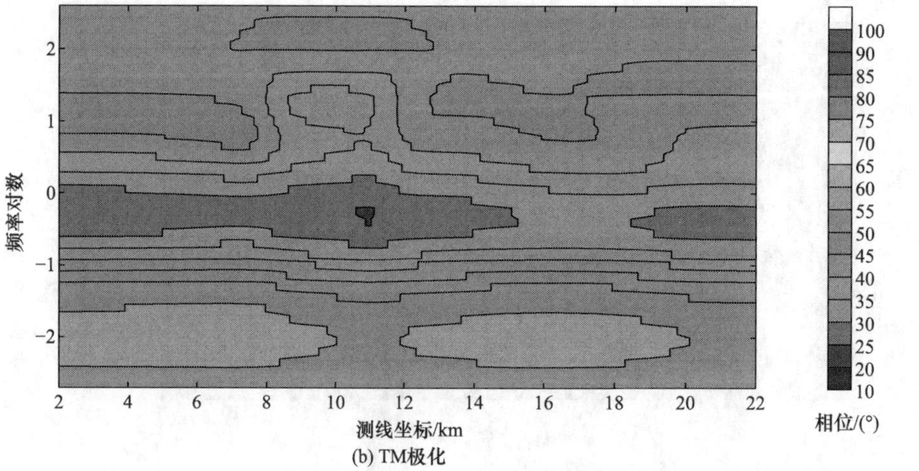

(b) TM极化

图 4.6　二维理论模型相位等值断面图

1. 单独使用 ρ_a^{TE} 反演

采用博斯蒂克法对所有 109 个测点的 TE 极化资料作拟一维反演(图 4.7)。这种近似结果仅显示出二维构造的基本轮廓,但电阻率数值以及电性界面位置与真值差异均较大。从精确形式化一维反演获得的初始模型(图 4.8)开始，二维反演至第 6 次迭代时的剖面(图 4.9)已接近真实二维模型本身：首先，电阻率数值与真值相差较小；其次，异常体(两个低阻薄层)均有清晰反映；再则界面位置准确(如垂直断面和倾斜界面)；最后，反演结果的正演拟合视电阻率与理论视电阻率数据拟合总体均方根差已小于期望值，故可停止迭代。

单独使用 TE 极化资料二维反演时所有测点两种极化数据拟合总体均方根误差随迭代次数下降曲线见图 4.10。试验表明，无论是整体还是单一测点拟合均方根误差，也无论是从 TE 极化或 TM 极化(视电阻率和相位)拟合误差来看,降维单参数法二维反演的迭代具有稳定收敛的特性。经 6 次迭代，拟合误差下降幅度已不大。残余的误差是由数值计算误差、降维单参数法反演本身的局限性所致。源于初始模型单独使用 TE 极化资料反演，第一次迭代时的 TM 极化数据拟合差比 TE 极化的要大,随迭代下降更快,最后拟合残差也大。降维单参数法二维反演收敛速度很快，通常迭代不超过 10 次，实时处理是现实可行的。

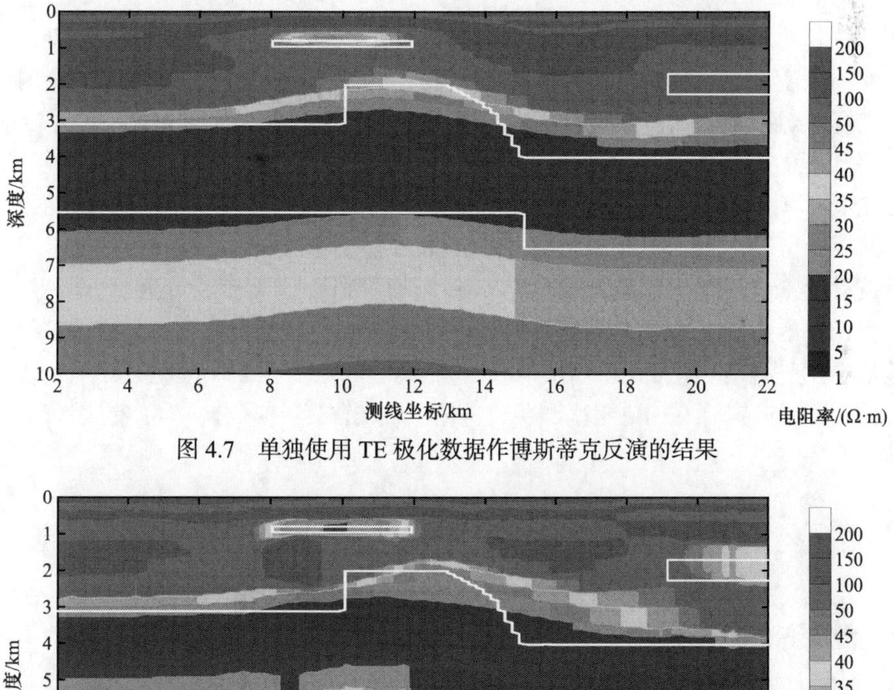

图 4.7　单独使用 TE 极化数据作博斯蒂克反演的结果

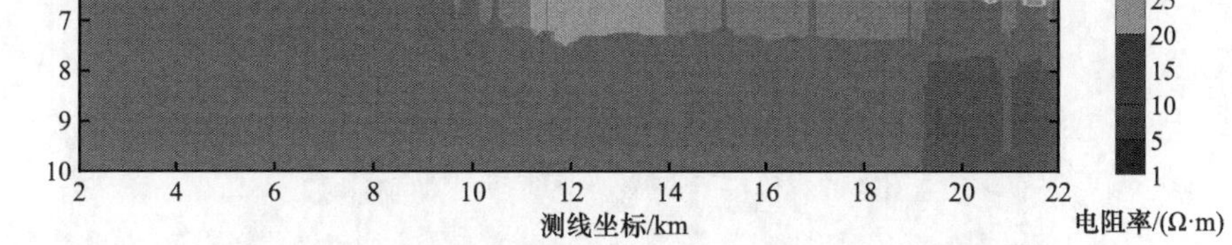

图 4.8　单独使用 TE 极化数据二维反演第 1 次迭代的结果

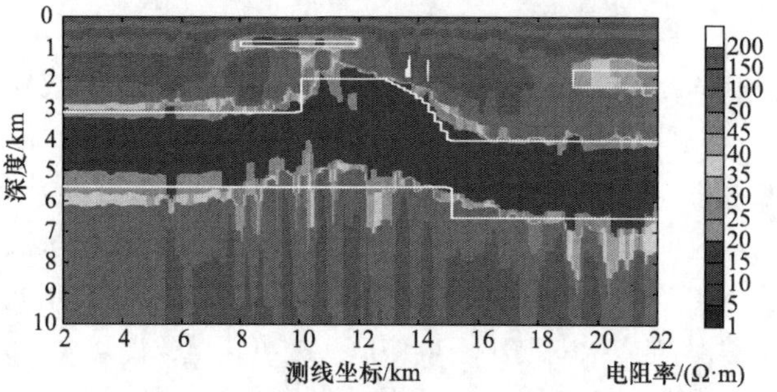

图 4.9 单独使用 TE 极化数据二维反演迭代至第 6 次时的结果

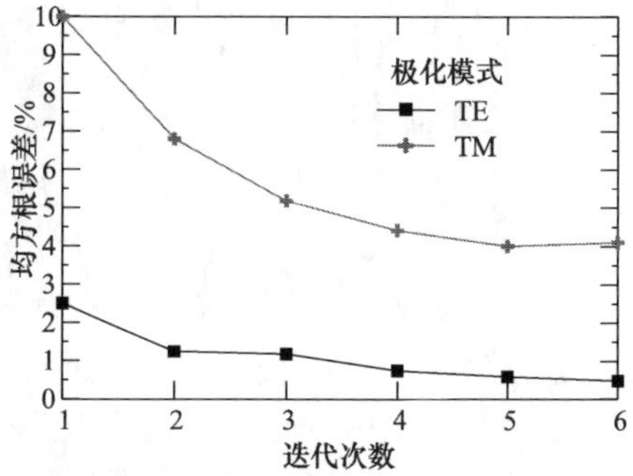

图 4.10 单独使用 TE 极化数据二维反演两种极化总体均方根误差随迭代次数下降曲线

模型相对复杂部位的 45 号测点上，类一维视电阻率与第 6 次迭代反演后求解的修正的类一维视电阻率拟合程度较高(图 4.11)。低频部分之差异有两方面原因：其一源于正演网格向下延伸不足和划分过粗引起一定数值计算误差；其二是 MT 固有的等值性，反演并不总能精确恢复真解，类一维视电阻率和修正的类一维视电阻率的差别恰好刻画了等值性的程度。当然，对实测资料来说，类一维视电阻率(真值)是未知的，因此修正的类一维视电阻率的收敛性不能作为实测资料迭代反演收敛的判别准则。图 4.12 显示的是 45 号测点下方一维理论模型与单独使用 TE 极化数据二维反演结果的对比。若同时将图 4.12 与图 4.4 比较，可以看出二维反演结果在某些方面还优于一维反演的结果。这表明，对薄层的分辨能力，不能简单地将一维和二维等同起来。一维介质中的一个薄层，一维反演看起来分辨得不够好，在二维构造中薄层表现为有一定长度的“微体”，或正是空间上长度的有限，使之暴露出与其存在有关的更多信息。降维单参数法二维反演的唯一数学准则是视电阻率数据的拟合度，而非模型的恢复程度。理论数据对比于 TE 极化二维反演后正演拟合的视电阻率和相位等值断面图(图 4.13 和图 4.14)，有很好的一致性。

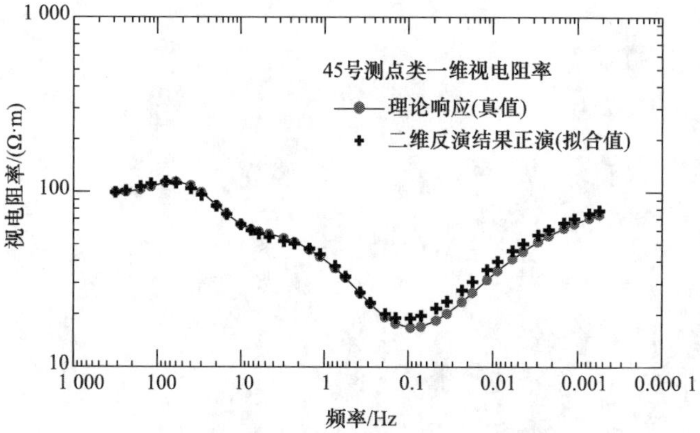

图 4.11 45 号测点类一维视电阻率的真值与第 6 次迭代反演后求解的拟合值对比

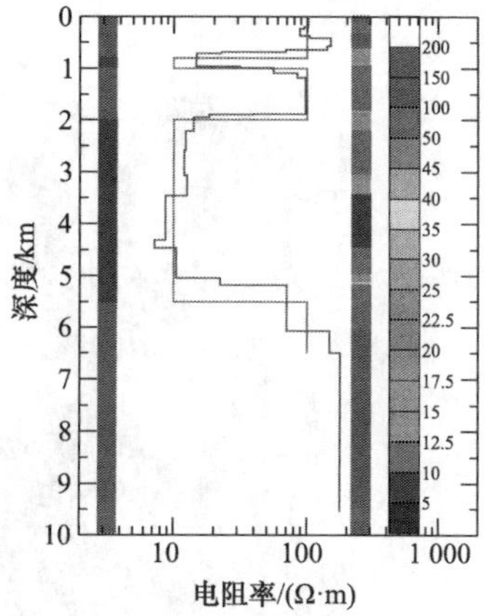

图 4.12 45 号测点下方一维理论模型与单独使用 TE 极化数据二维反演结果的对比

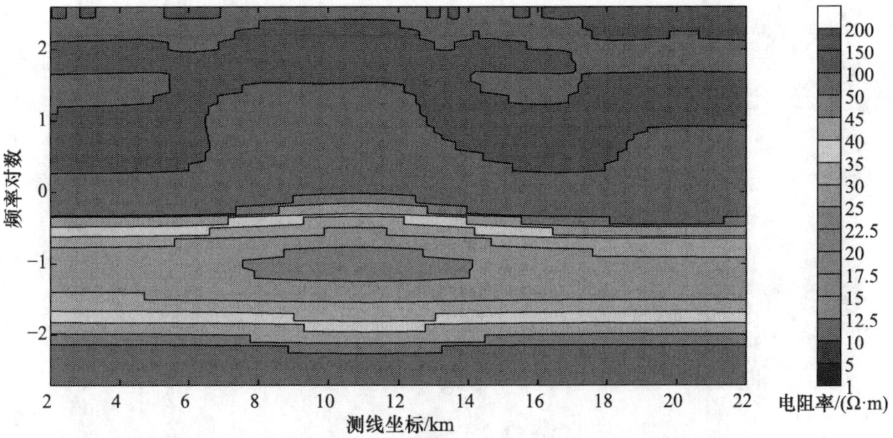

(a) TE极化

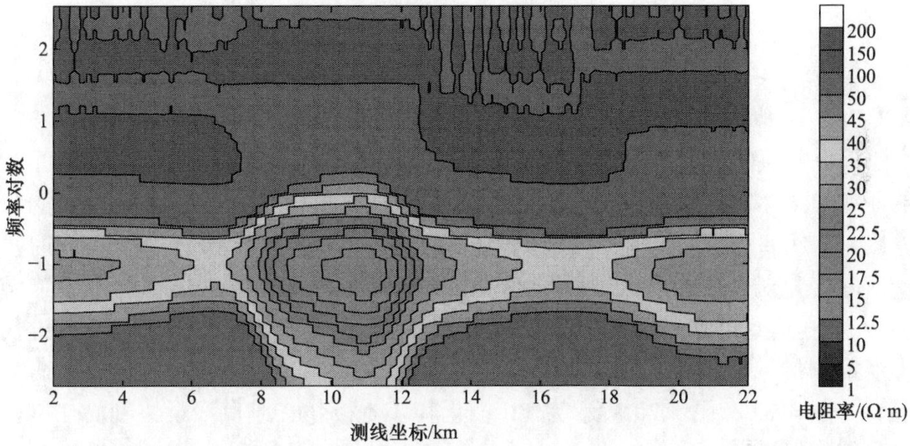

(b) TM极化

图 4.13　TE 极化二维反演结果二维正演视电阻率等值断面图

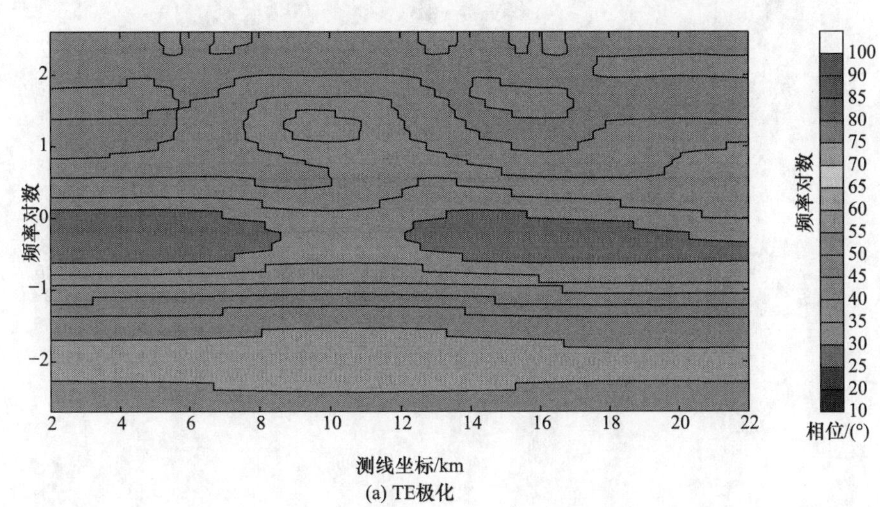

(a) TE极化

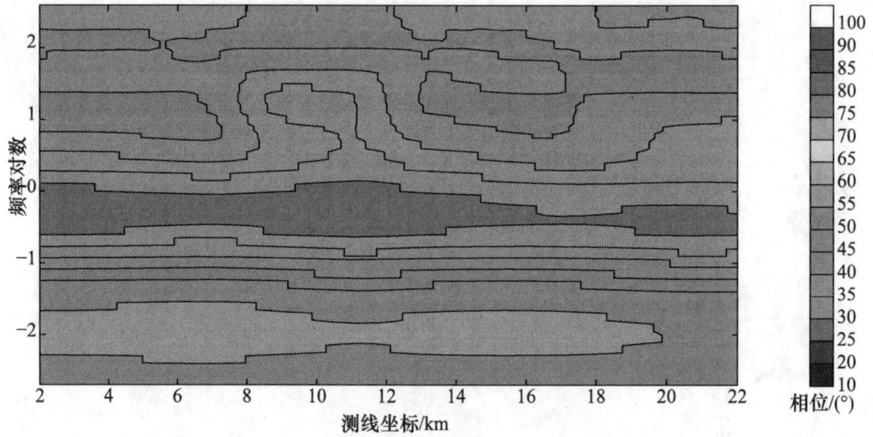

(b) TM极化

图 4.14　TE 极化二维反演结果二维正演相位等值断面图

2. 单独使用 ρ_a^{TM} 反演

博斯蒂克方法的初始模型、降维单参数法二维反演第一次、迭代至第六次迭代的反演结果分别如图 4.15～图 4.17 所示。TM 极化数据拟合均方根误差(图 4.18)比 TE 极化下降得快，且残差更小。因为 TM 极化对低阻层的反映能力不及 TE 极化，同时浅部电性构造横向变化对 TM 极化长周期段的负面影响较大，故使用 TM 极化数据二维反演的效果(从恢复模型角度)不及一维反演和使用 TE 极化数据的二维反演。随着迭代的进行，正演拟合的视电阻率和相位逐步稳定收敛于理论视电阻率和相位，总体而言，拟合较好。如图 4.19 和图 4.20 所示为 TE 极化和 TM 极化二维反演最终剖面二维正演视电阻率和相位等值断面图。

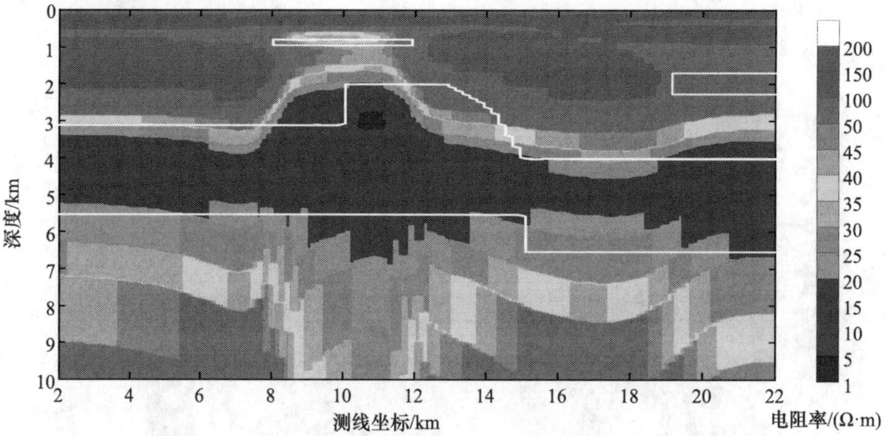

图 4.15　单独使用 TM 极化数据作博斯蒂克反演的结果

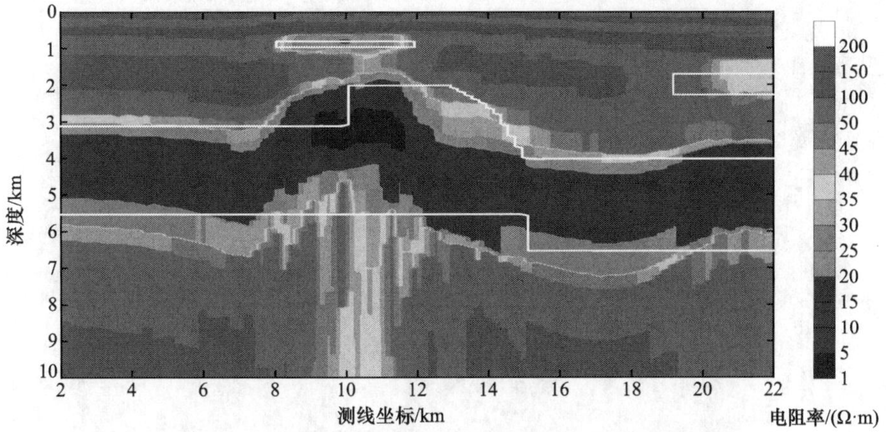

图 4.16　单独使用 TM 极化数据二维反演第 1 次迭代结果

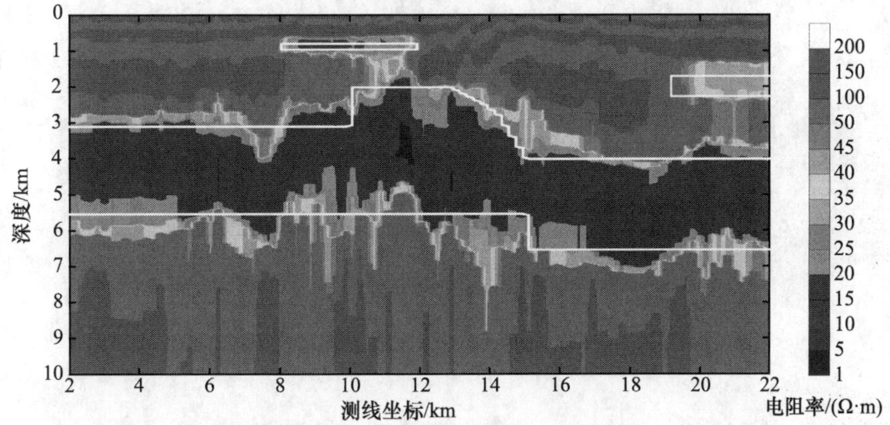

图 4.17　单独使用 TM 极化数据二维反演迭代至第 6 次时的结果

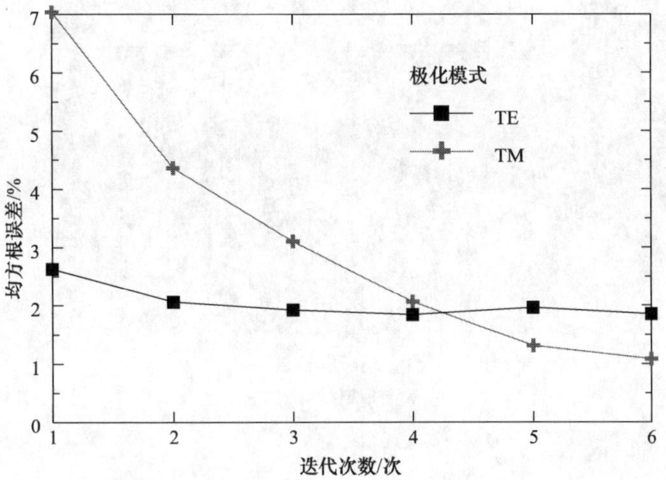

图 4.18　单独使用 TM 极化数据二维反演两种极化总体均方根误差随迭代次数下降曲线

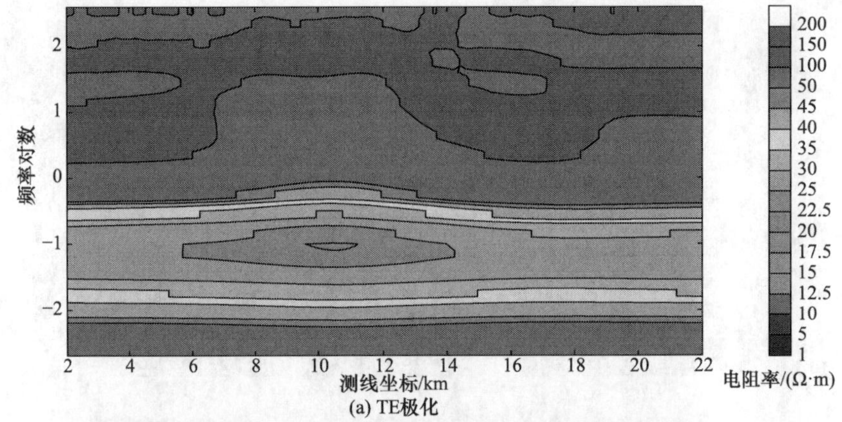

(a) TE极化

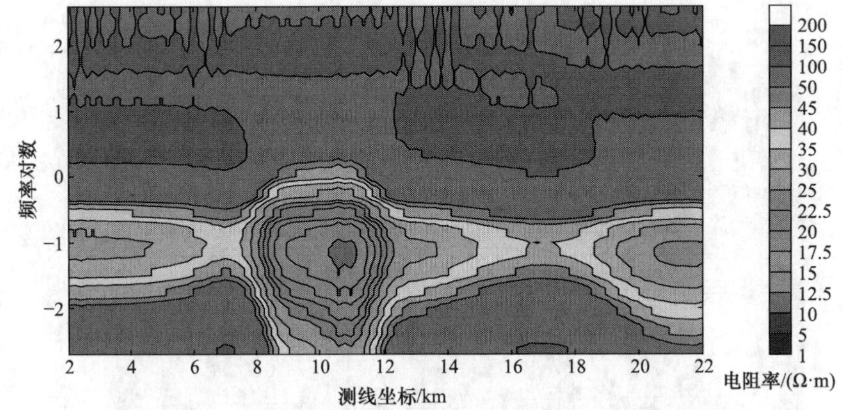

(b) TM极化

图 4.19　TM 极化二维反演最终剖面二维正演视电阻率等值断面图

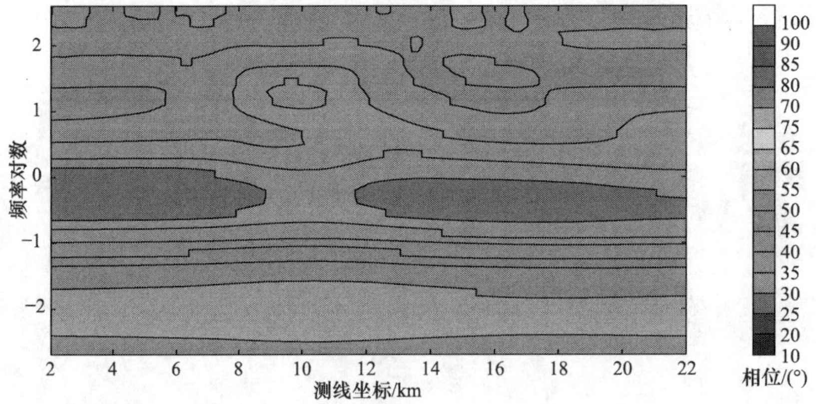

(a) TE极化

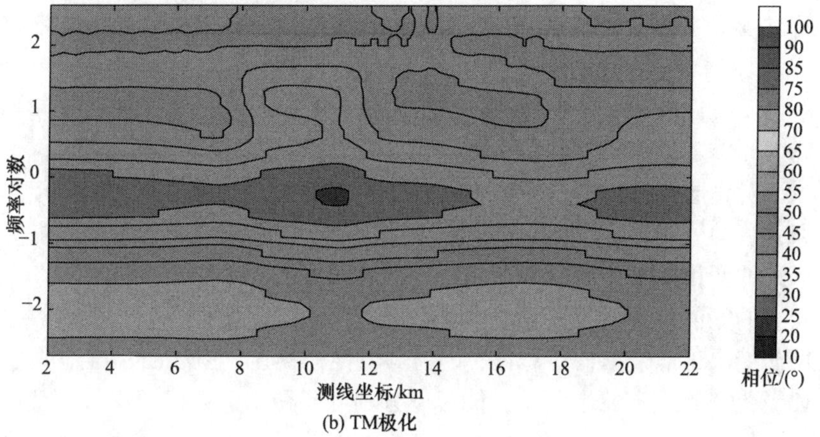

(b) TM极化

图 4.20　TM 极化二维反演最终剖面二维正演相位等值断面图

3. 单独使用 ρ_a^{DA} 反演

对几何平均视电阻率采用降维单参数法二维反演至第 8 次迭代的结果(图 4.21)已较接近真实二维模型本身。初始模型的拟合差比单独采用某种极化反演时初始模型的拟合差要小。两种极化数据拟合差同步下降，迭代至第 8 次以后，拟合趋于平稳。TM 极化对低阻层的反映能力低于 TE 极化，同时浅部电性构造横向变化对 TM 极化低频段的负面影响较大，这在两种极化资料的联合反演中也得到反映。

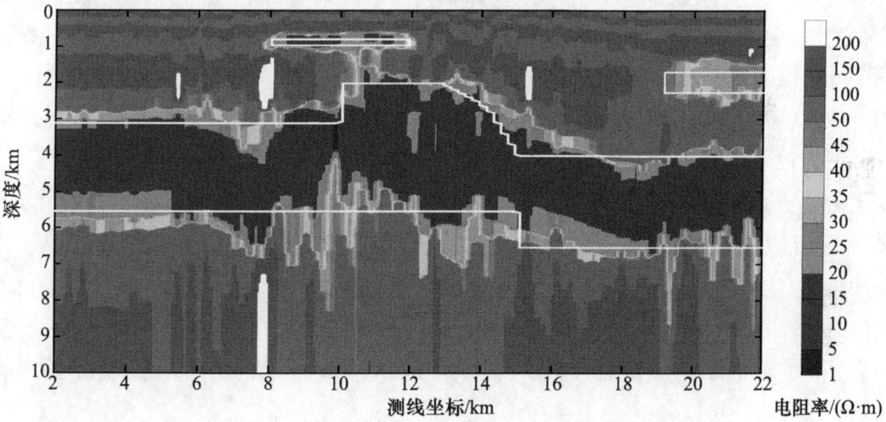

图 4.21　对几何平均视电阻率采用降维单参数法二维反演迭代至第 8 次时的结果

4.2.5　等值性和静位移分析

1. 关于等值性

如果单独使用 TE(TM)极化数据反演，所得剖面能拟合 TE(TM)极化的资料，但不一定能很好地拟合 TM(TE)极化资料，造成这种结果的原因是二维介质存在等值性。TE 极化波和 TM 极化波是两组独立的偏振波，它们各自等值性的表象有所不同。TE 极化对低阻介质体反映较敏感，主要表现为 S 等值性；TM 极化对高阻介质体反映较敏感，主要表现为 H 等值性。等值特性及其表象不同，反演的剖面也不同。如果结合 TE 极化和 TM 极化数据进行反演，等值性特性又有所不同，虽然在一定程度上，TM 极化起到了制约 S 等值性、TE 极化起到了制约 H 等值性的作用，但并不能消除(综合)等值性。等值性的存在降低了 MT 对薄层或微体的分辨能力，是 MT 方法所固有的不足。加密频率点和测点有可能提高方法的分辨能力，但它不可能突破等值性“门限”所界定的限度。此结论对采用其他形式的两种极化视电阻率的组合反演也同样成立。

由于固有的等值性，两种极化或联合数据的反演存在差异。但就拟合数据而言，各种不同的反演结果都应被认同。总之，因为等值性的存在，反演的二维地电结构是“TE 极化和 TM 极化二象或多象性”的，能否充分利用此种多象性以压制等值性范围尚未得到证明。

从实际情况考虑，因为 TM 极化对低阻层的反映能力低于 TE 极化，同时存在浅部电性构造横向变化对 TM 极化低频段夸张地扭曲了深部构造横向变化特征负面影响，所以根据 TE 极化反演的结果进行解释，可信性稍高。但 TM 极化的负面影响只是跟数据采集方式(有限、离散，并且高频段信息不充分)和反演算法有关而呈现出来的假象，不是物理本质的。TM 极化低频段对浅部电性构造横向变化较为灵敏，不是 TM 极化的坏性质，恰好相反，正应看成是它的好性质——因为二维勘探反演的目的在于了解构造沿横向变化的规律。一种近似压制这种效应的方法是对 TM 极化视电阻率进行修正，使之接近类一维视电阻率。考虑到被垂直断层分开的两个半空间(对 TM 极化，过垂直界面的电场不连续)存在有视电阻率的解析解(d’Erceville and Kunetz, 1962)，可以用两个四分之一空间一次性同步定义两个相邻测点的视电阻率。沿二维测线则可采用简单的线性叠加处理，按频率点依次通过解 M 个方程构成的非线性方程组，求出类一维视电阻率。最后直接对类一维视电阻率作一维反演，空间叠合所构成的剖面即为二维反演剖面，称为“视电阻率校正法反演”。此种近似处理方法尚不能推及 TE 极化模式。

对比分析来看，已有的某些反演方法是“全空间、全频率点(或全时间点)同步一次性处理”的迭代方式；降维单参数反演方法采用“逐个测点、全频率点(或全时间点)串行叠加处理”的迭代模式，将涉及 $M\times N$ 个数据的同步处理化成 M 次只涉及 N 个数据的串行处理，并引入迭代。视电阻率校正法反演则采用“全空间、逐个频率点(或逐个时间点)串行叠加处理”的直接模式，即化成 N 次只涉及 M 个数据的串行处理，无须迭代。

2. 单独使用不同定义视电阻率反演的优缺点

根据以上算例可以得出不同反演的优缺点的一般性结论。

1) 单独使用 ρ_a^{TE} 反演

优点：①TE 极化视电阻率曲线与类一维视电阻率(真值)曲线形状较为接近；②在低频段受浅部电性横向变化的影响小，有利于深层反演；③直接形式化一维反演的剖面比较能反映真实二维地电构造的基本形态；④对低阻介质体反映较好。缺点：对高阻介质体反映相对弱。

2) 单独使用 ρ_a^{TE} 反演

优点：TM 极化对高阻介质体反映较好。缺点：①TM 极化视电阻率曲线与类一维视电阻率(真值)曲线形状相去较远；②在低频段受浅部电性横向变化的影响强烈；③直接形式化一维反演剖面与真实二维地电构造的基本形态差别较大；④对低阻介质体反演相对弱。

3) 使用 ρ_a^{DA} 反演

①因为结合 TE 和 TM 两种极化资料，继承了单独方法的优、缺点——直接形式化一维反演虽比 TM 极化更合理，但对 TM 极化在低频段受浅部电性横向变化的“负面影响”仍有反映；②几何平均视电阻率曲线对高、低阻体均有良好反映；③在实际勘探中，几何平均视电阻率可以比单独的 TE 极化和 TM 极化资料质量稳定且精度更高。假设地下为二维介质，测线方向与构造走向并非垂直而有一夹角 θ 。实践中发现，在有静位移的情况下，并不能旋转到真正的二维电性介质的主轴方向，且在坐标旋转过程中资料误差经传递有所增大。但几何平均视电阻率则不一样，因为几何平均阻抗按下式计算且有恒等式成立：

$$Z_{\mathrm{DA}}=\sqrt{Z_{xx}(\theta)Z_{yy}(\theta)-Z_{xy}(\theta)Z_{yx}(\theta)}\equiv\sqrt{Z_{\mathrm{TE}}Z_{\mathrm{TM}}} \tag{4.4}$$

即跟夹角无关。因此，由张量阻抗 4 个元素求几何平均阻抗无须坐标旋转，部分地避免了可能的传递误差的增大。将 MT 功率谱编辑器设置为直接编辑几何平均视电阻率(对应曲线只有一条)，挑选功率谱使其误差全局最小且在全频段连续光滑。常规的选择功率谱叠加，试图使 TE 极化和 TM 极化资料同时达到误差最小的两个目标有时是不相容的。

3. 两种极化资料联合反演的策略

联合反演迭代收敛可以得到保证，且沿着两种极化拟合总体均方根误差减小的方向收敛，而这个收敛方向并非一定是 TE 极化和 TM 极化拟合均方根误差单独的、分别的同时趋于极小的方向，所以联合反演还只能称得上是形式上的联合反演。下面指出一些更接近于实质上联合反演的策略，这些策略基于这样的事实：无论用何种方式反演，总是期望修正的类一维视电阻率逼近其真值，而其终极态类一维视电阻率则不依赖于极化和/或两种极化的组合方式。

交叉反演：在反演迭代中，交替对 TE 极化和 TM 极化数据进行反演，以保证反演沿着两种极化资料拟合差单独但交替变小的方向收敛。

同步反演：每一轮迭代中，都对 TE 极化和 TM 极化数据单独作反演，但将反演的模型取合适的数学平均，而下一轮反演中待修正的类一维视电阻率则根据此平均模型来计算。以此保证反演沿着两种极化资料拟合差单独且同步变小的方向收敛。

目前尚不能证明联合反演能提高分辨能力，仍需要进一步研究和开发其他更合适的联合反演方案。降维单参数法二维反演思想更易于推广应用到三维地电结构的反演。

4. 关于静位移和地形影响

静位移实际上是浅层构造应有的反映，包含在电磁波 TM 极化模式的电场中。仅因为实际测量的频率不够高，以至于看到了它在低频信号中产生的后果而没有锁定住它的根源。因此静态校正是不得已而为之的近似处理手法，不能从根源上确定浅层构造的信息(高频信息不够)，就退而求其次设法消除它对于低频相对应的深层构造的影响，就像吃止痛药缓解盲肠炎引起的疼痛一样。当然，引起静电荷在浅层构造表面的积累原因还有非 MT 场源的其他外来的直流因素，而不包含在电磁波 TM 极化模式的方程中。

关于地形影响，理论可模拟，实践不可行。模型试验表明，地形影响高度地依赖于其复杂程度和几何尺度(柳建新 等，2012；张翔 等，1999)。特别地，地形尺度越小，影响越大。测量中被忽略的小尺度的地形影响有时恰是决定性的。仅按实测点的地形数据构绘地形线并用于地形效应的模拟是不精确的。甚或存在有高精度地形测量数据的情况下，现实的二维地形网格化计算也不足以精确反映出地形的影响。精确消除地形影响仍然是技术难题。

以上两种效应在人工源的电场方法中同样存在。

4.3 人工源电磁测深拟大地电磁测深二维反演

如 4.2 节所述，降维单参数法已然成功地被用于 MT 二维反演。若能将以“全区”和“全期”视电阻率间接替代为 MT 中的视电阻率，则可以将降维单参数法应用到 ASEM 五个分量的二维反演。为此，需要研究 ASEM 五个分量资料与 MT 资料之间的相互转换(或映射)方法。在此基础之上，借助 MT 方法，建立统一的“人工源电磁测深拟大地电磁测深二维反演方法”，使得任何的频率域和时间域二维反演能够避开 ASEM 的二维正演而间接得以完成。

如第 2 章所述，频率域的磁场水平和垂直分量“全区”视电阻率可近似视为等同于 MT 视电阻率。但对频率域电场水平分量和时间域所有分量，则要借助于“形式化一维反演”作为一个“中间的过渡”来实现“全区”和“全期”视电阻率向 MT 视电阻率的转换。

4.3.1 人工源与天然平面波源激发下响应函数的关系

以频率域为例(时间域的结论类似但有所不同)。ASEM 方法在收发距 $r\to\infty$时，等效于“远区”状态，即 $kr\to\infty$，亦等效于$\omega\to\infty$的状态，根据第 1 章的分析，对一维层状介质，电、磁场分量的渐近表达式(1.138)、式(1.139)、式(1.171)、式(1.172)和式(1.187)中含有的变换函数：

$$\overline{R}_1=\coth\left[k_1h_1+\operatorname{arcoth}\sqrt{\rho_2/\rho_1}\coth\left(k_2h_2+\cdots+\operatorname{arcoth}\sqrt{\rho_N/\rho_{N-1}}\right)\right] \tag{4.5}$$

即是MT中的地面变换阻抗。除场值的绝对值趋于零(无穷远处人工源测量非现实可行的)的情形，单就理论表达式而言，用任意一个分量均可得到平面波激发下的解，即所得“全区”视电阻率等同于MT(平面波激发)的视电阻率。由x方向和y方向转换r方向和φ方向水平场类同。

各分量对应的“全区”视电阻率(等同于“远区”视电阻率)为

$$\rho_{E_x}^{\mathrm{A}}(\omega)=A^{-1}\cdot(2-3\cos^2\varphi)^{-1}\cdot E_x(\omega)_{kr\to\infty}=\rho_1\cdot\overline{R}_1^2 \tag{4.6}$$

$$\rho_{E_y}^{\mathrm{A}}(\omega)=\left(A\cdot 3\sin\varphi\cos\varphi\right)^{-1}\cdot E_y(\omega)_{kr\to\infty}=\rho_1\cdot\overline{R}_1^2 \tag{4.7}$$

$$\rho_{H_x}^{\mathrm{A}}(\omega)=(-\mathrm{i}\omega\mu)\cdot\left(A\cdot 3\sin\varphi\cos\varphi\right)^{-1}\cdot\left[-H_x(\omega)_{kr\to\infty}\right]^2=\rho_1\cdot\overline{R}_1^2 \tag{4.8}$$

$$\rho_{H_y}^{\mathrm{A}}(\omega)=(-\mathrm{i}\omega\mu)\cdot A^{-1}\cdot(2-3\cos^2\varphi)^{-1}\cdot\left[-H_y(\omega)_{kr\to\infty}\right]^2=\rho_1\cdot\overline{R}_1^2 \tag{4.9}$$

$$\rho_{H_z}^{\mathrm{A}}(\omega)=(\mathrm{i}\omega\mu)\cdot\left(A\cdot 3\sin\varphi\right)^{-1}\cdot r\cdot H_z(\omega)_{kr\to\infty}=\rho_1\cdot\overline{R}_1^2 \tag{4.10}$$

而若用电场和磁场的比值，则有阻抗：

$$Z_{xy,yx}=E_{x,y}(\omega)_{kr\to\infty}/H_{y,x}(\omega)_{kr\to\infty}=\sqrt{-\mathrm{i}\omega\mu\cdot\rho_1}\cdot\overline{R}_1 \tag{4.11}$$

在层状介质的情况下，由这两个阻抗定义的“全区”视电阻率，也等同于MT的视电阻率：

$$\rho_{xy,yx}(\omega)=\left(-\mathrm{i}\omega\mu\right)^{-1}\cdot Z_{xy,yx}^2=\rho_1\cdot\overline{R}_1^2 \tag{4.12}$$

因此，对处于“远区”状态的ASEM的频率域方法，例如，CSAMT可以直接采用天然场MT的技术对“全区”视电阻率进行精确的二维反演。对任意介质和有限长收发距的ASEM，则需要设法在各测点处获取一个相当于(虚拟)收发距$r\to\infty$状态下的等效MT视电阻率。如第2章的研究所表明的，除频率域磁场分量外，获得这个等效MT视电阻率尚存在一定的难度。因此，统一采用下述近似映射方法以达成此目标：由实测的频率域和/或时间域有限长收发距人工源电、磁各分量计算出“全区”和/或“全期”视电阻率并进行形式化一维反演，例如，采用“正演修正法一维反演”，将结果代入式(4.12)正演计算出等效的MT视电阻率。鉴于此映射转换是建立在将一维介质且收发距$r\to\infty$时的结论推及二维介质的基础之上，此等效MT视电阻率存在一定的近似性。

注意到在二维介质情况下，MT视电阻率有两种极化模式，需要根据ASEM电磁场源的激励方向和MT极化场的方向相对应的原则，将具体的电、磁分量(不论是频率域还是时间域)逐一转换成对应的MT极化模式。分析表明：

(1) 人工源ASEM和天然场源MT等效的根本机制源于MT(平面波)数学而非物理形式上可视为ASEM收发距$r\to\infty$的特例。

(2) 对二维构造，由ASEM精确的形式化一维反演结果，经一维MT正演计算将“全区”视电阻率和/或“全期”视电阻率转换成平面波激发下的等效MT视电阻率，相当于逐个测点等效出一个收发距在无穷远的视电阻率，并且认为所有测点等效MT视电阻率的集合仍保留了全部的二维构造信息。显然，这种映射转换存在可能的近似误差：人工源的激发机制在收发距有限且方位角不同的情况下并非是以一次平面波方式感应地球，则由“全区”视电阻率和/或“全期”视电阻率转换的等效MT视电阻率可能产生与一次场非平面波分布有关的畸变。这种畸变(如果有的话)，在“+”字形张量源的$\varphi=0°$和$\varphi=90°$

的方位上最小。另外，对 ASEM 单点“全区”或“全期”视电阻率作形式化一维反演获得的可能是某种程度上在固有等值范围内的等效解；ASEM 易受激发源与测点之间不均匀介质的影响即对一次场扩散的传递效应，亦传带到等效 MT 视电阻率中；MT 响应为电场和磁场的比值，在二维构造状态下有可能削弱了单独电场、磁场分量对于相对高、低电阻率目标体反映的灵敏度。这些因素均可能影响人工源 ASEM 和天然场 MT 二维响应之间相互转换的前提条件和精度，因而也可能影响反演的精度。

(3) 虽然存在以上可能的畸变等问题，但进行人工源 ASEM 勘探并反演时，在一定条件下，可以避开直接的 ASEM 二维正演计算这个技术难题，仍不失其现实意义。考虑到时间域和频率域 ASEM 正、反演的高度复杂性，这种近似方法更特别适合用于现实中的有限长线源、张量源、CR 法的移动源、多个复杂源组合激发以控制较长勘探测线的二维剖面反演。在所有这些现实的复杂情况下，均可定义出视电阻率并能完成精确的形式化一维反演，将之转换成 MT 的视电阻率，则 ASEM 皆可归于等效为 MT 反演。

(4) 参见图 4.22，约定测线方向也即二维构造倾向固定为 x 方向。①号源垂直构造走向布置，测线处于赤道方位且平行于赤道，采用第 1 章各分量相对应的公式进行正演，采用第 2 章中相对应的方法计算视电阻率。② 号源垂直于测线和构造倾向，测线处于轴向方位且垂直于源的轴线。相关公式中 φ 用 $\varphi \pm 90°$ 替代，且 x 分量和 y 分量互换。③号电偶极子源平行于测线和构造倾向，测线为轴向方位且平行于轴线。公式相当于①号源取 $\varphi \equiv 0°$，故 $E_y(\omega)=0$、$H_x(\omega)=0$ 和 $H_z(\omega)=0$。通常固定源而改变收发距。④号电偶极子源垂直于测线和构造倾向，测线处于赤道方位且垂直于赤道。公式相当于①号源取 $\varphi \equiv 90°$，且 x 分量和 y 分量互换。故 $E_x(\omega)=0$ 和 $H_y(\omega)=0$。基于此约定，不论是频率域还是时间域的资料处理，但凡含有 x 方向的电场分量(垂直突过电阻率界面)，将对应 MT 的 TM 极化模式，其余的则对应 TE 极化模式。

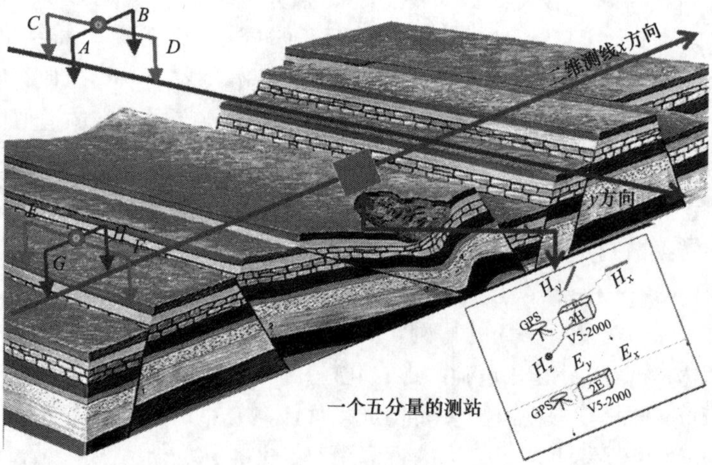

图 4.22　电偶极子源(AB①号；CD②号；GH③号；EF④号)与构造、测线方位关系图

底图取自美国地调局材料

对 MT，在似稳场状态下，由于入射场来源于地球之外且呈平面波形式入射，单独

磁场的测深能力微弱，地层信息主要由电场反映。对一维、二维介质，MT 的 y 方向磁场分量在地面近似为常量，且对均匀半空间和一维介质，垂直磁场分量为零。

然而，主要以地球介质本身为场的传播载体的 ASEM，单独磁场(可视为一次场)却具有明显的测深能力。对一维、二维介质，一般地，地面处的 y 方向磁场分量并非常量。且对均匀半空间和一维介质，垂直磁场分量不为零，但随收发距的增大比水平分量更快地趋近于零，至无穷远处为零。垂直磁场分量可看成是 TE 极化模式。若以电磁场的比值消除一次磁场，则剩下的部分与 MT 响应更趋于相同。因此，如何使映射转换和极化模式对应关系更合理，尚需要深入研究 ASEM 中极化波的分离特性。

4.3.2　人工源电磁测深拟大地电磁测深二维反演步骤

根据上述 ASEM 五分量与天然场源频率域平面波 MT 极化模式的对应关系，对任意的 ASEM 五分量或其组合的采集方式，均可按照下述步骤实现二维近似拟 MT 法反演。此处所述人工源包括但不限于：单一电偶极子或磁偶极子源，单一有限长线源，张量方式电偶极子源，有限长线源加张量方式的组合源。所述五分量或其组合包括但不限于：x 方向、y 方向、z 方向的电场、磁场单分量和同步多分量。所述“采集方式”包括但不限于已用的：CSAMT、LOTEM、CR 法、直流垂向测深法、中心回线 TEM、S-s 方式 TEM、时频电磁法(赵一丹 等，2014)和广域电磁法(何继善，2010)等人工源方法。

人工源电磁测深拟大地电磁测深二维反演方法步骤：

(1) 逐个测点、逐个分量和/或组合，由实测资料计算出“全区”和/或“全期”视电阻率(包括但不限于必要时引入的“虚拟全区”、“虚拟全期”等视电阻率)；

(2) 逐个测点、逐个分量和/或组合，对视电阻率进行精确的形式化一维反演(包括但不限于采用正演修正法)，获得相应的形式化的一维电性分层信息即电阻率和层厚数据；

(3) 逐个测点、逐个分量和/或组合，利用形式化一维反演的分层信息，进行 MT 一维正演计算，获得与该分量和采集方式相对应 MT 的 TM 极化模式和/或 TE 极化模式的视电阻率；

(4) 将所有测点的 TM 极化模式和/或 TE 极化模式的视电阻率数据集作为一条测线的整体资料，完成 MT 的二维反演(包括但不限于采用降维单参数法二维反演)。

可以看出，完成 ASEM 拟二维 MT 反演的前提是：①获取 ASEM 资料的“全区”和/或“全期”视电阻率；②能对 ASEM 视电阻率进行精确的形式化一维反演，若有方法绕开①直接完成一维反演亦可；③找到 ASEM 资料与 MT 何种极化模式视电阻率的对应关系；④要且仅要达到精确的 MT 二维正、反演。

总之，通过视电阻率映射转换，将 ASEM 二维反演转变成了天然场源 MT 二维反演。

4.4　复视电阻率法参数提取和反演方法

之所以单独考察复视电阻率法(CR 法，谱激电法)的反演问题，是因为 CR 法涉及激发极化效应的叠加处理。CR 法的每一个单道都具有频率测深功能，尽管处于“近区”，而基于“非直电场”的“虚拟全区”视电阻率的获得已使频率域反演成为可能。

4.4.1 复视电阻率法技术特点

CR 法采用偶极-偶极装置进行勘探。概括它的技术特点有：①为 ASEM 五分量中的特例，即取 $\varphi = 0°$，且仅在频率域测量一个分量 $E_x(\omega)$；②小收发距方式，导致快速进入“近区”；③有限长线源激发；④设测量用的电极长度为 a，线源长度为 Ka，分离距为 Na，则近似相当于收发距为 $0.5(2N+K+1)a$；⑤改变分离距，等效于同步实现“几何测深”功能；⑥常规处理利用“几何测深”功能实现电阻率的深度剖面成像，经由频谱资料获得极化率深度剖面，即测点的坐标位置视为排列中心的正下方且“几何深度”为 $D = 0.25(2N+K+1)a$；视极化率由相位谱计算；电阻率取 $\omega \to 0$ 时的“几何测深”视电阻率；⑦因仅测量一个水平电场分量，不能有效消除静位移量，加载一个水平方向磁场分量是合适的选择。

4.4.2 复视电阻率法“全区”视电阻率计算和二维反演

已知 CR 法是 ASEM 五分量测量的特例，则可按水平电场分量计算“全区”视电阻率，并采用拟 MT 二维反演获取电阻率的深度剖面。

1.“全区”视电阻率计算方法

既然 CR 法是取 $\varphi = 0°$的 $E_x(\omega)$，又考虑到 CR 法“近区”测量的特点，宜用有限长线源的处理手法，定义“全区”视电阻率 $\rho_{E_x}^{\mathrm{A}}(\omega)$ 以 $k = \sqrt{-\mathrm{i}\omega\mu / \rho_{E_x}^{\mathrm{A}}(\omega)}$ 的形式隐含在下列用理论归一化函数拟合实测归一化函数的等式中

$$F_{E_x}(\omega) = \frac{E_x(\omega)\cdot 2\pi r_0}{P_E\cdot(-\mathrm{i}\omega\mu)} = \frac{r_0}{2L}\int_{-L}^{L}\frac{1}{r\cdot(kr)^2}\cdot\left[1+(1+kr)\mathrm{e}^{-kr}\right]\mathrm{d}\xi = F_{E_x}(kr_0) \qquad (4.13)$$

其中：r_0 规定取作 $r_0 = 0.5(2N+K+1)a$。理论归一化函数是频率参数的单调函数，“全区”视电阻率存在且唯一，可采用二分法计算。实际上，CR 法的“近区”特点如此明显，以至于接收的电极也不能完全看成是电偶极子，更精确的正演公式当采用积分法。“近区”致使电场的“几何测深态”几乎“湮没”了深部地层的信息，最宜采用“非恒定电场”进行处理。

下面限于讨论总电场。按以下步骤进行处理。①由实测的场值按式(4.13)左边计算实测归一化函数。②按式(4.13)右边计算有限长线源下的均匀半空间的理论归一化函数(由于有限源激发下均匀半空间的归一化函数没有简单的解析解，需要采用数值积分法)。③采用“二分法”对实测归一化函数进行拟合，计算出“全区”视电阻率。如果是近似的二维构造，则加载下列步骤，使之转换为等效的 MT 视电阻率(这里假定 CR 法的供电、测量电偶极子和测线方向是垂直构造走向的，即轴向方位)。④对“全区”视电阻率进行一维形式化的反演。注意，其迭代目标函数中理论场值的计算要采用有限长线源的积分计算公式。⑤对一维形式化反演结果进行 MT 一维正演获得等效的 TM 极化模式的视电阻率。

2. 二维电阻率反演方法

一种可能的近似反演是拟 MT 二维反演。由于 CR 法的移动式排列模式，每一测点实际上有多条不同分离距的“全区”视电阻率曲线。对每个接收点选择对应最大分离距(“全区”视电阻率进入“近区”和达到“几何测深态”的速率最慢，且分离距较大的道覆盖了较小道信号中的信息)而转换得到的“全区”视电阻率，将所有测点的“全区”视电阻率沿测线合并为一个数据集，采用 TM 极化模式进行二维反演。它的精度要大于“几何”成像的深度剖面。

4.4.3 复视电阻率法极化参数提取方法

CR 法的特别之处在于，电磁感应效应上叠加了一个与激发极化有关的极化效应。以 Cole-Cole 模型(刘崧，1998)为出发点，将论述实验室样本测量的电磁感应、介电效应和激电效应的谱分析方法，以及一维层状地层下求解极化参数的“反演振幅拟合相位极化参数提取法”和“重整化谱参数相位交错拟合法”技术。

1. 极化参数和复电阻率模型

基于 Cole-Cole 模型，则地层的复电阻率表达为

$$\rho_{\text{sip}}(\mathrm{i}\omega)=\rho_0^*\cdot\left(1-m\cdot\left\{1-\left[1+(\mathrm{i}\omega\tau)^c\right]^{-1}\right\}\right)=\rho_0^*\cdot m_{\tau c}(\omega) \tag{4.14}$$

其中：ρ_0 为真电阻率；$\rho_0^*=\rho_0/(1-m)$ 是频率为零的电阻率；$m_{\tau c}(\omega)$ 为方便记而定义的函数；m 为充电率，也称极限极化率，%；c 为频率相关系数，无量纲；τ 为时间常数，s；且有

$$\omega\to 0:\rho_{\text{sip}}(\mathrm{i}\omega)=\rho_0^*,\quad \omega\to\infty:\rho_{\text{sip}}(\mathrm{i}\omega)=\rho_0^*(1-m)=\rho_0 \tag{4.15}$$

此表达式对每一套地层都是适用的。下标 sip 表“激电谱”。按 CR 法习惯变量用$\mathrm{i}\omega$。

2. 样本复电阻率模型和极化参数提取方法

在实验室，通过样本测定可以间接得到这个谱。设若频率范围足够宽，则有

$$\rho_{\text{样本}}(\mathrm{i}\omega)=\rho_0\cdot\left(1+\omega\varepsilon_f\varepsilon_0\rho_0+\mathrm{i}\omega\varepsilon_{\mathrm{r}}\varepsilon_0\rho_0\right)^{-1}\cdot(1-m)^{-1}\cdot m_{\tau c}(\omega) \tag{4.16}$$

式中：ε_{f} 为与介电常数频散有关的相对介电常数。

由于介电与极化的主频分离较明显，一般地，实测样本在极高频率段表现强的介电特性，在极低频段则表现为极化特性(图 4.23)。固有参数的简单计算方案：采用“重整化谱参数相位交错拟合法”，截取高频段资料拟合得到介电参数 ε_{r} 和 ε_{f}；截取低频段资料拟合得到极化参数 m、τ 和 c，同时得到真电阻率。求解精确处理则要对全频段资料进行非线性拟合，尤其当两者的主频分开不明显时。

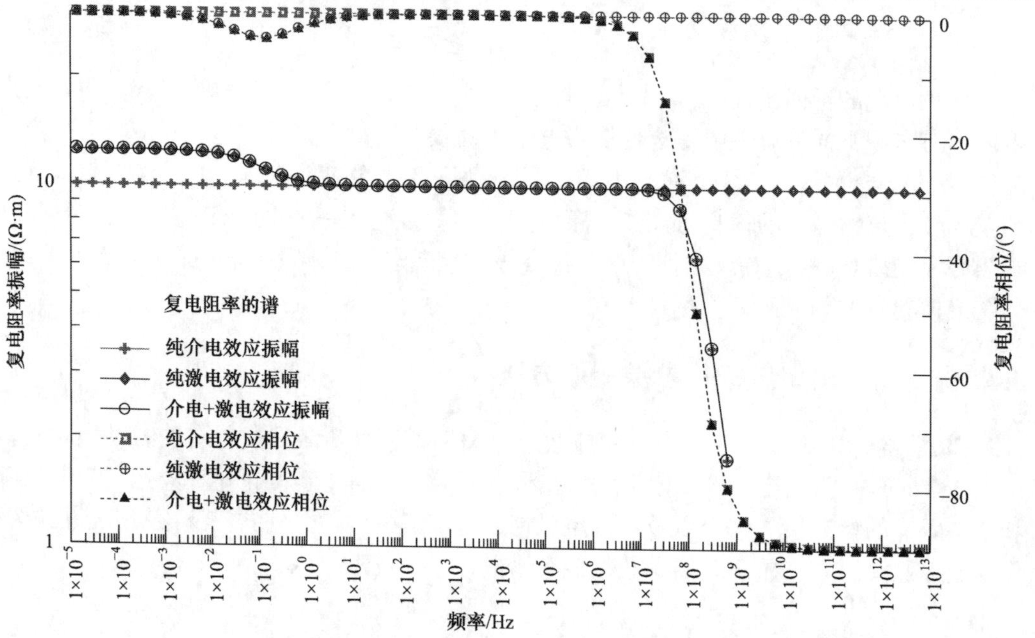

图 4.23　样本介电和极化效应叠加后复电阻率的谱振幅和相位理论曲线

3. 地层复电阻率和极化参数提取方法

下面讨论野外 CR 法实测资料的处理方法。无论是均匀半空间介质、一维层状介质精确模型和简化模型，均归结到解一个非线性的复数方程组问题。

1) 均匀极化半空间复电阻率和极化参数提取方法

将复波数改写为 $k=\sqrt{-\mathrm{i}\omega\mu/\rho_{\mathrm{sip}}(\mathrm{i}\omega)}$ 代入式(1.11)即得均匀极化半空间介质下的场的正演计算公式。引入“全区”复视电阻率 $\rho_{E_x}(\mathrm{i}\omega)$，并按振幅和相位来定义：

$$\rho_{E_x}(\mathrm{i}\omega)=\left|\rho_{E_x}(\mathrm{i}\omega)\right|\mathrm{e}^{-\mathrm{i}\varphi_{E_x}(\mathrm{i}\omega)} \tag{4.17}$$

其中：复视电阻率振幅 $\left|\rho_{E_x}(\mathrm{i}\omega)\right|$ 以 $k=\sqrt{-\mathrm{i}\omega\mu/\left|\rho_{E_x}(\mathrm{i}\omega)\right|}$ 的形式隐含在下列近似拟合等式中

$$E_x(\omega)=A\cdot r^2\cdot(-\mathrm{i}\omega\mu)\cdot(kr)^{-2}\cdot\left[1+\left(1+kr\right)\mathrm{e}^{-kr}\right] \tag{4.18}$$

而复视电阻率相位则直接定义为

$$\varphi_{E_x}(\mathrm{i}\omega)=\arctan\left[E_x(\omega)\right] \tag{4.19}$$

复视电阻率振幅的渐近特性为

$$\omega\to\infty:\left|\rho_{E_x}(\mathrm{i}\omega)\right|\to\rho_0,\quad \omega\to 0:\left|\rho_{E_x}(\mathrm{i}\omega)\right|\to\rho_0/(1-m) \tag{4.20}$$

场值的归一化函数是单调的，解存在并且唯一。对实测资料采用二分法计算“全区”复视电阻率的振幅，振幅和相位都包含有极化的信息。

欲得到极化参数和真电阻率，则要解非线性复数方程组：

$$\rho_{E_x}\left(\mathrm{i}\omega_j\right)=\rho_0\cdot(1-m)^{-1}\cdot m_{\tau c}\left(\omega_j\right),\quad j=1,\cdots,M \tag{4.21}$$

但用此式求解之前，则要对复视电阻率的相位作校正，即在总相位中减去均匀半空间的相位。与 MT 不同的是均匀半空间电场的相位不是常数，其计算公式为

$$\varphi_{E_x}(\omega)=\arctan\frac{\left[(1+a)\sin a-a\cos a\right]\mathrm{e}^{-a}}{\left[(1+a)\cos a+a\sin a\right]\mathrm{e}^{-a}+1} \tag{4.22}$$

其中：$a=r\sqrt{\omega\mu/(2\rho_0)}$。仅当 $a\to\infty$，$\varphi_{E_x}(\omega)=0$。

2) 层状介质复电阻率和极化参数提取方法

对分层极化(第 j 层极化参数为 m_j、τ_j、c_j；真电阻率 ρ_j；层数 N)的层状介质，将各层的波数改写成 $k_j=\sqrt{-\mathrm{i}\omega\mu/\rho_{\mathrm{sip}}(\mathrm{i}\omega)_j}$，代入式(1.114)即可完成电场的正演计算。

“全区”复视电阻率仍(同上述均匀极化半空间一样)按振幅和相位合成来定义，振幅具有渐近特性：

$$\omega\to\infty:\left|\rho_{E_x}(\mathrm{i}\omega)\right|\to\rho_1,\quad \omega\to 0:\left|\rho_{E_x}(\mathrm{i}\omega)\right|\to\rho_{E_x}^{\mathrm{G}}/(1-m_N) \tag{4.23}$$

振幅和相位都包含有极化的信息，且各层的极化信息是相互渗透纠缠在一起的。

欲得到各层的极化参数和电阻率，则可采用下列近似的方法——“反演振幅拟合相位极化参数提取法”。①按不含有极化效应的方式，对“全区”复视电阻率的振幅作一维反演，获得近似的地层电阻率和厚度参数。反演完成后，理论拟合的振幅与实测资料“全区”复视电阻率的振幅是一致的，但是理论拟合的相位与实测相位是有差别的。由实测相位减去理论拟合相位，并仅考虑相位差为负值的异常。②找出可能存在的呈独立状态的相位异常并逐个进行处理。不失一般性，假定每个异常占有三个及以上的频率点，解非线性复数方程组：

$$\rho\left(\mathrm{i}\omega_l\right)=\rho\cdot(1-m)^{-1}\cdot m_{\tau c}\left(\omega_l\right),\quad l=1,\cdots,N_f;N_f\geqslant 3 \tag{4.24}$$

可以得到对应该异常的极化参数和真电阻率，它们可以归属于该相位异常所占据的共 N_f 个频率点，可近似认为归属于该频率段对应的反演中得到的深度范围。对每个可能存在的呈独立状态的相位异常作处理，获得各层的电阻率和极化参数。更简化的处理方法是直接将相位异常(一定是负异常)归属到对应的频率点也即相应的深度点上，形成相位异常的深度数据并用于资料的后续解释。若进行了相位异常参数的求解处理，则到此步为止，CR 法一维反演已获得了一个近似的反演电阻率和极化参数(相位异常)的深度变化模型并可直接用于资料的后续解释。然而，采用“迭代法”，理论上将获得更精确的电阻率和极化参数。③回到上述过程①，唯一改变的是，反演过程中归一化函数理论值的计算是按含有极化参数的公式计算的。“正演修正法”反演将更新每个地层的电阻率。继续进行①和②步，形成了求解每个地层极化参数和真电阻率的迭代反演。

特别指出的是：①极化效应也存在于时间域信号中，可将此种反演方法推广到时间域 CR 测量。既然地层极化效应同时呈现于频率域和时间域，那么其信息应存在于任何形式的频率域和时间域 ASEM 五分量测量数据中，亦可反演之。②若非在“近区”工作，反演得到的电阻率也包含有极化参数信息，但因极化效应可能与电磁感应效应重叠较多而使分离变得相当困难。因此，CR 法有处于“近区”工作的必要性。同时暗示由 MT 资料剥离极化参数也有一定的难度。理论模型试验的结果表明，对 MT，在电磁感应和极化效应共存的情况下，或可能找到一个等价的感应模型，它同时拟合了复视电阻率振幅和相位，而不能分离出一个相位异常。将试验基本模型加载有极化信息(图 4.24)，由 MT 反演所获取的就是一个等价的感应模型，剥离的极化参数 $m=0$ 。或对均匀半空间介质可以近似解析地说明此结论。③根据上述反演方法，或暗示“偶极-偶极”的 CR 法通过改变分离距来达成极化参数的测深功能不是必选项，事实上只需要一个测深点的资料即可。④至于有限长线源问题、二维反演问题，参照 ASEM 一般思路可得到解决。

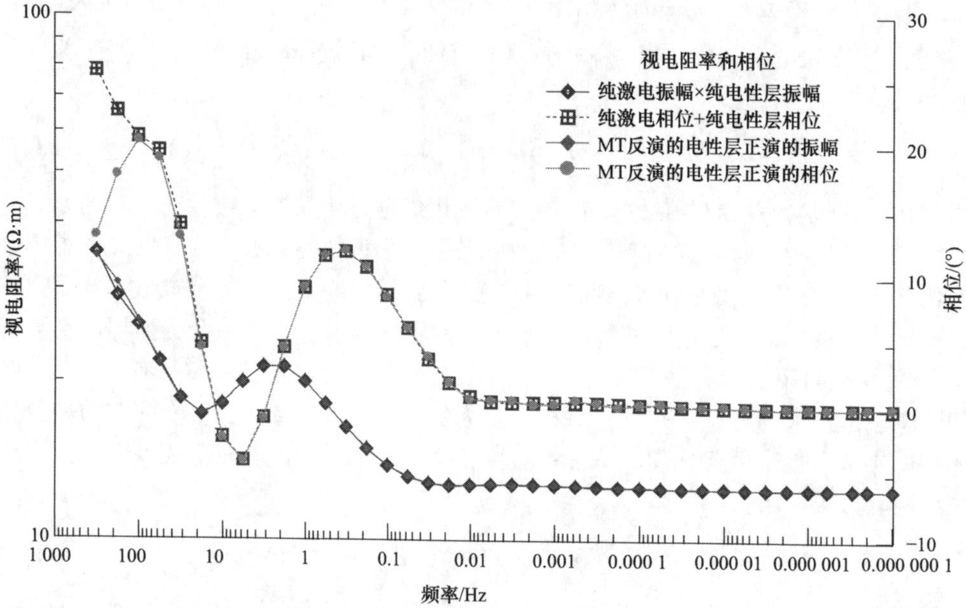

图 4.24 MT 复视电阻率反演

试验基本模型加极化模型。取 m =20 %，c =1，τ =0.55 s

3) 层状介质复电阻率简化模型和极化参数提取方法

已有人基于一维 $E_x(\omega)$的正演研究，提出了层状介质下的“全区”复视电阻率的近似等效模型，即 Brown 模型(Brown，1985)和 Cole-Cole 模型的乘法组合(也可用加法组合，它是乘法组合展开的一级近似)(刘崧，1998)，将“全区”复视电阻率(有时用的是“近区”视电阻率)表达为

$$\rho_{E_x}(\mathrm{i}\omega)=\rho_{\mathrm{sem}}(\mathrm{i}\omega)\cdot\rho_{\mathrm{sip}}(\mathrm{i}\omega)=\left(1-\frac{\mathrm{i}m_2\omega\tau_2}{1+\mathrm{i}\omega\tau_2}+\mathrm{i}\omega\tau_3\right)\cdot\frac{\rho}{1-m}\cdot\left\{1-\frac{m\cdot(\mathrm{i}\omega\tau)^c}{1+(\mathrm{i}\omega\tau)^c}\right\} \tag{4.25}$$

意即假设地下为假想的均匀的感应和极化半空间，用 7 个参数描述其特性：电磁感应参数 m_2 (参量，%)、τ_2 (参量，s)、τ_3 (参量，s)、ρ；极化参数 m 、τ 、c 。$\rho_{\mathrm{sem}}(\mathrm{i}\omega)$ 为电磁谱(以下标 sem 示之)的复视电阻率：

$$\rho_{\mathrm{sem}}(\mathrm{i}\omega)=\rho\cdot\left(1-\frac{\mathrm{i}m_2\omega\tau_2}{1+\mathrm{i}\omega\tau_2}+\mathrm{i}\omega\tau_3\right) \tag{4.26}$$

根据实测的 $E_x(\omega)$ 计算出“全区”复视电阻率，解非线性复方程组求出这 7 个参数，并且将其归属于相应的“几何测深”深度点。

极化参数的提取方法可采用下列迭代法(称之为重整化谱参数相位交错拟合法)(苏朱刘 等，2009，2005b；霍进 等，2004)：①认为电磁谱和激电谱的主频是明显分开的，选择一个高、低频率的接洽点 $\omega_{\oplus}$；②将 $\omega>\omega_{\oplus}$ 频段的 $\rho_{E_x}(\mathrm{i}\omega)$ 近似视为 $\rho_{\mathrm{sem}}(\mathrm{i}\omega)^{(K)}$，根据相位 $\varPhi_{\mathrm{sem}}(\mathrm{i}\omega)^{(K)}$ 获取电磁感应参数 $m_2^{(K)}$ 、$\tau_2^{(K)}$ 、$\tau_3^{(K)}$ 的第 $K+1$ 次迭代的初始值；③根据初始值计算 $\omega<\omega_{\oplus}$ 频段内的电磁谱 $\rho_{\mathrm{sem}}(\mathrm{i}\omega)^{(K)}$ 的相位，得到 $\omega<\omega_{\oplus}$ 频段内 $\rho_{E_x}(\mathrm{i}\omega)$ 与 $\rho_{\mathrm{sem}}(\mathrm{i}\omega)^{(K)}$ 的相位差并视之为激电谱相位，即 $\Delta\varPhi=\varPhi_{E_x}(\mathrm{i}\omega)-\ \varPhi_{\mathrm{sem}}(\mathrm{i}\omega)^{(K)}=\varPhi_{\mathrm{sip}}(\mathrm{i}\omega)^{(K)}$，由它计算出极化参数 $m^{(K)}$ 、$\tau^{(K)}$ 、$c^{(K)}$ 的第 $K+1$ 次迭代时的初始值；④由第 K 次极化参数近似值计算 $\omega>\omega_{\oplus}$ 频段内的激电谱 $\rho_{\mathrm{sip}}(\mathrm{i}\omega)^{(K)}$ 的相位；⑤在 $\omega>\omega_{\oplus}$ 频段内，令实测的总谱与激电谱的相位差为电磁谱相位 $\varPhi_{\mathrm{sem}}(\mathrm{i}\omega)^{(K+1)}=\ \varPhi_{E_x}(\mathrm{i}\omega)-\varPhi_{\mathrm{sip}}(\mathrm{i}\omega)^{(K)}$；⑥回到②，用 $\varPhi_{\mathrm{sem}}(\mathrm{i}\omega)^{(K+1)}$ 进行 $K+1$ 次迭代，直至总谱相位拟合精度达到预期要求；⑦最后按式(4.25)计算地层真电阻率 ρ 。因 ρ 与频率无关，可取所有频率的平均。若电磁谱和激电谱的主频隔离明显，迭代收敛快。否则，迭代慢，且伴随有一定程度的非唯一性。

现在要描述第②步中电磁感应参数 m_2 、τ_2 、τ_3 (为简便略去上标迭代次数 K)的求解方法细节，这相当于解复数非线性方程组(4.26)。为此，定义电磁重整化谱参数：

$$p_{\mathrm{em1}}=(m_2-1)\tau_2^2,\quad p_{\mathrm{em2}}=\tau_3-m_2\tau_2,\quad p_{\mathrm{em3}}=\tau_2^2\tau_3 \tag{4.27}$$

则电磁谱的相位满足：

$$\tan\varPhi_{\mathrm{sem}}(\mathrm{i}\omega)=\left(\omega\cdot p_{\mathrm{em2}}+\omega^3\cdot p_{\mathrm{em3}}\right)/\left(1+\omega^2\cdot p_{\mathrm{em1}}\right) \tag{4.28}$$

在 $\omega>\omega_{\oplus}$ 的频段内，先采用最小二乘法求出电磁重整化谱参数，再用解析法或“模拟退火法”解非线性方程组(4.27)求出电磁感应参数。

事实上，迭代过程中只需要求解电磁重整化谱参数而并不需要解出电磁感应参数。因为第③步以后只涉及相位的计算及其在频率区间上的外推。然而，最后第⑦步计算真电阻率时仍要用到电磁感应参数。无疑地，电磁感应参数和电磁重整化谱参数都可以间接用于对地层电磁感应信息的解释。

类似地，第③步中的极化参数 m 、τ 、c (略去上标 K)的求解相当于解复数非线性方程组(4.21)。定义极化重整化谱参数：

$$p_{ip1}=(1-m)\tau^{2c},\quad p_{ip2}=(2-m)\tau^{c},\quad p_{ip3}=m\tau^{c} \tag{4.29}$$

则激电谱的相位满足：

$$\tan\Phi_{sip}(i\omega)=\frac{-\omega^{c}\cdot p_{ip3}\cdot\sin(0.5c\pi)}{\omega^{2c}\cdot p_{ip1}+\omega^{c}\cdot p_{ip2}\cdot\cos(0.5c\pi)+1} \tag{4.30}$$

在$\omega<\omega_{\oplus}$的频段内，对c施行遍历法(即从 0 至 1 按Δc变化)，采用迭代的最小二乘法求出极化重整化谱参数。进而解非线性方程组(4.29)求出极化参数m、τ。无疑地，极化参数和极化重整化谱参数都可以直接和间接地用于对地层的极化信息解释。

尚可采用非线性的“模拟退火法”，由总谱相位直接和同步地得到极化参数和电磁感应参数的解。图 4.25 为理论模型模拟的例证。模型参数为m=20%、c=1.0、τ=0.55 s，m_2=60%、τ_2=0.5 s、τ_3=0.004 s。迭代 1 000 次后复视电阻率相位拟合相对误差为 0.34%。

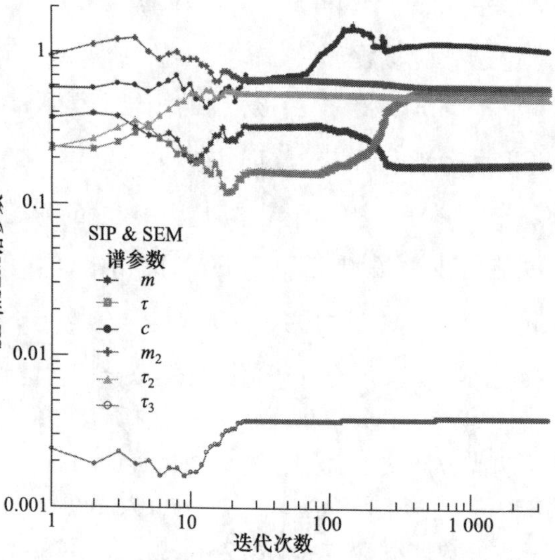

图 4.25 对总谱相位采用直接的非线性“模拟退火法”提取电磁感应参数和极化参数

4.4.4 一维反演模型算例分析

对试验基本模型，取方位角$\varphi=0°$，收发距$r=35\,100$ m。采用“反演振幅拟合相位极化参数提取法”作一维反演后，振幅和相位均得到很好拟合(图 4.26)，因此，相位和极化异常几乎为零。对试验基本模型再加载均匀半空间极化参数：m=20%，c=1，τ=0.55 s。一维反演迭代一次(图 4.27)，振幅拟合较好，相位未能完全拟合，可以分离出总相位与反演拟合相位的相位差，它恰是极化效应的反映。在 0.02 Hz 频率点存在相位差值的极小点，反演后极化参数：$m\approx35\%$，$c\approx1$，$\tau\approx0.55$ s。迭代一次，仅极化率与真值有一定的误差。

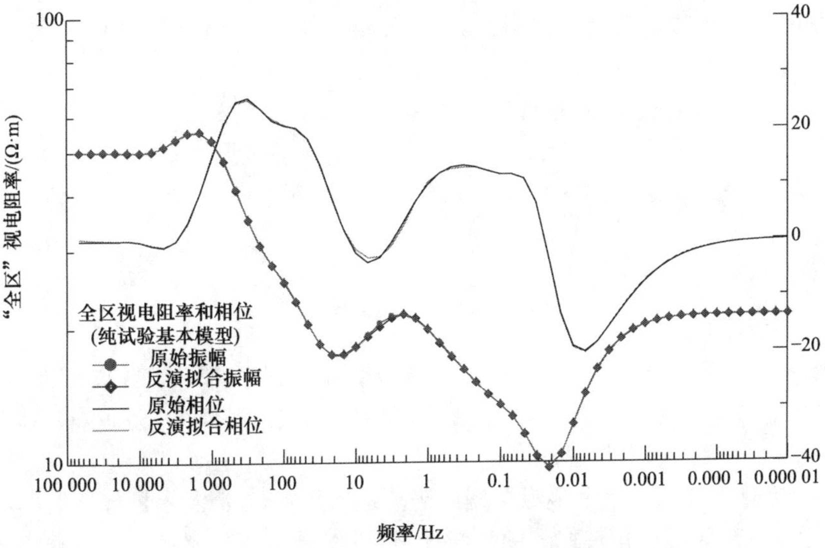

图 4.26　试验基本模型的反演拟合

CR 法：未加载极化响应

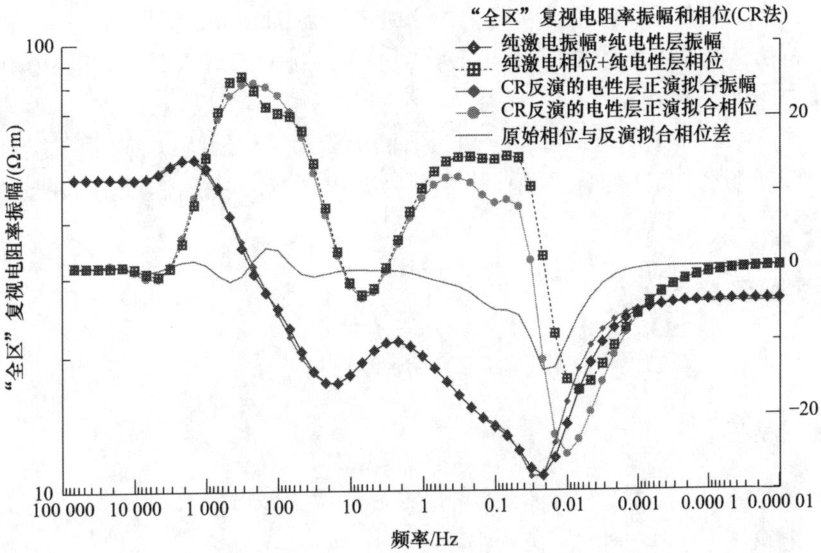

图 4.27　叠合极化特性后试验基本模型的反演拟合

CR 法：加载极化响应

此为一维多层模型，它的振幅和相位均不符合 Brown 模型和 Cole-Cole 模型组合模式的特性，因此不适合选用“复电阻率简化模型和极化参数提取方法”进行处理。

4.5　人工源电磁测深拟大地电磁测深二维正演

众所周知，ASEM 的反演而非正演才是勘探的终极目的。这隐含有“如果反演能绕开正演，那正演就是非必选项”，例如，4.2 节所述 MT 的 TM 极化模式二维“视电阻率修正法”反演；本章的 ASEM 二维拟 MT 法反演。然而正演的必要性在于：其一，某些反演方法需要正演这个中间过程起“桥梁”作用；其二，正演可用于研究理论模型的场的分布规律，以揭示电磁方法是否具备解决特定问题的能力和可能的潜在应用价值。既然可以借助 MT 完成 ASEM 的近似反演，显然也可以借助 MT 进行 ASEM 的正演。

4.5.1 人工源电磁测深拟大地电磁测深二维正演步骤

对任意的 ASEM 五分量或其组合式，均可按照以下步骤实现其二维拟 MT 的正演计算。

(1) 对给定的二维构造，采用 MT 二维正演方法完成正演计算，获取各测点的 TE 极化模式和 TM 极化模式视电阻率数据。

(2) 逐个极化模式的、逐个测点对视电阻率进行形式化一维反演(包括但不限于采用正演修正法)，获得相应极化模式下的(形式化的)一维地层电阻率和厚度数据。

(3) 按相互对应的极化方式、逐个测点，一维正演计算相应的频率域和/或时间域电、磁场的 ASEM 各分量的场值且依附于指定的源点位置和收发距。

(4) 所有测点的场值的集合即为相应 ASEM 各分量的二维正演结果。

总之，将 ASEM 五个分量的二维正演化为 MT 的精确二维正演、MT 的精确一维反演和 ASEM 的精确一维正演等三个具有贯序继承性的一体化流程。

这种正演方法有一定的近似性，但也具有简单和实用化的特点。尤其适合于应对有限长线源、张量源、CR 法的移动源、多个复杂源组合激发以控制较长勘探测线的二维正演的复杂局面。

4.5.2 正演算例分析

下面以几个简单的例证对此正演方法做分析说明。

1. 均匀半空间

对均匀半空间，可看成二维介质的特例，正演的精确性不证自明。因为 MT 和 ASEM 反演结果均精确地等于均匀半空间的电阻率。

2. 一维层状介质

设想一维层状介质空间(也可看成二维介质的特例)，存在 ASEM 和 MT 可能的反演方法，能够将原模型精确恢复，则正演的精确性亦不证自明。然而，如第 3 章所描述的，一维精确反演的真正内涵是精确地拟合数据而非精确地恢复原模型。对任意多层的地球介质，采用一维正演修正法反演所得到的是一个界定在等值范围内的固定为 M 层(通常取为资料采集时的频率或延迟时间点数)介质的等效解，且此固定层数的等效解基本上是稳定不变的。

1) 由 ASEM 五分量转换成 MT 视电阻率

分析流程：ASEM 五分量正演获取相应场量的“全区”或“全期”视电阻率；正演修正法一维反演获取层状介质的电阻率和厚度数据(等效解)；由等效解作 MT 正演计算获取视电阻率；对其进行一维反演以验证能否恢复等效解。

以频率域 $E_x(\omega)$为例。对基本试验模型，取收发距 r =8 100 m 和方位角 φ = 0°(相当于 CR 方式，轴向)。一维正演修正法反演拟合误差为 2.9%(图 4.28)。反演未能精确地恢复原模型，而得到一个层数为 M=48 的等效解(图 4.29)。根据等效解由 MT 的一维正演计算获得视电阻率，进而对此视电阻率进行 MT 的正演修正法一维反演，反演结果与 $E_x(\omega)$直接反演的等效解、MT 直接反演的等效解三者基本一致。这表明固定层数的等效解基本上是稳定的，不依赖于 MT 或 ASEM 方法。同时也表明，由 ASEM 转换成 MT 视电阻率保持了人工源 ASEM 中所含有的电性层的信息的传承不变性。要指出的是，此反演结果与试验基本模型之间存在的差异，正如 $E_x(\omega)$直接反演也不能恢复原模型一样，是由电性层的固有等值性所决定的。由于等值性，根据 $E_x(\omega)$反演的等效解进行 MT 一维正演计算所获得的视电阻率与试验基本模型本身的 MT 视电阻率是有差别的(图 4.30)。

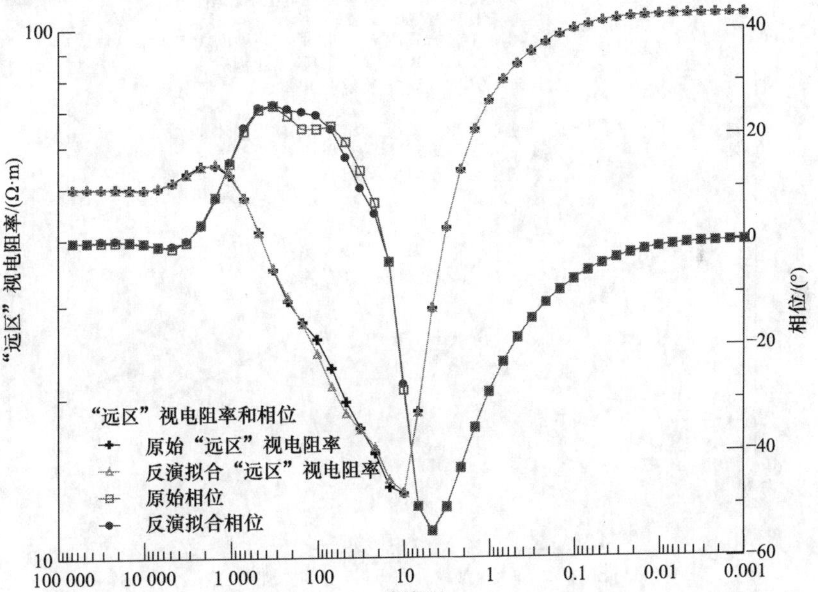

图 4.28　试验基本模型 $E_x(\omega)$反演的“远区”视电阻率拟合曲线

总之，如果将反演广义地理解为找到某个相同固定层数的等效解，ASEM 五分量和 MT 可以得到相同的特定等效解。因此，从反演的目标(即获得特定的等效解)来说，借代这种转换(由 ASEM 五分量转换成 MT 视电阻率)作为反演的中间过程以达成反演的最终完成并获得可接受的反演结果是可行的。

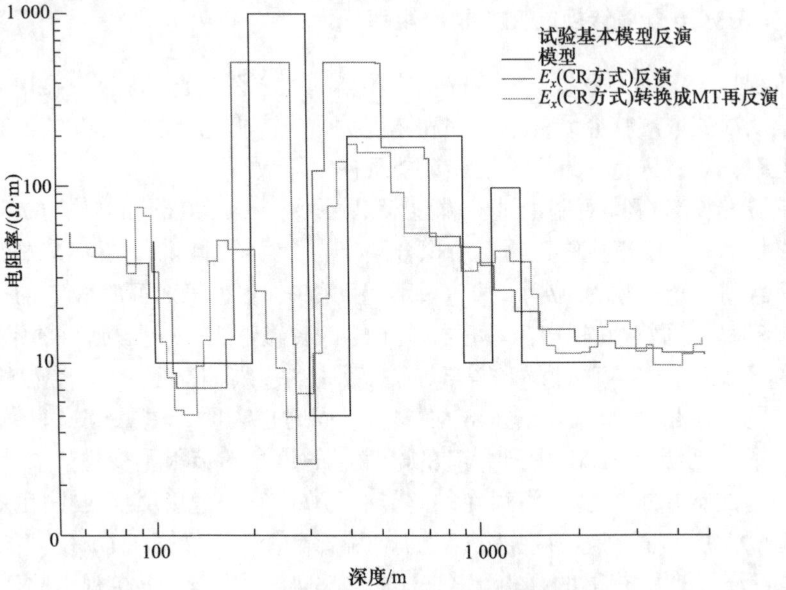

图 4.29 试验基本模型反演结果对比

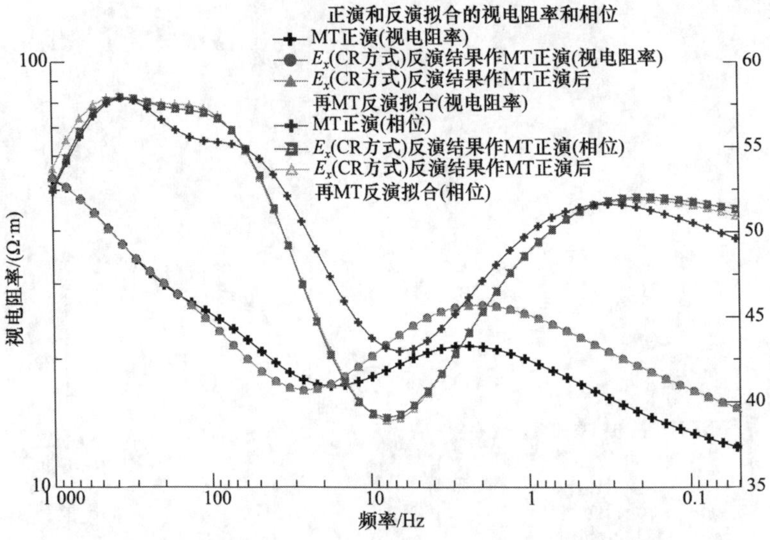

图 4.30 试验基本模型视电阻率相位曲线对比

MT 正演，由 $E_x(\omega)$反演结果进行 MT 正演，MT 反演拟合

2) 由 MT 转换成 ASEM 五分量视电阻率

分析流程：MT 正演获取视电阻率；MT 正演修正法一维反演获取地层电阻率和厚度数据(等效解)；由等效解进行 ASEM 五分量正演计算并获取相应场量的“全区”或“全期”视电阻率；对其进行一维反演以验证能否恢复等效解。

对试验基本模型，根据 MT 反演的等效解进行 $E_x(\omega)$正演计算并求出对应 $E_x^-(\omega)$ (非直电场)的“虚拟全区”视电阻率(图 4.31)，它与由原模型计算的“虚拟全区”视电阻率有很大不同。

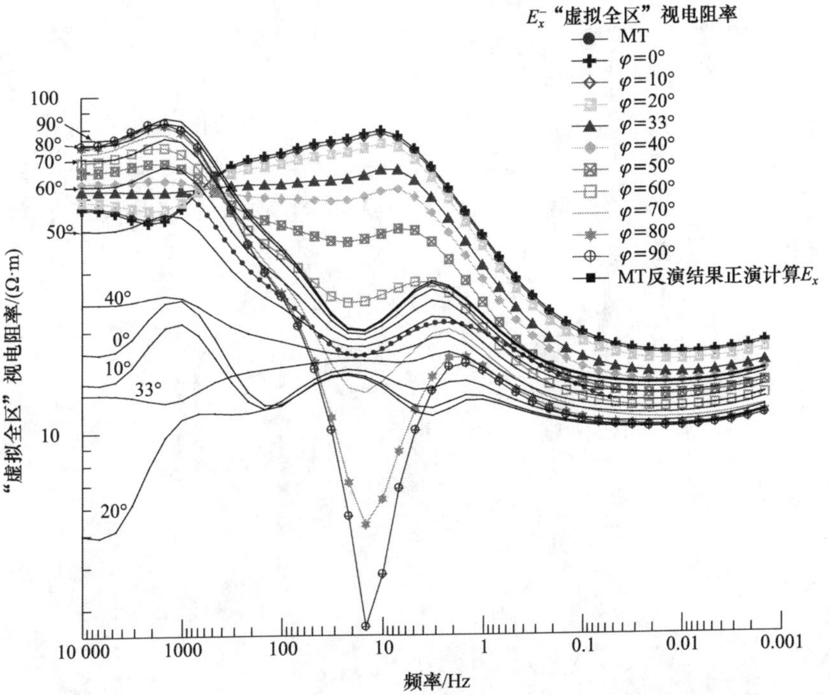

图 4.31　由不同方位电场 $E_x^-(\omega)$ 计算的“虚拟全区”视电阻率曲线

大收发距 r =8 100 m。图中数字为方位角。标有方位角的为由试验模型直接计算的视电阻率。点黑线则为根据 MT 反演的等效解再计算得到的视电阻率。可见，视电阻率曲线有较大差异

现取方位角 $\varphi = 0°$(相当于 CR 方式，轴向)的特例进行反演，则得到的视电阻率-深度数据(图 4.32)与由 $E_x(\omega)$直接反演的等效解(图 4.29)、MT 直接反演的等效解(图 4.32)三者基本一致。这表明固定层数的等效解基本上是稳定的，不依赖于 MT 和 ASEM。同时

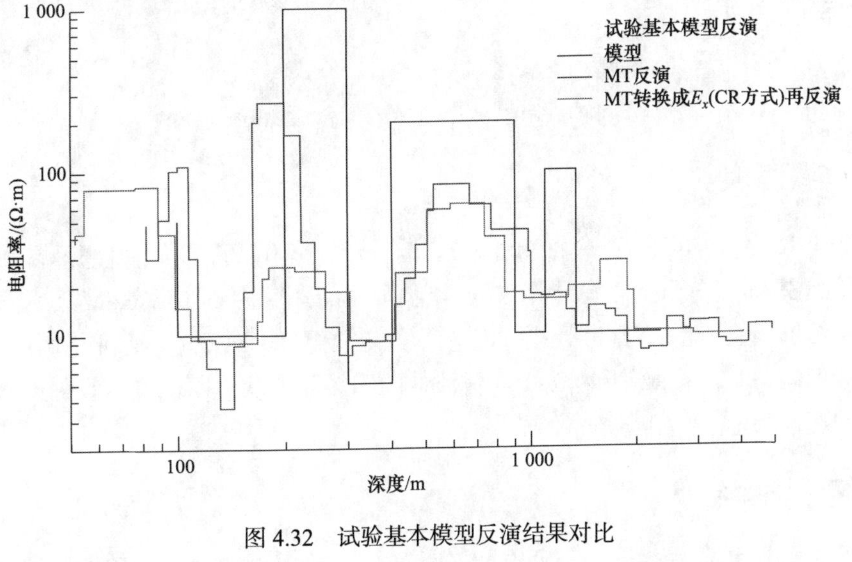

图 4.32　试验基本模型反演结果对比

也表明，由 MT 转换成 ASEM 五分量视电阻率保持了 MT 中所含有的电性层信息的传承不变性。当然，这些反演结果(等效解)与试验基本模型仍有差异，正如 MT 直接反演也不能恢复原模型一样，这是由电性层的固有等值性所决定的。同时，由于等值性，由 MT 转换成 ASEM 的视电阻率一般不同于直接由 $E_x(\omega)$计算的视电阻率(图 4.33)。尽管如此，从找到某个特定等效解的角度而言，借代这种转换作为过渡以达成反演的最终完成并获得可接受的结果是完全可行的。

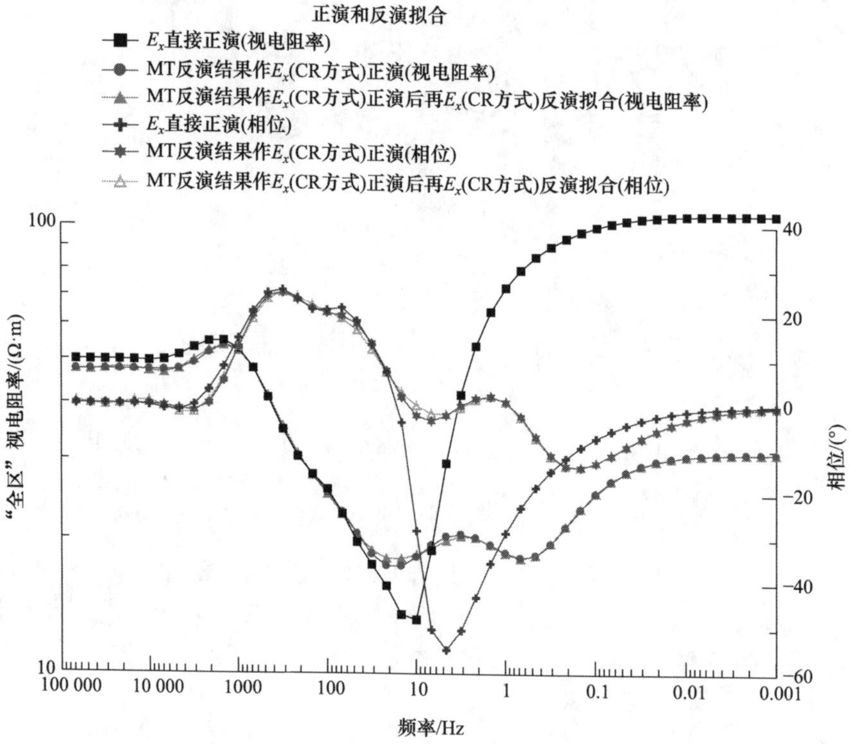

图 4.33　试验基本模型“全区”视电阻率和相位曲线对比

$E_x(\omega)$直接计算，MT 反演结果进行 $E_x(\omega)$正演，$E_x(\omega)$反演拟合

3. 二维简单模型

根据以上对一维介质关于 MT 和 ASEM 五分量之间相互转换的特性分析，借代 MT 方法进行 ASEM 五分量的正演计算，虽不能得到由模型直接进行 ASEM 五分量正演计算的相同的场量值，但仍可得到一个“原模型的等效解”所对应的场量值。因此，ASEM 二维近似借代 MT 的正演模拟作为中间过渡性的工具和手段可以提供一些关于 ASEM 二维正演的定性结论。

1) 二维模型和 MT 正演

以 Sasaki 模型为例(Sasaki，1989)，三维立体显示如图 4.34 所示。在电阻率 50 Ω·m 的均匀半空间中，包含三个低电阻率异常体(电阻率分别为 5 Ω·m 、5 Ω·m 和 10 Ω·m)

和一个高电阻率(100 Ω·m)异常体。

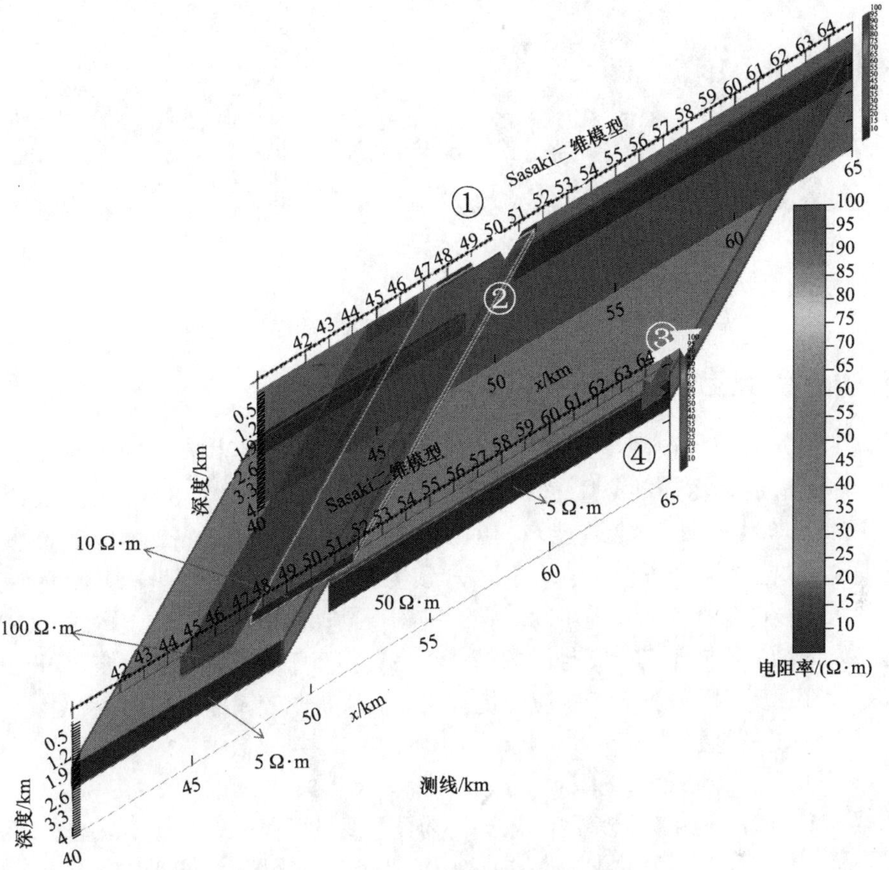

图 4.34　Sasaki 二维模型立体显示

电偶极子源平行或垂直测线，垂直或平行于构造走向

采用有限元法完成 MT 的二维正演，获得 TE 极化模式和 TM 极化模式的视电阻率数据(图 4.35 为拟断面)。逐点对两种极化的视电阻率进行形式化一维精确反演，获取每个测点每种极化的电阻率和层厚数据备用。

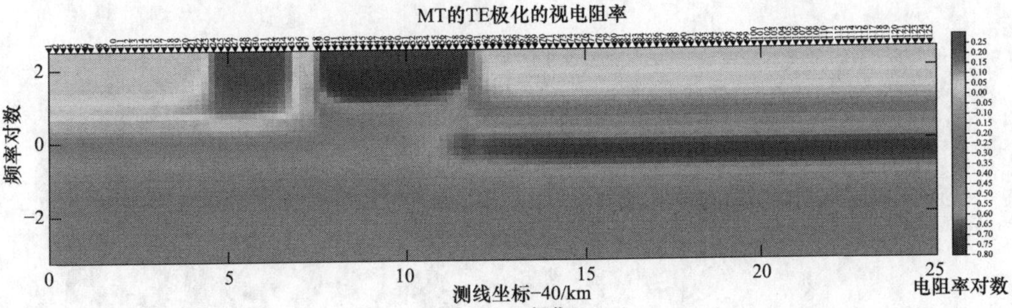

(a) TE极化

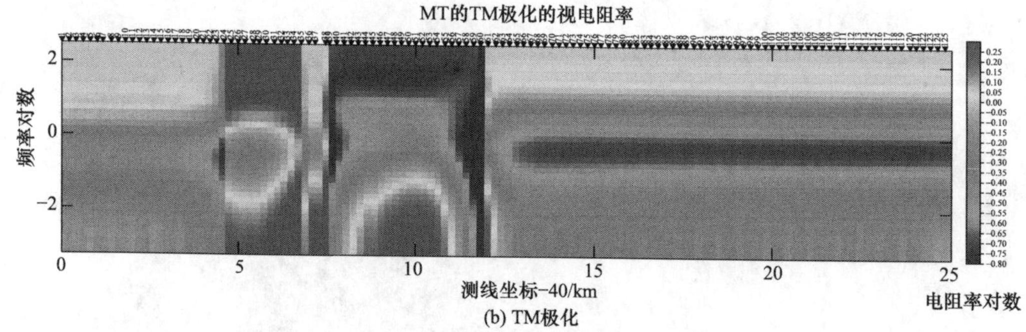

(b) TM极化

图 4.35 Sasaki 二维模型的视电阻率-频率拟断面图

2) 频率域 ASEM 二维正演

设人工源为电偶极子(图 4.34 中①、②号源)，①号源垂直构造走向且与测线平行，②号源平行构造走向且与测线垂直。ASEM 取最小收发距为 $r_{\min}$ =8 100 m，源中心点投影在图中的 $x=50$ km 处。测线位于 $y=8100$ m，测点距 $\Delta x=200$ m，测线上的每个测点与源的距离即收发距 r 和方位角 φ 均不同。无论源的位置在何处，坐标系始终不变。约定成图均采用视电阻率而非场值本身。在二维构造勘探测线的延长线上的③、④号电偶极子源激发的结果不同于①、②号源的情况，后者相当于方位角分别固定为 90°和 0°，仅收发距改变，变换等效为 MT 响应的优势明显。从获取较大场值的角度，①、③ 号源宜用于采集 TM 极化数据，②、④号源宜用于采集 TE 极化数据。当然，场的零值点等问题还可以通过有限长线源和张量源方式解决(参见第 5、6 章)。

根据 MT 的 TM 极化数据，计算得到①、②号电偶极子源激发的频率域 $E_x(\omega)$和 $H_y(\omega)$响应。①号电偶极子源激发的 $E_x(\omega)$响应选择用“远区”视电阻率也即归一化函数的“远区”近似值成图[图 4.36(a)]。由于存在“几何测深态”，在低频趋近于各测点对应的“几何测深”视电阻率而不是最底层的电阻率。用②号电偶极子源激发的 $E_x(\omega)$响应[图 4.36(b)]为不分区的视电阻率，因它是垂直源方向的电场分量，且对同一个测点方位角与①号源情况下差 90°，则尽管也存在“几何测深态”，但低频段的“几何测深”视电阻率的横向变化相对要小，是相对的更接近于 MT 的 TM 极化响应[图 4.35(b)]的视电阻率拟剖面。①号电偶极子源激发的 $H_y(\omega)$响应[图 4.37(a)]选择用“虚拟全区”视电阻率成图。

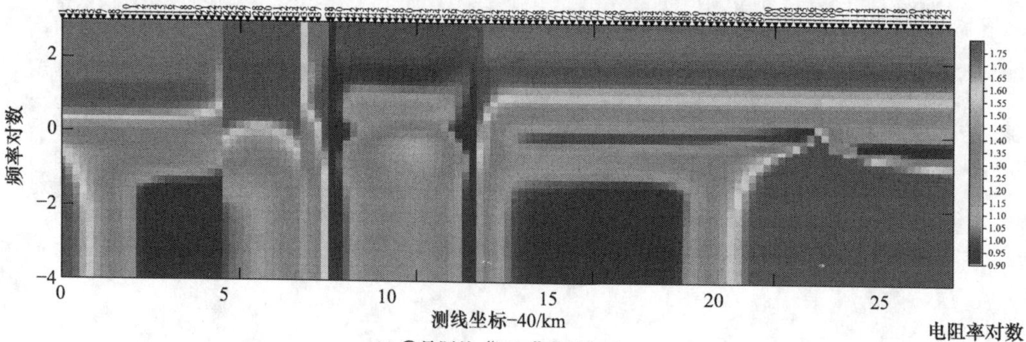

(a) ①号源的“远区”视电阻率

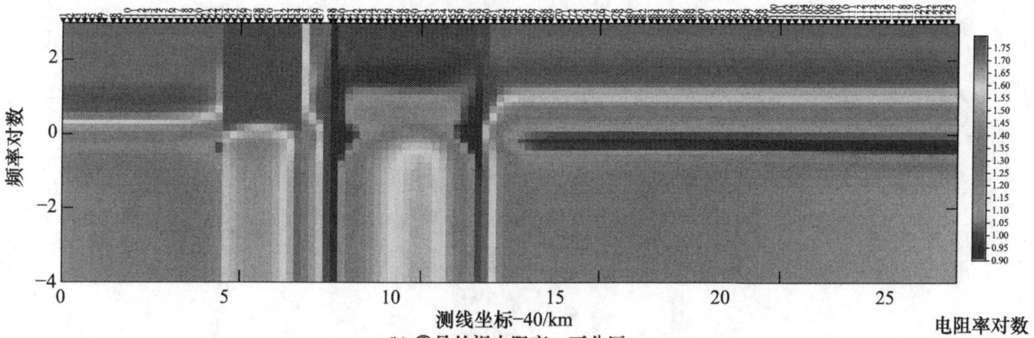

(b) ②号的视电阻率，不分区

图 4.36　①、②号电偶极子源激发的 $E_x(\omega)$响应

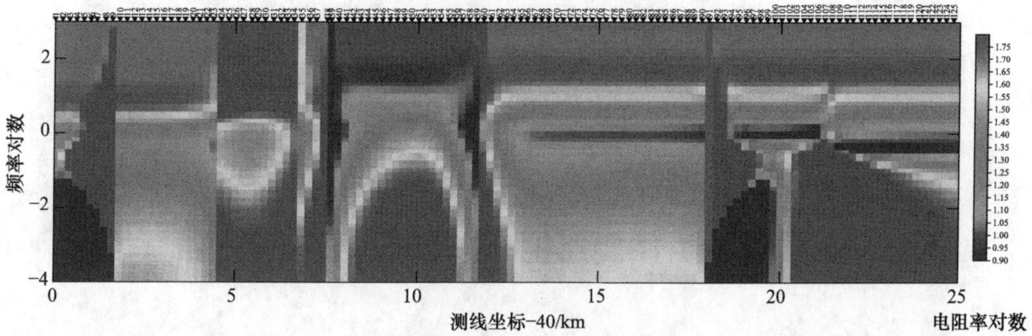

(a) ①号源“虚拟全区”视电阻率

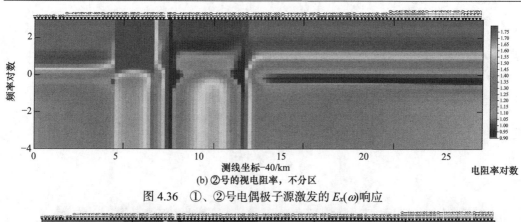

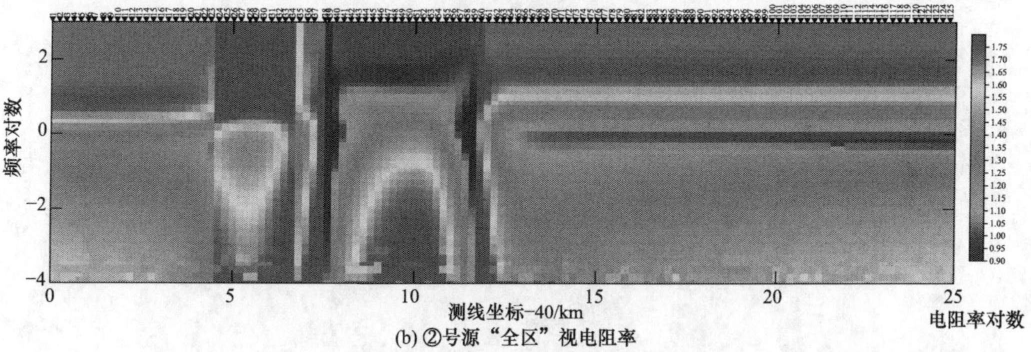

(b) ②号源“全区”视电阻率

图 4.37　①、②号电偶极子源激发的 $H_y(\omega)$响应

0～2 km、18～20 km 的高电阻率异常为方位角 $\varphi=45°$附近的归一化函数的振荡所引起的假象，是由定义和计算视电阻率引起的。除此之外，它与②号电偶极子源激发 $H_y(\omega)$ “全区”视电阻率[图 4.37(b)]形态基本一致，也与 MT 的 TM 极化响应的剖面基本一致。

根据 MT 的 TE 极化数据，计算得到①、②号电偶极子源激发的频率域 $E_y(\omega)$(图 4.38)、$H_x(\omega)$和 $H_z(\omega)$(图 4.39)响应。总体看，ASEM 在频率域的响应与 MT 的 TE 极化的剖面[图 4.35(a)]基本一致。唯有②号电偶极子源激发的 $E_y(\omega)$在低频表现较明显的“几何测深态”；同时 $H_x(\omega)$在 0～2 km、18～20 km 也呈现与方位角 $\varphi=45°$附近的归一化函数的振荡有关的高电阻率异常假象。

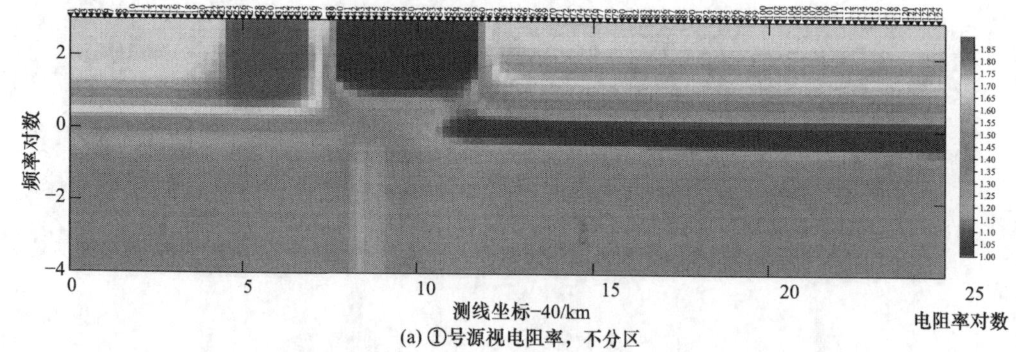

(a) ①号源视电阻率，不分区

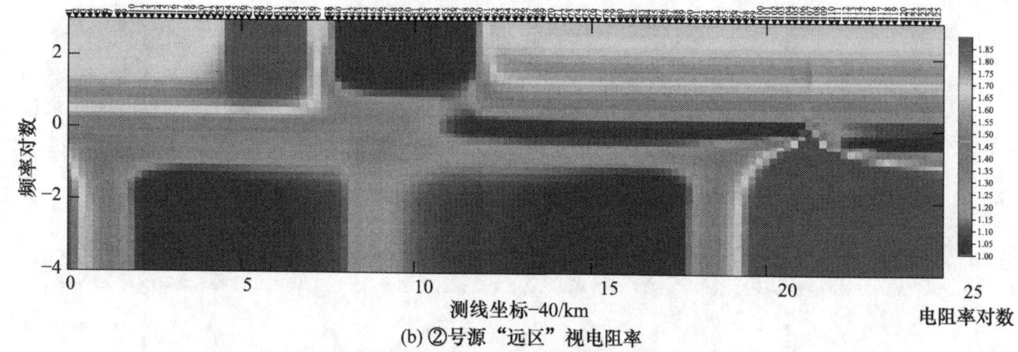

(b) ②号源“远区”视电阻率

图 4.38　①、②号电偶极子源激发的 $E_y(\omega)$响应

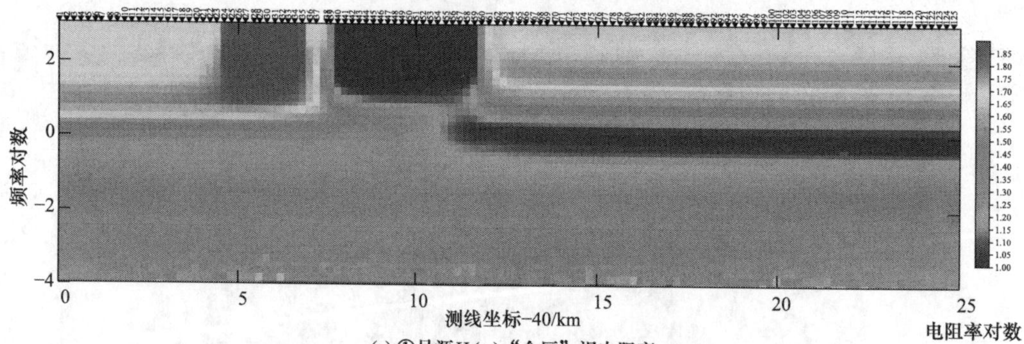

(a) ①号源$H_x(\omega)$“全区”视电阻率

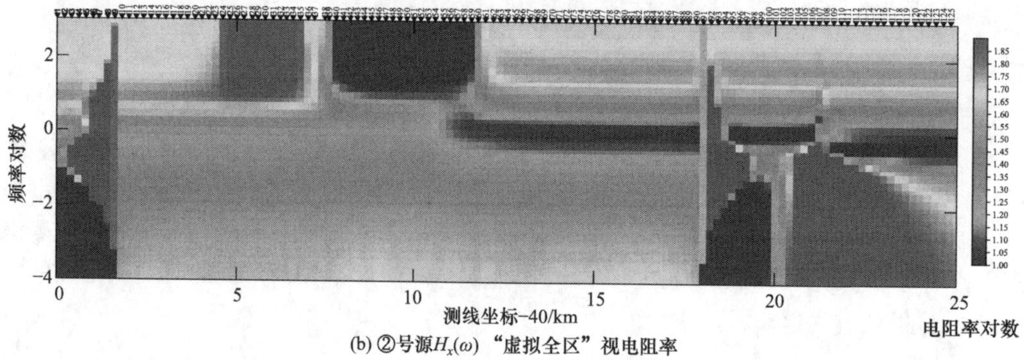

(b) ②号源$H_x(\omega)$“虚拟全区”视电阻率

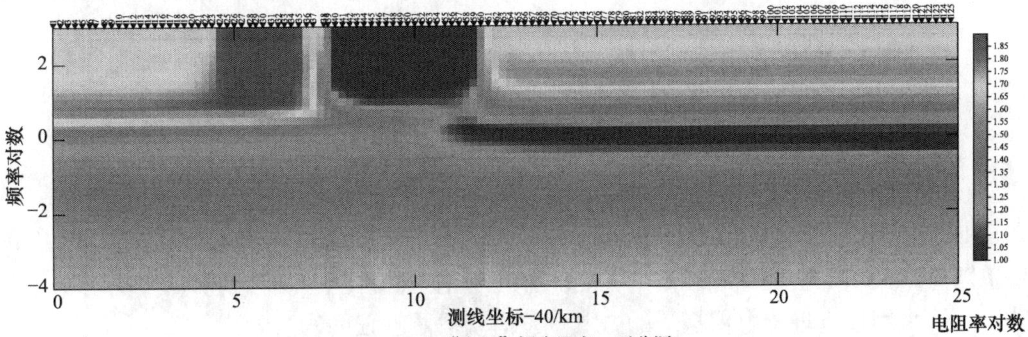

(c) $H_z(\omega)$ “全区”视电阻率，不分源

图 4.39　①、②号电偶极子源激发的 $H_x(\omega)$和 $H_z(\omega)$响应

对 $H_z(\omega)$分量，因其仅与 MT 的 TE 极化有关，无论用哪个源，若采用“全区”视电阻率成图法[图 4.39(c)]，则与 MT 的 TE 极化的视电阻率剖面基本一致。

3) 时间域 ASEM 二维正演

时间域 ASEM 的响应形态特征与频率域的结论基本类同。

4) ASEM 认识

到此为止，就一维层状介质和二维介质的模型模拟结果，可以得出以下几点认识：①ASEM 的频率域和时间域响应在描述地层分层信息方面没有明显的区别；②ASEM 各电、磁分量在描述地层分层信息方面没有明显的区别，在一定程度上，电场分量还可用基于非直电场和下阶跃场量的视电阻率尽可能排除“几何测深态”之困扰；③ASEM 与天然平面波源 MT 在描述地层分层信息方面没有明显的区别；④ASEM 在描述地层分层信息方面，由于源相对于构造的位置、源与测点的距离和方位的不同而变得复杂化以及源与测点间介质对传播一次场的影响，亦因此而削弱了 ASEM 方法的技术优势；⑤无论 ASEM 还是天然场源 MT 方法，由于等值性的存在，不加载其他约束条件，企图通过反演获得精确真实地层原状信息是困难的，仅可获得不同意义上的特定等效解，例如，在“分层数等于频率点数或延迟时间点数”或加载“正则化因子”的意义上的等效解；⑥各电、磁分量和电磁场量比值(含各种联合和组合方式)的等值特性不同、实测频带宽度和范围不同、实测延迟时间范围和长度不同，均导致反演分辨能力的不同；⑦“静态位移”和“几何测深态”仍然是电场分量资料处理的技术难点；⑧本章提出的 ASEM 近似正反演方法有深化研究的必要。

第 5 章　人工源电磁测深法有限长线源处理

在电磁测深勘探实践中，为了增强场的信号强度，通常采用的是有限长的电偶极源，但也因此增大了资料处理和反演的难度。存在理论上的可能：多台发射机实现同步叠加功能，均采用接近理想电偶极子的方式激发而获得足够强的发射电流。

对均匀半空间介质，有限长电偶极源激发的场等效于不同收发距和不同方位角的电偶极子场的叠加(积分)。按符合勘探实际的有限长线源的状态进行精确的资料处理和正、反演是严谨的和必需的方式，尤其在选择小收发距勘探的情形下。

限于篇幅，有关频率域“非直电场”和时间域“非恒定电场”(即下阶跃)的讨论不再展开。

5.1　有限长线源下均匀半空间电磁分量解析解

设发射源源长为 $2L$(图 5.1)，电偶极矩为 $P_E=2IL$。根据有限长线源线下均匀半空间的解析解定义“全期”和“全区”视电阻率是困难的。本节仅分析个别分量在均匀半空间情形下若干特例的解析解。虽然理论上所有分量的解析解均可以得到，但因其表达式过于复杂，对定义和计算“全区”和“全期”视电阻率价值不大。

为行文简洁，约定记 $L_1=L+x$, $L_2=L-x$，$L_3=L+y$，$L_4=L-y$，$\varphi_9=15.683\ 5°$，$\varphi_{10}=29.316\ 5°$，$\varphi_{11}=22.5°$和系数因子 $D=I/(2\pi)$。

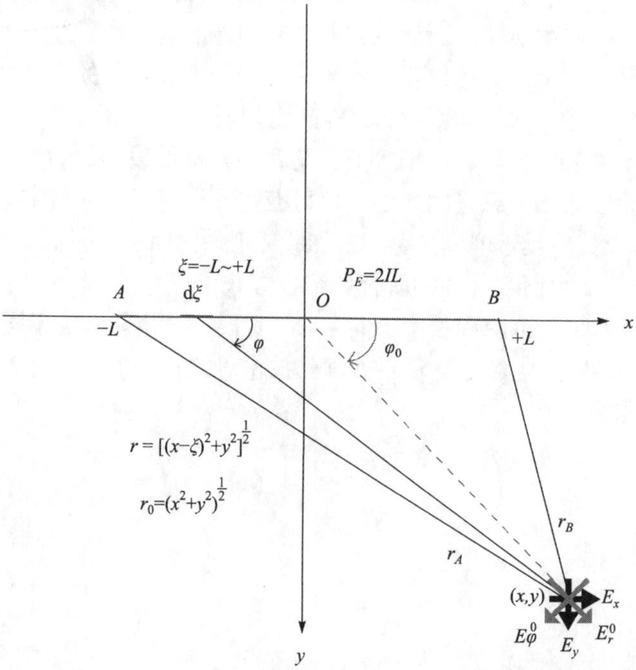

图 5.1　有限长发射源的布极图(以电场分量测量为例，磁场分量类同)

5.1.1　水平电场分量

考察水平电场 y 分量，对均匀半空间介质，无论频率域或时间域，均有解析解表达式：

$$E_y = \int_{-L}^{L} D\cdot\rho\cdot r^{-3}\cdot(3\cos\varphi\sin\varphi)\mathrm{d}\xi = D\cdot\rho\cdot y\cdot\left(r_A^{-3}-r_B^{-3}\right) \tag{5.1}$$

据此式定义视电阻率，可得到唯一解。这是由多个电偶极子 y 分量场的叠加为线性叠加所决定的。场的零值点在 $y=0$(轴向，$\varphi_0=0°$)和 $r_A=r_B$(法向，$\varphi_0=90°$)上，也即视电阻率的奇点。对 y 分量，“早期”“晚期”“全期”视电阻率是一致的，“近区”“远区”“全区”视电阻率是三合一的。计算的视电阻率可直接用于反演。

考察水平电场 x 分量，在频率域“近区”和时间域(上阶跃激发)“晚期”解析解，均为

$$\begin{aligned}E_x &= \int_{-L}^{L} D\cdot\rho\cdot r^{-3}\cdot\left(3\cos^2\varphi-1\right)\mathrm{d}\xi\\&= D\cdot\rho\cdot\left[L_1\cdot r_A^{-3}+L_2\cdot r_B^{-3}\right]\\&\begin{cases}\overset{x=0}{=\!=}D\cdot\rho\cdot(2L)\cdot\left(L^2+y^2\right)^{-3/2}\overset{L\to0}{=}D\cdot\rho\cdot(2L)\cdot y^3\\\overset{y=0}{=\!=}D\cdot\rho\cdot(-4xL)(L_1\cdot L_2)^{-2}\overset{L\to0}{=}D\cdot\rho\cdot(2L)\cdot\left(-2x^{-3}\right)\end{cases}\end{aligned} \tag{5.2}$$

据此可以定义出“近区”和“晚期”视电阻率。场值存在的零值点也即“远区”和“早期”视电阻率定义的奇点，一般不重合于 $3\cos^2\varphi_0-1=0$ 的点。

对偶极-偶极($y=0$)的 CR 法，采用“近区”近似，并考虑有限长接收电极距，有

$$U_{MN}=E_x\cdot2b=D\cdot\rho\cdot(2L)\cdot\int_{x-b}^{x+b}\frac{-2\eta\mathrm{d}\eta}{\left(\eta^2-L^2\right)^2}=\frac{D\cdot\rho\cdot(2L)\cdot\left[(x-b)^2-(x+b)^2\right]}{\left[(x+b)^2-L^2\right]\cdot\left[(x-b)^2-L^2\right]} \tag{5.3}$$

其中：$2b$ 为接收电极 MN 的长度。

在频率域“远区”和时间域(上阶跃激发)“早期”有解析解。当 $y\neq0$ 时，有

$$\begin{aligned}E_x &= \int_{-L}^{L} D\cdot\rho\cdot r^{-3}\left(3\cos^2\varphi-2\right)\mathrm{d}\xi\\&= D\cdot\rho\cdot\left(\frac{L_1}{r_A{}^3}+\frac{L_2}{r_B{}^3}+\frac{L_1}{y^2r_A}+\frac{L_2}{y^2r_B}\right)\\&\overset{x=0}{=\!=}D\cdot\rho\cdot(2L)\cdot\left(L^2+2y^2\right)\cdot y^{-2}\left(L^2+y^2\right)^{-1.5}\\&\overset{L\to0}{=\!=}D\cdot\rho\cdot(2L)\cdot2y^{-3}\end{aligned} \tag{5.4}$$

据此可以定义出当 $y\neq0$ 时的“远区”和“早期”视电阻率。当 $y\to0$(接近轴向时)时是奇异的。场值存在的零值点也即“远区”和“早期”视电阻率定义的奇点，一般也不重合于 $3\cos^2\varphi_0-2=0$ 的点。当 $y=0$ 时，有

$$E_x=\int_{-L}^{L}D\cdot\rho\cdot r^{-3}\left(3\cos^2\varphi-2\right)\mathrm{d}\xi=D\cdot\rho\cdot\frac{-2xL}{(L_1\cdot L_2)^2}\overset{L\to0}{=\!=}-D\cdot(2L)\cdot x^{-3} \tag{5.5}$$

据此可以定义出 $y=0$(轴向上)的“远区”和“早期”视电阻率。

可以这样理解，有限线源的 x 方向分量是由多个不同收发距和不同方位角的电偶极子的场的 x 分量的叠加，而每个电偶极子的场形态是不同的，因此叠加后的总场形态是复合化的。

因“径向”和“法向”的概念已不复存在，所以特别指定以有限长线源的中点到测点的方向来规定一个“中心方位角” φ_0 和一个“中心收发距” r_0(图 5.1)。据此定义“中心径向”和“中心法向”分量：

$$\begin{cases} E_r^0 = E_x\cos\varphi_0 + E_y\sin\varphi_0, & E_\varphi^0 = -E_x\sin\varphi_0 + E_y\cos\varphi_0 \\ H_r^0 = H_x\cos\varphi_0 + H_y\sin\varphi_0, & H_\varphi^0 = -H_x\sin\varphi_0 + H_y\cos\varphi_0 \end{cases} \tag{5.6}$$

它们的总场形态是复合化的。

5.1.2 磁场分量

采用上述电场类似的积分方法，也可以得到磁场分量的部分解析解。在频率域，由于低频时，磁场趋近于与介质电阻率无关的静态场，电偶极子激发时，归一化函数趋于 1。在时间域，测量的是其导数，早期、晚期场值的渐近值均趋于零。因此，“近区”“远区”“早期”“晚期”视电阻率均无益于反演。虽然没有分析有限线源下解析解的必要性，但仍给出部分解析解以用于第 6 章张量源的分析研究。

在频率域的“近区”(静态场，与电阻率无关)：

$$H_x(\omega) \overset{kr\to 0}{=} D\cdot y\left[\left(L_1^2+y^2\right)^{-1} - \left(L_2^2+y^2\right)^{-1}\right] \tag{5.7}$$

$$H_y(\omega) \overset{kr\to 0}{=} -0.5D\cdot\left[L_1\cdot\left(L_1^2+y^2\right)^{-1} + L_2\cdot\left(L_2^2+y^2\right)^{-1}\right] \tag{5.8}$$

$$H_z(\omega) \overset{kr\to 0,\, y\neq 0}{=} 0.5D\cdot y^{-1}\left[L_1\cdot\left(L_1^2+y^2\right)^{-0.5} + L_2\cdot\left(L_2^2+y^2\right)^{-0.5}\right] \tag{5.9}$$

在频率域的“远区”：

$$H_x(\omega) \overset{kr\to\infty}{=} -D\cdot y\cdot\rho^{0.5}\cdot(-\mathrm{i}\omega\mu)^{-0.5}\cdot\left[\left(L_2^2+y^2\right)^{-1.5} - \left(L_1^2+y^2\right)^{-1.5}\right] \tag{5.10}$$

$$H_y(\omega) \overset{kr\to\infty}{=} -D\cdot\rho^{0.5}\cdot(-\mathrm{i}\omega\mu)^{-0.5}\cdot\left[L_1\cdot\left(L_1^2+y^2\right)^{-1.5} + L_2\cdot\left(L_2^2+y^2\right)^{-1.5}\right] \tag{5.11}$$

$$H_z(\omega) \overset{kr\to 0,\, y\neq 0}{=} D\cdot\rho\cdot(-\mathrm{i}\omega\mu)^{-1}\cdot y^{-3}\cdot\left[\frac{L_1\cdot\left(2\cdot L_1^2+3y^2\right)}{\left(L_1^2+y^2\right)^{1.5}} + \frac{L_2\cdot\left(2\cdot L_2^2+3y^2\right)}{L_2^2+(y)^{2^{1.5}}}\right] \tag{5.12}$$

在时间域(上阶跃激发)的“早期”，场值表达式与远区近似式系数不同：

$$h_x'(t) \overset{x\to\infty}{=} -D\cdot y\cdot\rho^{0.5}\cdot(\pi\mu t)^{-0.5}\cdot\left[\left(L_2^2+y^2\right)^{-1.5} - \left(L_1^2+y^2\right)^{-1.5}\right] \tag{5.13}$$

$$h'_y(t) \overset{x\to\infty}{=\!=} -D\cdot y\cdot\rho^{0.5}\cdot(\pi\mu t)^{-0.5}\cdot\left[L_1\cdot\left(L_1^2+y^2\right)^{-1.5}+L_2\cdot\left(L_2^2+y^2\right)^{-1.5}\right] \tag{5.14}$$

$$h'_z(t) \underset{y\neq 0}{\overset{x\to\infty}{=\!=}} D\cdot\frac{\rho}{\mu}\cdot y^{-3}\left[\frac{L_1\cdot\left(2\cdot L_1^2+3y^2\right)}{\left(L_1^2+y^2\right)^{1.5}}+\frac{L_2\cdot\left(2\cdot L_2^2+3y^2\right)}{\left(L_2^2+y^2\right)^{1.5}}\right] \tag{5.15}$$

在时间域(上阶跃激发)的“晚期”：

$$h'_x(t) \overset{x\to 0}{=\!=} D\cdot\mu^2\cdot t^{-3}\cdot\rho^{-2}\cdot(2L)xy/128 \tag{5.16}$$

$$h'_y(t) \overset{x\to 0}{=\!=} -D\cdot\mu\cdot t^{-2}\cdot\rho^{-1}\cdot(2L)/32 \tag{5.17}$$

$$h'_z(t) \overset{x\to 0}{=\!=} -D\cdot\pi^{-0.5}\cdot\mu^{-1.5}\cdot t^{-2.5}\cdot\rho^{-1.5}\cdot(2L)y/20 \tag{5.18}$$

5.2　有限长线源下频率域“全区”视电阻率

5.2.1　“全区”视电阻率定义

电场水平 y 分量为特例。根据 5.1 节讨论，频率域和时间域(上阶跃)电场水平 y 方向的分量的视电阻率定义形式相同且有唯一解析解：

$$\rho_{E_y}^{\mathrm{A}}(\omega,t)=D^{-1}\cdot y^{-1}\cdot\left[\left(r_A\right)^{-3}-\left(r_B\right)^{-3}\right]^{-1}\cdot E_y(\omega,t) \tag{5.19}$$

为了定义其他各分量的“全区”视电阻率，根据第 2 章描述的方法，需要借助归一化函数的概念。首先构造出由实测场值计算实测归一化函数的计算式，再将电偶极子源下均匀半空间场的解析解改造成积分式作为理论归一化函数表达式，最后给出求解“全区”视电阻率的拟合等式。以下拟合等式(5.20)～式(5.28)的左边是实测归一化函数计算式[依次为 $F_{E_x}(\omega)$、$F_{E_y}(\omega)$、$F_{H_x}(\omega)$、$F_{H_y}(\omega)$、$F_{H_z}(\omega)$、$F_{E_r^0}(\omega)$、$F_{H_r^0}(\omega)$、$F_{E_\varphi^0}(\omega)$ 和 $F_{H_\varphi^0}(\omega)$]，右边则为用于拟合的理论归一化函数计算式[依次为 $F_{E_x}(kr_0)$、$F_{E_x}(kr_0)$、$F_{H_x}(kr_0)$、$F_{H_y}(kr_0)$、$F_{H_z}(kr_0)$、$F_{E_r^0}(kr_0)$、$F_{H_r^0}(kr_0)$、$F_{E_\varphi^0}(kr_0)$ 和 $F_{H_\varphi^0}(kr_0)$]，“全区”视电阻率则以 $k=\sqrt{(-\mathrm{i}\omega\mu)/\rho^{\mathrm{A}}(\omega)}$ [$\rho^{\mathrm{A}}(\omega)$ 依次为 $\rho_{E_x}^{\mathrm{A}}(\omega)$、$\rho_{E_y}^{\mathrm{A}}(\omega)$、$\rho_{H_x}^{\mathrm{A}}(\omega)$、$\rho_{H_y}^{\mathrm{A}}(\omega)$、$\rho_{H_z}^{\mathrm{A}}(\omega)$、$\rho_{E_r^0}^{\mathrm{A}}(\omega)$、$\rho_{H_r^0}^{\mathrm{A}}(\omega)$、$\rho_{E_\varphi^0}^{\mathrm{A}}(\omega)$ 和 $\rho_{H_\varphi^0}^{\mathrm{A}}(\omega)$]的形式隐含在相应拟合等式中：

$$\frac{E_x(\omega)\cdot 2\pi\cdot r_0}{P_E\cdot(-\mathrm{i}\omega\mu)}=\frac{r_0}{2L}\int_{-L}^{L}r^{-1}\cdot(kr)^{-2}\cdot\left[3\cos^2\varphi-2+(1+kr)\mathrm{e}^{-kr}\right]\mathrm{d}\xi \tag{5.20}$$

$$\frac{E_y(\omega)\cdot 2\pi\cdot r_0}{P_E\cdot(-\mathrm{i}\omega\mu)\cdot(3\sin\varphi_0\cos\varphi_0)}=\frac{r_0}{2L\cdot(3\sin\varphi_0\cos\varphi_0)}\int_{-L}^{L}3\sin\varphi\cos\varphi\cdot r^{-1}\cdot(kr)^{-2}\mathrm{d}\xi \tag{5.21}$$

$$\frac{-H_x(\omega)\cdot 4\pi}{P_E\cdot\sin 2\varphi_0}\cdot r_0^2=\frac{r_0^2}{2L\cdot\sin 2\varphi_0}\int_{-L}^{L}\sin 2\varphi\cdot r^{-2}\cdot\left[4I_1K_1+0.5kr\left(I_1K_0-I_0K_1\right)\right]\mathrm{d}\xi \tag{5.22}$$

$$\frac{H_y(\omega)\cdot 4\pi}{P_E}\cdot r_0^2=\frac{r_0^2}{2L}\int_{-L}^{L}r^{-2}\cdot\left[\left(2-8\sin^2\varphi\right)I_1K_1-\sin^2\varphi\cdot kr\left(I_1K_0-I_0K_1\right)\right]\mathrm{d}\xi \tag{5.23}$$

$$\frac{H_z(\omega)\cdot 2\pi\cdot r_0^2}{P_E\cdot\sin\varphi_0}=\frac{r_0^2}{2L\cdot\sin\varphi_0}\int_{-L}^{L}\sin\varphi\cdot r^{-2}\cdot(kr)^{-2}\left\{3-\left[3+3kr+(kr)^2\right]\mathrm{e}^{-kr}\right\}\mathrm{d}\xi \tag{5.24}$$

$$\frac{E_r^0(\omega)\cdot 2\pi\cdot r_0}{P_E\cdot(-\mathrm{i}\omega\mu)}=F_{E_x}(kr_0)\cos\varphi_0+F_{E_y}(kr_0)\sin\varphi_0\cdot 3\sin\varphi_0\cos\varphi_0 \tag{5.25}$$

$$\frac{-H_r^0(\omega)\cdot 4\pi\cdot r_0^2}{P_E\cdot\sin 2\varphi_0}=F_{H_x}(kr_0)\cos\varphi_0-F_{H_y}(kr_0)\sin\varphi_0\cdot\frac{1}{\sin 2\varphi_0} \tag{5.26}$$

$$\frac{E_\varphi^0(\omega)\cdot 2\pi\cdot r_0}{P_E\cdot(-\mathrm{i}\omega\mu)}=-F_{E_x}(kr_0)\sin\varphi_0+F_{E_y}(kr_0)\cos\varphi_0\cdot 3\sin\varphi_0\cos\varphi_0 \tag{5.27}$$

$$\frac{H_\varphi^0(\omega)\cdot 4\pi\cdot r_0^2}{P_E\cdot\sin 2\varphi_0}=F_{H_x}(kr_0)\sin\varphi_0+F_{H_y}(kr_0)\cos\varphi_0\cdot\frac{1}{\sin 2\varphi_0} \tag{5.28}$$

由于有限长线源下并不存在某一特定的收发距，故频率参数(变量)规定取 kr_0。“中心径向”和“中心法向”分量通常被规定为依属于“中心方位角”和“中心收发距”。

5.2.2　归一化函数特性

至少对均匀半空间和一维介质，电场水平分量归一化函数 $F_{E_x}(kr_0)$、$F_{E_r^0}(kr_0)$ 和 $F_{E_\varphi^0}(kr_0)$ 三者趋于同质化(为不同方位角、不同收发距下水平 x 方向分量的组合态)，即均类似于电偶极子源激发下均匀半空间的 $F_{E_x}(kr)$。更复杂之处在于：①不一定以 $\varphi_0=\varphi_2$ 为界清晰地呈现两种类型(单调和单调加三值函数)，而代之边界方位角和曲线类型是模糊的和混同的；②在单调加三值的类型下，其恒定特征参数不仅依赖于 φ_0，还与源的长度 L 有关。

至少对均匀半空间和一维介质，磁场水平分量归一化函数 $F_{H_y}(kr_0)$、$F_{H_r^0}(kr_0)$、$F_{H_\varphi^0}(kr_0)$ 三者趋于同质化(为不同方位角、不同收发距下水平 y 方向分量的组合态)，即均类似于电偶极子源激发下均匀半空间的 $F_{H_y}(kr)$。不同之处：①不一定以 $\varphi_0=\varphi_2$ 或 φ_5 或 φ_6 或 φ_7 为界清晰地呈现特定类型(单调、单调加三值、单调加双值函数)，而代之边界方位角和曲线类型是模糊和混同的；②在非单调的类型下，其恒定特征参数依赖于 φ_0 和源的长度 L。

对试验基本模型，设有限长线源长度为 3 000 m，水平 x 方向电场分量归一化函数，依属于“中心方位角”和“中心收发距”的振幅曲线(图 5.2)明显与电偶极子源(对比图 2.12)的不同。毫无疑问，若用电偶极子源的公式近似计算视电阻率和用于反演，必然导致错误。

5.2.3　“全区”视电阻率计算方法

(1) 按式(5.20)～式(5.28)左边由实测的场值计算归一化函数(均为 ω 的函数)。

(2) 按式(5.20)～式(5.28)右边计算有限长线源下均匀半空间的理论归一化函数(均形式上视为频率参数 kr_0 的函数)，并确定其恒定特征参数(如果有的话)。有限源激发下均匀半空间的归一化函数没有解析解，需要采用数值积分法计算。例如，可以选择“变步长复化辛普森积分公式”以获取足够精确的积分值。

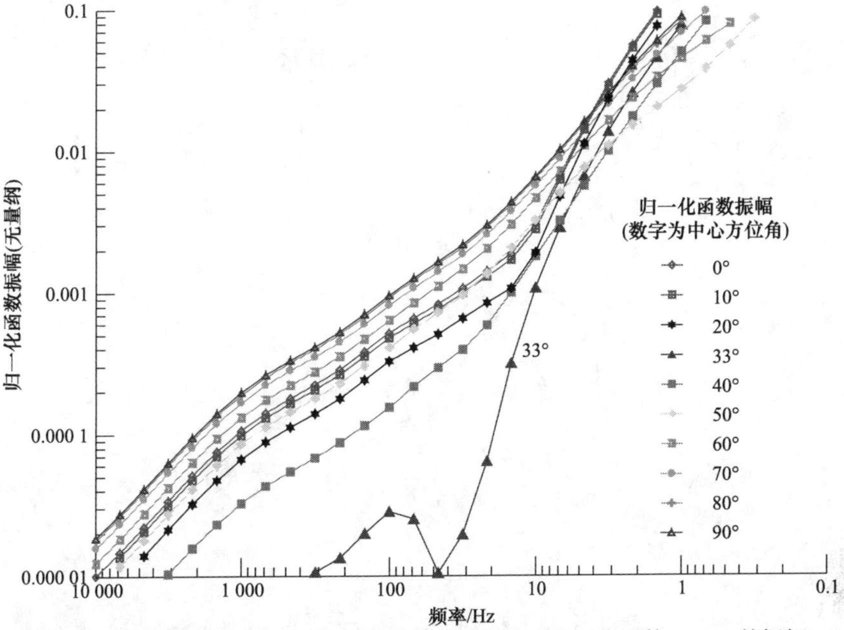

图 5.2　试验基本模型在 3000 m 有限长线源激发下归一化函数 $F_{E_x}(\omega)$ 的振幅

(3) 如有必要，根据相应的均匀半空间的理论归一化函数特性对实测归一化函数施行诸如引入校正系数、“形态伸缩”修正、计算“非直电场”等操作。由于同质化，对 $F_{E_x}(\omega)$、$F_{E_r^0}(\omega)$ 和 $F_{E_\varphi^0}(\omega)$，统一按电偶极子源激发下的 $F_{E_x}(\omega)$ 方式处理；对 $F_{H_y}(\omega)$、$F_{H_r^0}(\omega)$ 和 $F_{H_\varphi^0}(\omega)$，统一按电偶极子源激发下的 $F_{H_y}(\omega)$ 方式处理；而对 $F_{H_x}(\omega)$ 和 $F_{H_z}(\omega)$，分别统一按电偶极子源激发下的 $F_{H_x}(\omega)$ 和 $F_{H_z}(\omega)$ 方式处理(单调函数)。

(4) 按电偶极子源下类似的各种不同情形，分别采用“二分法”拟合计算“全区”或“虚拟全区”视电阻率。

对实测归一化函数的类型不能与相应的理论归一化函数类型相匹配的，应灵活处理。

5.3　有限长线源下时间域“全期”视电阻率

5.3.1　“全期”视电阻率定义

类同于“全区”视电阻率，给出含有“全期”视电阻率定义的拟合等式。以下拟合等式(5.29)～式(5.37)的左边是实测归一化函数计算式[依次为 $T_{e_x^+}(t)$、$T_{e_y^+}(t)$、$T_{h_x'}(t)$、$T_{h_y'}(t)$、$T_{h_z'}(t)$、$T_{e_r^{0+}}(t)$、$T_{e_\varphi^{0+}}(t)$、$T_{h_r^{0'}}(t)$ 和 $T_{h_\varphi^{0'}}(t)$，均为瞬变延迟时间 t 的函数]，右边则为用于拟合的理论归一化函数计算式[依次为 $T_{e_x^+}(x_0)$、$T_{e_y^+}(x_0)$、$T_{h_x'}(x_0)$、$T_{h_y'}(x_0)$、$T_{h_z'}(x_0)$、$T_{e_r^{0+}}(x_0)$、$T_{e_\varphi^{0+}}(x_0)$、$T_{h_r^{0'}}(x_0)$ 和 $T_{h_\varphi^{0'}}(x_0)$，均形式上视为瞬变参数 x_0 的函数]，“全期”视

电阻率则以 $x = r\sqrt{\mu/[4\rho^{\mathrm{A}}(t)\cdot t]}$ [其中 $\rho^{\mathrm{A}}(t)$ 依次为 $\rho^{\mathrm{A}}_{e_x^+}(t)$ 、 $\rho^{\mathrm{A}}_{e_y^+}(t)$ 、 $\rho^{\mathrm{A}}_{h'_x}(t)$ 、 $\rho^{\mathrm{A}}_{h'_y}(t)$ 、 $\rho^{\mathrm{A}}_{h'_z}(t)$ 、 $\rho^{\mathrm{A}}_{e_r^{0+}}(t)$ 、 $\rho^{\mathrm{A}}_{e_\varphi^{0+}}(t)$ 、 $\rho^{\mathrm{A}}_{h_r^{0'}}(t)$ 和 $\rho^{\mathrm{A}}_{h_\varphi^{0'}}(t)$]的形式隐含在相应拟合等式中。

$$\frac{8\pi t}{I\mu}\cdot\frac{r_0}{2L}\cdot e_x^+(t)=\frac{r_0}{2L}\int_{-L}^{L}r^{-1}\cdot x^{-2}\left[1-3\cos^2\varphi+\operatorname{erf}(x)-2\pi^{-0.5}x\mathrm{e}^{-x^2}\right]\mathrm{d}\xi \tag{5.29}$$

$$\frac{8\pi t}{I\mu}\cdot\frac{r_0}{2L\cdot(3\sin\varphi_0\cos\varphi_0)}\cdot e_y^+(t)=\frac{r_0}{2L\cdot(3\sin\varphi_0\cos\varphi_0)}\int_{-L}^{L}r^{-1}\cdot x^{-2}\cdot 3\sin\varphi\cos\varphi\mathrm{d}\xi \tag{5.30}$$

$$\frac{4\pi t}{I}\cdot\frac{2r_0^2}{3L\cdot\sin2\varphi_0}\cdot h'_x(t)=\frac{2}{3}\cdot\frac{r_0^2}{2L\cdot\sin2\varphi_0}\int_{-L}^{L}\frac{\sin2\varphi}{r^2}\cdot\mathrm{e}^{-0.5x^2}\cdot\left[I_1(x^2+4)-I_0x^2\right]\mathrm{d}\xi \tag{5.31}$$

$$\frac{-4\pi t}{I}\cdot\frac{r_0^2}{3L}\cdot h'_y(t)=\frac{2}{3}\cdot\frac{r_0^2}{2L}\int_{-L}^{L}\frac{1}{r^2}\cdot\mathrm{e}^{-0.5x^2}\left[(I_0-I_1)(\cos^2\varphi-1)x^2+I_1(3-4\cos^2\varphi)\right]\mathrm{d}\xi \tag{5.32}$$

$$\frac{8\pi t}{I}\frac{r_0^2}{6L\cdot\sin\varphi_0}\cdot h'_z(t)=\frac{r_0^2}{6L\cdot\sin\varphi_0}\int_{-L}^{L}\frac{3\cdot\sin\varphi}{r^2\cdot x^2}\left[\operatorname{erf}(x)-2\pi^{-0.5}x\left(1+2x^2/3\right)\mathrm{e}^{-x^2}\right]\mathrm{d}\xi \tag{5.33}$$

$$8\pi t\cdot r_0\cdot(I\mu\cdot2L)^{-1}\cdot e_r^{0+}(t)=T_{e_x^+}(x_0)\cos\varphi_0+T_{e_y^+}(x_0)\sin\varphi_0\cdot3\sin\varphi_0\cos\varphi_0 \tag{5.34}$$

$$8\pi t\cdot r_0\cdot(I\mu\cdot2L)^{-1}\cdot e_\varphi^{0+}(t)=-T_{e_x^+}(x_0)\sin\varphi_0+T_{e_y^+}(x_0)\cos\varphi_0\cdot(3\sin\varphi_0\cos\varphi_0) \tag{5.35}$$

$$4\pi t\cdot2r_0^2\cdot(I\cdot3L\cdot\sin2\varphi_0)^{-1}\cdot h_r^{0'}(t)=T_{h'_x}(x_0)\cos\varphi_0-T_{h'_y}(x_0)\sin\varphi_0\cdot2/\sin2\varphi_0 \tag{5.36}$$

$$-4\pi t\cdot2r_0^2\cdot(I\cdot3L\cdot\sin2\varphi_0)^{-1}\cdot h_\varphi^{0'}(t)=T_{h'_x}(x_0)\sin\varphi_0+T_{h'_y}(x_0)\cos\varphi_0\cdot2/\sin2\varphi_0 \tag{5.37}$$

由于并不存在某一特定的收发距，故瞬变参数(变量)规定取 $x_0=r_0\sqrt{\mu/(4\rho t)}$ 。

5.3.2 归一化函数的特性

至少对均匀半空间和一维介质，电场水平分量的归一化函数 $T_{e_x^+}(x_0)$ 、 $T_{e_r^{0+}}(x_0)$ 、 $T_{e_\varphi^{0+}}(x_0)$ 趋于同质化(为不同方位角、不同收发距下水平 x 方向分量的组合态)，即均类似于电偶极子源激发下的均匀半空间的 $T_{e_x^+}(x)$ 。不完全相同之处：①不一定以 $\varphi_0=\varphi_2$ 或 φ_3 为界清晰地呈现五种类型(负值单调、负值单调加正值双值、正值双值、正值三值和正值单调)，而代之边界方位角和曲线类型是模糊的和混同的；②其恒定特征参数同时依赖于 φ_0 和源的长度 L。

至少对均匀半空间和一维介质，磁场水平分量的归一化函数 $T_{h'_y}(x_0)$ 、 $T_{h_r^{0'}}(x_0)$ 、 $T_{h_\varphi^{0'}}(x_0)$ 趋于同质化(为不同方位角、不同收发距下水平 y 方向分量的组合态)，即均类似于电偶极子源激发下的均匀半空间的 $T_{h'_y}(x)$ 。但存在差别：①不一定以 $\varphi_0=\varphi_2$ 为界清晰地呈现两种特定类型(负值双值、正负区间分别双值函数)，而代之边界方位角和曲线类型是模糊的和混同的；②在非单调的类型下，其恒定特征参数不仅依赖于 φ_0 ，还与源的长度 L 有关。

5.3.3　“全期”视电阻率计算方法

(1) 按式(5.29)～式(5.37)左边计算实测归一化函数(均为 t 的函数)。

(2) 按式(5.29)～式(5.37)右边采用数值积分法计算有限长线源下的均匀半空间理论归一化函数(均形式上视为 x_0 的函数)，并确定其恒定特征参数(如果有的话)。

(3) 如有必要，根据相应的均匀半空间理论归一化函数特性对实测归一化函数进行诸如引入校正系数、“形态伸缩”修正、计算“非直电场”等处理。由于同质化，$T_{e_x^+}(t)$、$T_{e_r^{0+}}(t)$和$T_{e_\varphi^{0+}}(t)$统一按电偶极子源激发下的$T_{e_x^+}(t)$方式处理；对$T_{h_y'}(t)$、$T_{h_r^{0'}}(t)$、$T_{h_\varphi^{0'}}(t)$统一按电偶极子源激发下的$T_{h_y'}(t)$方式处理；而对$T_{h_y'}(t)$和$T_{h_z'}(t)$则统一按电偶极子源激发下的$T_{h_y'}(t)$和$T_{h_z'}(t)$方式进行(双值函数)处理。

(4) 按电偶极子源下类似的情形，在各个单调区间分别采用“二分法”计算“全期”或“虚拟全期”视电阻率。

第 6 章　人工源电磁测深法张量源勘探方法

张量源是一种增强信噪比并回避资料处理方位角陷阱的高效方法。通过精巧设计，利用此种方法，并与有限长线源配合，可形成高信噪比、勘测空间范围不受限、实用性和针对性强的特种勘探方法技术系列。

本章节从简单的“＋”字重叠方式出发，研究张量源改变电磁场能量分布的机制，给出 ASEM 五分量定义及计算“全区”和“全期”视电阻率的方法。

6.1　张量源布设方式

通常采用“＋”字重叠的方式(朴化荣，1990)，用 $AB(P_{AB}=IL)$和 $CD(P_{CD}=IL)$两个方向的发射源同步供电(图 6.1)。理论上，对均匀半空间介质，场值等效于分别用 AB 和 CD 供电产生的场的叠加，也等效于 EF 方向(φ_7 方向)的一个源激发的场($P_{EF}=\sqrt{2}\,IL$)。在此意义上，张量源本质上仍然是单一源，仅相对于测线扭转了一个角度而已。实践中，AB 和 CD 同步供电的电流强度比单独源时大 $\sqrt{2}$ 倍，同步发射时的各分量的信噪比得到提高。约定本章所涉方位角 φ 均从属于 AB 源；偶极矩 $P_E=IL$。

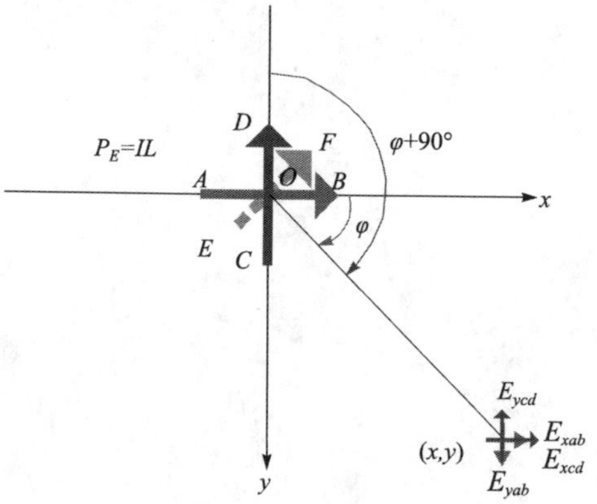

图 6.1　张量源的布极图(以电场分量测量为例)

6.2　均匀半空间电磁场分量与方位角的关系

人工源电磁测深法，电磁场各分量场值大小与测量方位角有关，存在的若干零值点导致视电阻率定义奇点。在同等激发条件下，测点信噪比呈非均匀的空间分布状态。下面分别就频率域和时间域讨论电磁场分量与方位角的关系，以说明张量源策略如何改变场值零值点位置和改善场强分布状态。

6.2.1　频率域关系

1. 电场水平分量

考察均匀半空间介质。单一 AB 源或 CD 源供电时电场水平分量场值表达式为

$$E_{xab}(\omega)=A\cdot\rho\cdot\left[3\cos^2\varphi-2+(1+kr)\mathrm{e}^{-kr}\right] \tag{6.1}$$

$$E_{yab}(\omega)=A\cdot\rho\cdot 3\sin\varphi\cos\varphi=-E_{xcd}(\omega) \tag{6.2}$$

$$E_{ycd}(\omega)=A\cdot\rho\cdot\left[1-3\cos^2\varphi+(1+kr)\mathrm{e}^{-kr}\right] \tag{6.3}$$

AB 源和 CD 源同时供电时的场值为

$$E_x(\omega)=E_{xab}(\omega)+E_{xcd}(\omega)=A\cdot\rho\cdot\left[3\cos^2\varphi-2-3\sin\varphi\cos\varphi+(1+kr)\mathrm{e}^{-kr}\right] \tag{6.4}$$

$$E_y(\omega)=E_{yab}(\omega)-E_{ycd}(\omega)=-A\cdot\rho\cdot\left[1-3\cos^2\varphi-3\sin\varphi\cos\varphi+(1+kr)\mathrm{e}^{-kr}\right] \tag{6.5}$$

注意到：实测时，因 $E_{xcd}(\omega)$ 与 $\sin\varphi\cos\varphi$ 成正比，$E_x(\omega)$ 比单独供电再合成后资料的信噪比要高。这两个公式也可通过先将 AB 源和 CD 源两个单一矢量源合成一个等效源再计算指定方位上的场值的方法而得到。

其“近区”“远区”渐近表达式为

$$E_x(\omega)\overset{kr\to0}{=\!=}A\cdot\rho\cdot\left(3\cos^2\varphi-1-3\sin\varphi\cos\varphi\right)=A\cdot\rho\cdot AF_{E_x}^{\mathrm{N}} \tag{6.6}$$

$$E_y(\omega)\overset{kr\to0}{=\!=}-A\cdot\rho\cdot\left(2-3\cos^2\varphi-3\sin\varphi\cos\varphi\right)=-A\cdot\rho\cdot AF_{E_y}^{\mathrm{N}} \tag{6.7}$$

$$E_x(\omega)\overset{kr\to\infty}{=\!=}A\cdot\rho\cdot\left(3\cos^2\varphi-2-3\sin\varphi\cos\varphi\right)=A\cdot\rho\cdot AF_{E_x}^{\mathrm{F}} \tag{6.8}$$

$$E_y(\omega)\overset{kr\to\infty}{=\!=}-A\cdot\rho\cdot\left(1-3\cos^2\varphi-3\sin\varphi\cos\varphi\right)=-A\cdot\rho\cdot AF_{E_y}^{\mathrm{F}} \tag{6.9}$$

式中：$AF_{E_x}^{\mathrm{N}}$ 和 $AF_{E_x}^{\mathrm{F}}$ 分别指 $E_x(\omega)$ 分量的“近区”(上标 N)和“远区”(上标 F)的“方位因子”。

从 $E_x(\omega)$ 和 $E_y(\omega)$ 分量的方位因子随方位角的变化图[图 6.2(a)和(b)，为了对比也给出了对应的单一源的方位因子曲线]可以看出，张量源的激发方式改变了场分量的能量分布状态和方位因子的零点位置。对 $E_x(\omega)$ 分量：场值增大；“近区”和“远区”的两个零值点分别由 $\varphi=\varphi_3$ 或 φ_2 后退到 $\varphi=\varphi_{10}$ 或 φ_9；场的能量更集中在 φ=40°～90°的方位。对 $E_y(\omega)$ 分量：场值增大；新生成两个“近区”和“远区”的零值点 90°$-\varphi_9$ 和 90°$-\varphi_{10}$；场的能量更集中在 φ=0°～50°的方位。事实上，在张量源激发下，因 $E_y(\omega,\varphi)=-E_x(\omega,90°-\varphi)$，$E_y(\omega)$ 成了 $E_x(\omega)$ 的反像。这意味着 $E_y(\omega)$ 和 $E_x(\omega)$ 同质化了。如果将 CD 源的电流反向供电，等效于将 EF 顺时针旋转了 90°，则 $E_y(\omega)$ 和 $E_x(\omega)$ 场值互换。这个结论适用于电场其他分量和磁场各分量，也适用于时间域。

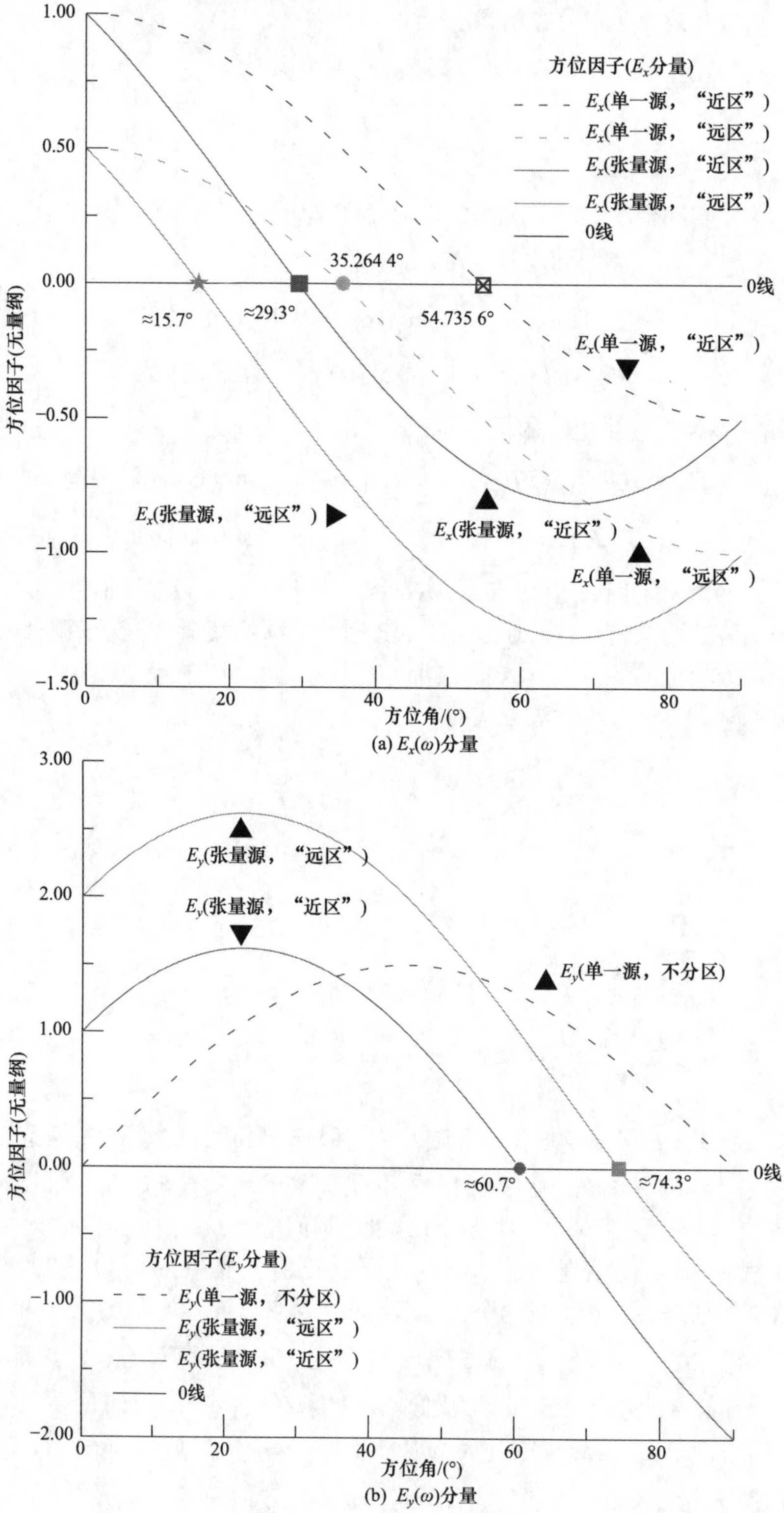

(a) $E_x(\omega)$分量

(b) $E_y(\omega)$分量

图 6.2　张量源的 $E_x(\omega)$和 $E_y(\omega)$分量方位因子随方位角的变化图

回顾第 2 章所描述的，视电阻率定义和计算困难之一是如何处理场值的零值点和视电阻率定义奇点附近的复杂性。采用张量源方式，间接地避开了此困难：①试图尽可能避开某一分量在单一源激发时的零值点和奇点的陷阱；②可以有目的地增强特别择定的局部区域的场的强度；③对某些方位角(趋于赤道方位)观测，单一源时的视电阻率定义和计算较复杂(尤其是电场分量)。采用张量源方式迫使场值零值点向有利于视电阻率定义和计算的方向移动。

如有必要也可使用 *AB* 源(或 *CD* 源)和 *EF* 源组合，亦将改变场的能量分布状态和各分量的方位因子(图 6.3)。可能的张量源的布设方式包括但不仅限于如下的方式："+"、"×"、"∟"、"∠"和"□"字型。可以根据实际需求灵活使用这种组合策略。

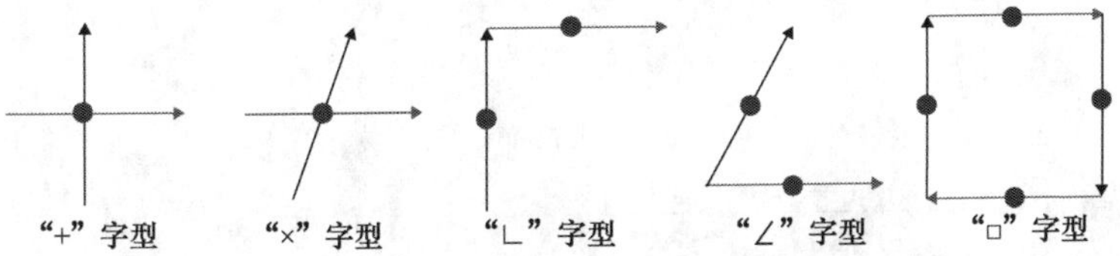

图 6.3　张量源的五种典型布极图

可以推论，采用灵活的张量源方式，可实现场源周边空间上 360°的全覆盖观测，而能保持场值的非零化、尽可能最大化和最优信噪比。

张量源的方式相当于间接实现了任何期望的方向上而不仅限于常规坐标下的 x、y、r 和 φ 方向上的场分量的测量。扭动测量电极的方向在施工中是不现实的，故而被迫代之以等效的但现实易操作实施的扭动发射源的方向(注意供电电源接极方向决定源合成矢量方向)。

2. 磁场水平分量

均匀半空间介质中水平磁场的计算公式为

$$H_x(\omega)=A\cdot r\cdot\left[\left(8\sin^2\varphi-6-4\sin2\varphi\right)I_1K_1-(1-\sin^2\varphi+0.5\sin2\varphi)kr\left(I_1K_0-I_0K_1\right)\right] \tag{6.10}$$

$$H_y(\omega)=A\cdot r\cdot\left[\left(2-8\sin^2\varphi+4\sin2\varphi\right)I_1K_1-\left(\sin^2\varphi-0.5\sin2\varphi\right)kr\left(I_1K_0-I_0K_1\right)\right] \tag{6.11}$$

$H_x(\omega)$ 和 $H_y(\omega)$ 的"近区"、"远区"渐近表达式：

$$H_x(\omega)\overset{kr\to0}{=\!=}-A\cdot r\cdot\left(2\cos^2\varphi-1+2\sin\varphi\cos\varphi\right)=-A\cdot r\cdot AF_{H_x}^{\mathrm{N}} \tag{6.12}$$

$$H_y(\omega)\overset{kr\to0}{=\!=}A\cdot r\cdot\left(2\cos^2\varphi-1-2\sin\varphi\cos\varphi\right)=A\cdot r\cdot AF_{H_y}^{\mathrm{N}} \tag{6.13}$$

$$H_x(\omega)\overset{kr\to\infty}{=\!=}A\cdot\sqrt{\rho/(-\mathrm{i}\omega\mu)}\cdot\left(1-3\cos^2\varphi-3\sin\varphi\cos\varphi\right)=-A\cdot\sqrt{\rho/(-\mathrm{i}\omega\mu)}\cdot AF_{H_x}^{\mathrm{F}} \tag{6.14}$$

$$H_y(\omega)\overset{kr\to\infty}{=\!=}A\cdot\sqrt{\rho/(-\mathrm{i}\omega\mu)}\cdot\left(3\cos^2\varphi-2-3\sin\varphi\cos\varphi\right)=A\cdot\sqrt{\rho/(-\mathrm{i}\omega\mu)}\cdot AF_{H_y}^{\mathrm{F}} \tag{6.15}$$

从 $H_y(\omega)$ 和 $H_x(\omega)$ 分量的方位因子随方位角的变化图[图 6.4(a)、(b)]可以看出，张量源的激发方式改变了场分量的能量分布状态和方位因子的大小。对 $H_y(\omega)$ 分量：采用

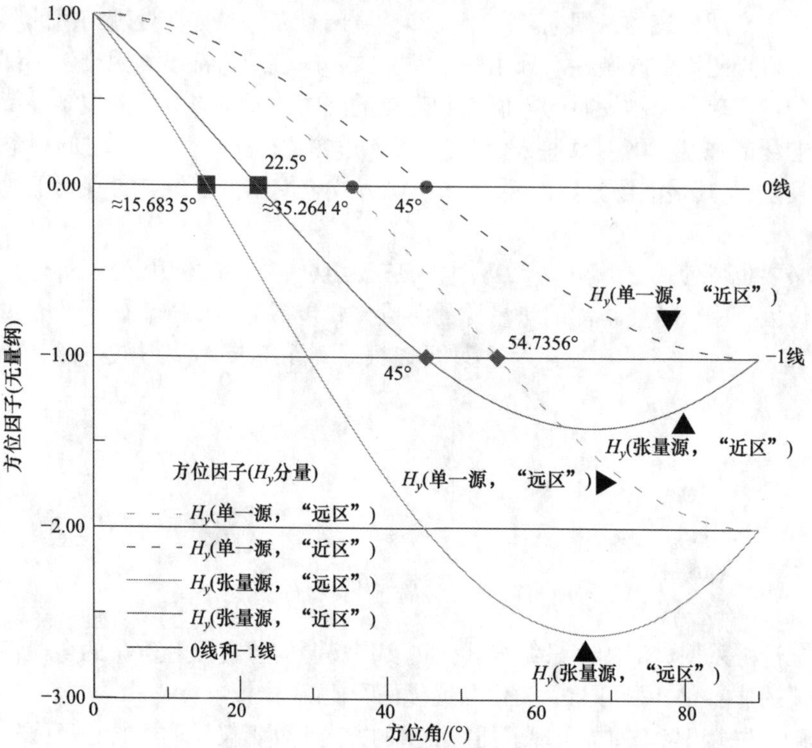

(a) $H_y(\omega)$分量

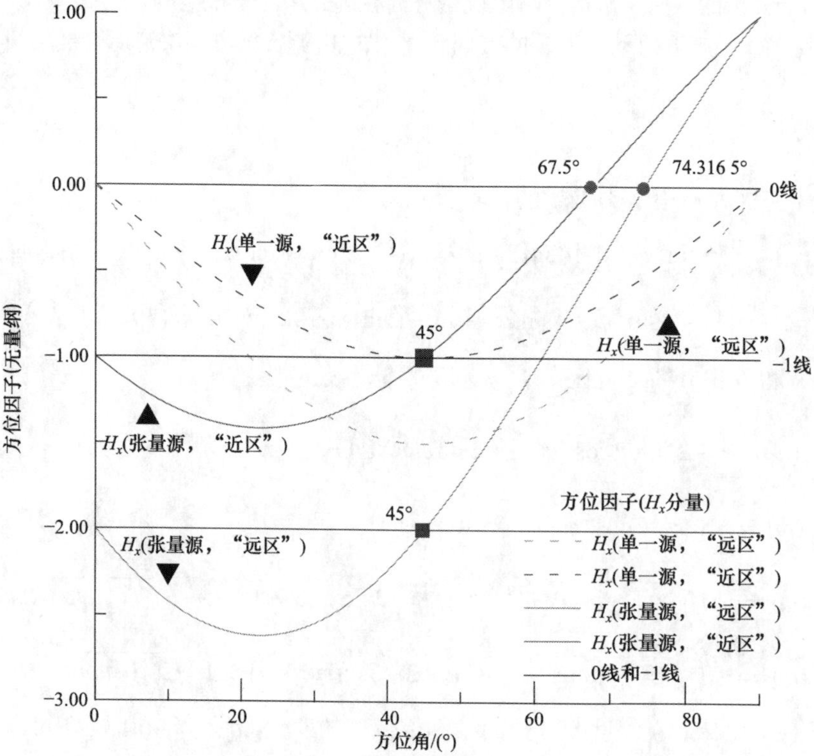

(b) $H_x(\omega)$分量

图 6.4　张量源的 $H_y(\omega)$ 和 $H_x(\omega)$ 分量的方位因子随方位角的变化图

单一源，先是在 $\varphi=\varphi_2$ 的方位上远区场值过零，接着在 $\varphi=\varphi_7$ 的方位上近区场值过零，再在 $\varphi=\varphi_7\sim\varphi_3$ 之间场值出现局部极大或极小值点，一直持续到 $\varphi=90°$，归一化函数为单调和双值并存的态势。如同第 2 章所表明的，此时，视电阻率的求解趋于复杂化且易于形成不稳定的状态。采用张量源后，场值增大；近、远区的两个零值点分别由 $\varphi=\varphi_7$ 或 φ_3 后退到 $\varphi=\varphi_{11}$ 或 φ_9；场的能量更集中在 φ=40°～90°的方位；过 $\varphi=\varphi_7$ 方位后，远、近区场值绝对值均已超过 1，呈现双值并存状态，视电阻率易于求解。对 $H_x(\omega)$ 分量：场值增大；新生成两个近区和远区的零值点 90°- φ_{11} 和 90°- φ_9；场的能量更集中在 φ=0°～50°的方位。事实上，在张量源下，因 $H_x(\omega,\varphi)=-H_y(\omega,90°-\varphi)$，$H_x(\omega)$ 成了 $H_y(\omega)$ 的反像。表明 $H_x(\omega)$ 和 $H_y(\omega)$ 同质化了。如果将 *CD* 源的电流反向供电，等效于将 *EF* 顺时针旋转了 90°，则 $H_x(\omega)$ 和 $H_y(\omega)$ 场值互换。

张量源的激发方式改变了场分量的能量分布状态和方位因子的大小，*x* 方向和 *y* 方向的分量是“此长彼消”的关系，即 $E_x(\omega)$ 和 $H_y(\omega)$、$E_y(\omega)$ 和 $H_x(\omega)$ 同步“消长”。

现在考察另外一种有限长线源的叠加情况。考虑到水平磁场在张量激发源下的“场值对称冲零”特点，可以研究分离的“∟”字型组合张量源激发方式(图 6.3 和图 6.5)。鉴于 $H_x(\omega)$ 和 $H_y(\omega)$ 同质化，故考察 $H_x(\omega)$ 即可。对图 6.5 中的“∟”路径作 $H_x(\omega)$ 和 $H_y(\omega)$ 渐近式的积分，分别得到“近区”和“远区”的表达式。

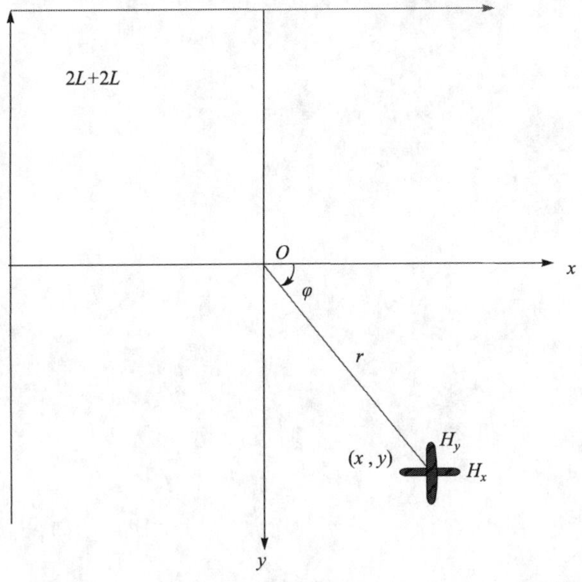

图 6.5　两个有限长张量源“∟”字型组合的 $H_x(\omega)$ 和 $H_y(\omega)$ 测量布置图

在频率域的“近区”：

$$H_x(\omega)\overset{kr\to0}{=\!=\!=}-0.5D\cdot\left[L_4\cdot\left(L_1^2+L_4^2\right)^{-1}+L_3\cdot\left(L_2^2+L_3^2\right)^{-1}\right]=-0.5D\cdot AF_{H_x}^{\mathrm{N}} \tag{6.16}$$

$$H_y(\omega)\overset{kr\to0}{=\!=\!=}-0.5D\cdot\left[L_2\cdot\left(L_2^2+L_3^2\right)^{-1}-L1\cdot\left(L_1^2+L_4^2\right)^{-1}\right]=-0.5D\cdot AF_{H_y}^{\mathrm{N}} \tag{6.17}$$

在频率域的“远区”(时间域表达式仅系数不同，方位因子相同)：

$$H_x(\omega)\overset{kr\to\infty}{=\!=}D\cdot\sqrt{\frac{\rho}{-\mathrm{i}\omega\mu}}\cdot\left[\frac{-L_4}{\left(L_1^2+L_4^2\right)^{1.5}}+\frac{-L_3}{\left(L_2^2+L_3^2\right)^{1.5}}\right]=-D\cdot\sqrt{\frac{\rho}{-\mathrm{i}\omega\mu}}\cdot AF_{H_x}^{\mathrm{F}} \tag{6.18}$$

$$H_y(\omega)\overset{kr\to\infty}{=\!=}D\cdot\sqrt{\frac{\rho}{-\mathrm{i}\omega\mu}}\cdot\left[\frac{L_1}{\left(L_1^2+L_4^2\right)^{1.5}}-\frac{L_2}{\left(L_2^2+L_3^2\right)^{1.5}}\right]=-D\cdot\sqrt{\frac{\rho}{-\mathrm{i}\omega\mu}}\cdot AF_{H_y}^{\mathrm{F}} \tag{6.19}$$

由 $H_x(\omega)$ 的方位因子随测点坐标的变化图[图 6.6(a)、(b)]可见：“近区”和“远区”的方位因子分布类似；零值仅在左下方出现；在线源界定的方形区域内，场值近于均匀，可作为浅层勘探目标区。$H_y(\omega)$ 图形为 $H_x(\omega)$ 的镜像反对称，无须绘出。

3. 磁场垂直分量

在“+”字型张量源激发下，垂直磁场分量表达式为

$$H_z(\omega)=A\cdot r\cdot(\sin\varphi+\cos\varphi)\cdot(kr)^{-2}\cdot\left\{3-\left[3+3kr+(kr)^2\right]\mathrm{e}^{-kr}\right\} \tag{6.20}$$

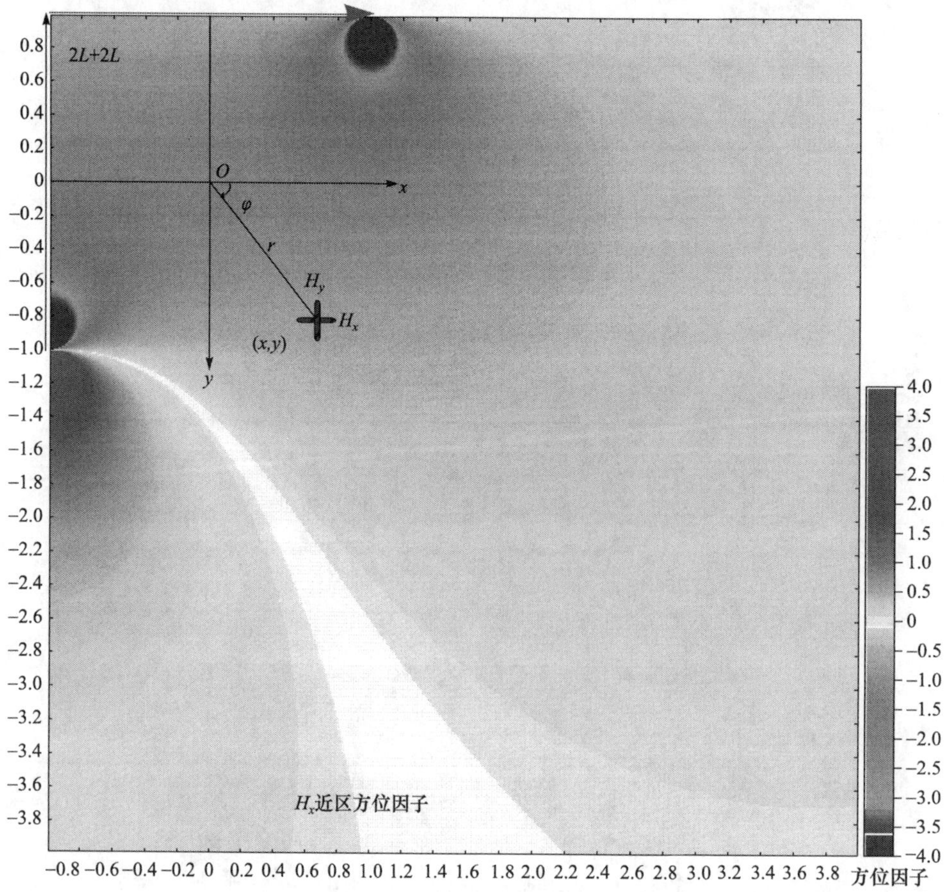

(a) $H_x(\omega)$分量“近区”

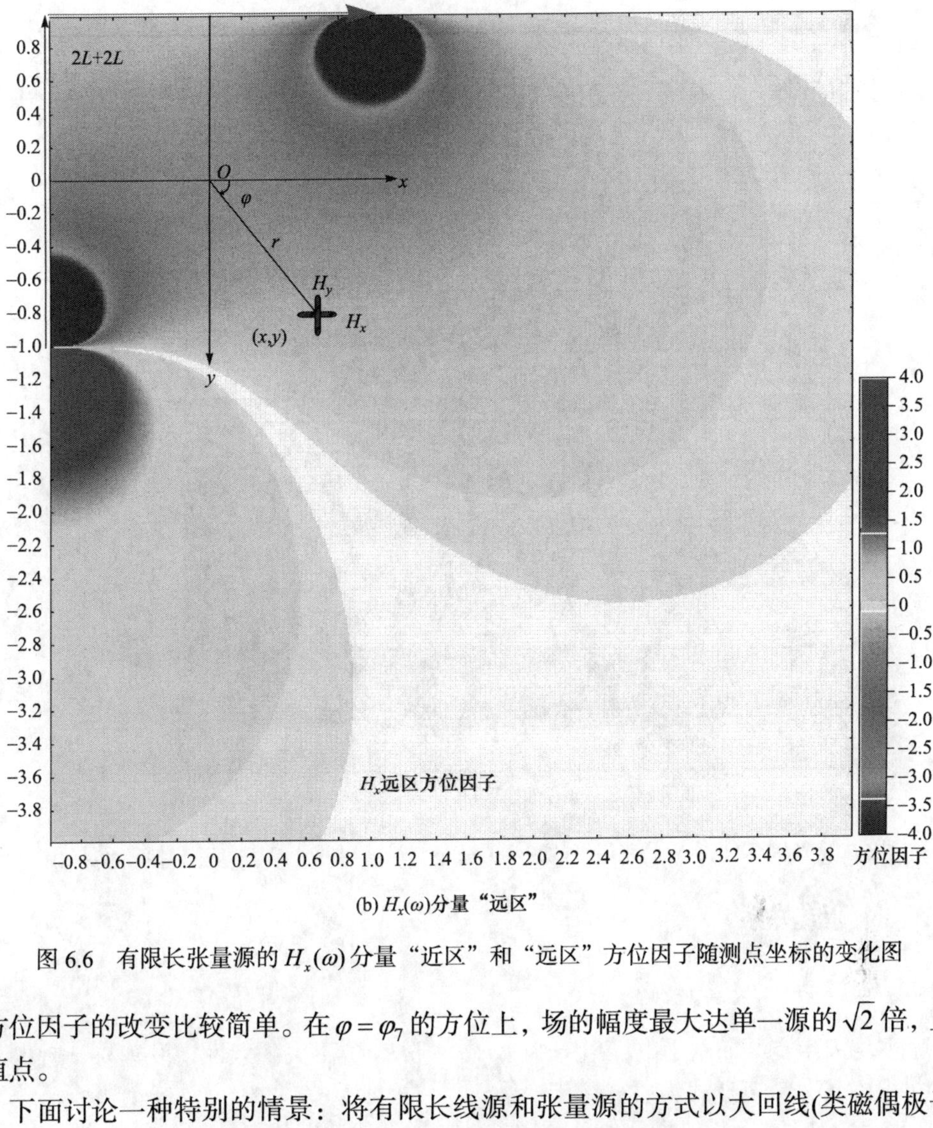

(b) $H_x(\omega)$分量“远区”

图 6.6　有限长张量源的 $H_x(\omega)$ 分量“近区”和“远区”方位因子随测点坐标的变化图

其方位因子的改变比较简单。在 $\varphi=\varphi_7$ 的方位上，场的幅度最大达单一源的 $\sqrt{2}$ 倍，且无零值点。

下面讨论一种特别的情景：将有限长线源和张量源的方式以大回线(类磁偶极子，“□”字型张量源)的方式结合起来。则“近区”渐近式(假定 $x\neq\pm L;y\neq\pm L$)为

$$H_z(\omega)\xlongequal[x,y\neq\pm L]{kr\to 0}0.5D\cdot\begin{pmatrix}\sqrt{L_1^{-2}+L_3^{-2}}+\sqrt{L_2^{-2}+L_3^{-2}}\\+\sqrt{L_2^{-2}+L_4^{-2}}+\sqrt{L_1^{-2}+L_4^{-2}}\end{pmatrix}=0.5D\cdot AF_{H_z}^{\mathrm{N}}\tag{6.21}$$

不失一般性，令 L=1，绘出“近区”方位因子随测点坐标的变化图(图 6.7)。在中心点 $x=y=0$， $H_x(\omega)=2\sqrt{2}\cdot D/L$，即常规频率域中心回线方式的“近区”渐进式；在点 $x=y=L/2$， $H_x(\omega)\approx 3.995D/L$；靠近线源的边缘测点上，场值可达相当的强度；在约 2/3 的中间区域，场值近于均匀，接近平面波激发。这是因为对垂直磁场而言，回线中的四个张量源的场值是线性叠加的，具有对称性特征。理论上，可在此区域内开展中、浅层的三维电性目标勘探。

在“远区”由于对称性，只需要给出两个点的场值即可。对 $x=y=0$ 和 $x=y=0.5L$ 分别

有 $H_z(\omega)\overset{kr\to\infty}{=\!=}\left(20D/\sqrt{2}\right)\cdot\rho\cdot(-\mathrm{i}\omega\mu)^{-1}\cdot L^{-3}$ 和 $H_z(\omega)\overset{kr\to\infty}{=\!=}\left(87.248D/\sqrt{2}\right)\cdot\rho\cdot(-\mathrm{i}\omega\mu)^{-1}\cdot L^{-3}$ 。相对于“近区”场，“远区”场随位置的变化速度更快。若采用“全区”视电阻率处理技术，无论“远区”和“近区”均可进行中、浅层的三维电性目标的勘探。

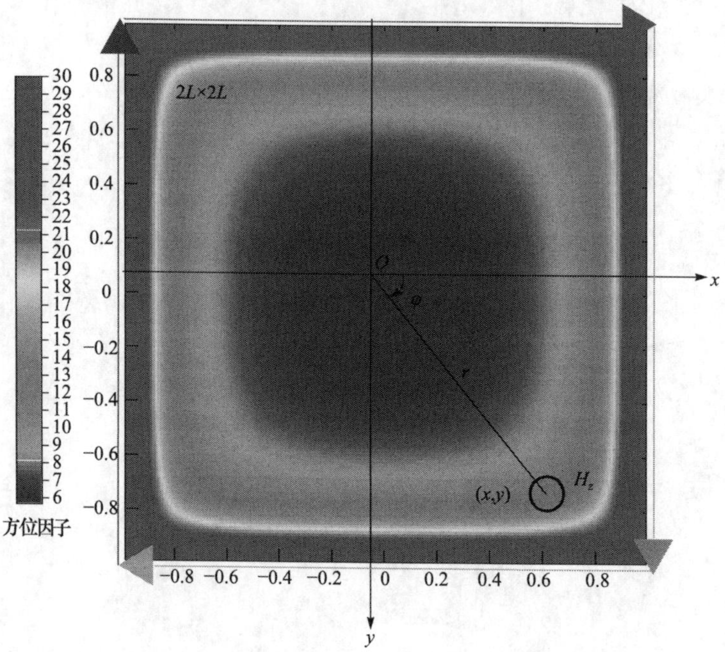

图 6.7 “□”字型有限长张量源的 $H_z(\omega)$ 分量“近区”方位因子随测点坐标的变化图

6.2.2 时间域关系

1. 电场水平分量

考察均匀半空间的水平电场(上阶跃)。单一 *AB* 源(不失一般性，设其与 *x* 轴的夹角为θ)供电时场分量表达式为

$$e_{xab}^{+}(t)=-B\cdot x^{-2}\left[1-3\cos^{2}(\varphi+\theta)+\operatorname{erf}(x)-2\pi^{-0.5}x\mathrm{e}^{-x^{2}}\right] \tag{6.22}$$

$$e_{yab}^{+}(t)=B\cdot x^{-2}\cdot 3\sin(\varphi+\theta)\cos(\varphi+\theta) \tag{6.23}$$

AB 源(与 *x* 轴的夹角为 0°)和 *CD* 源(与 *x* 轴的夹角为θ)同时供电时的场值经整理得

$$e_{x}^{+}(t)=\frac{-B}{x^{2}}\left[6\cos(\theta-\varphi_{7})\cos^{2}\left(\varphi+\frac{\theta-\varphi_{7}}{2}\right)-3\cos(\theta-\varphi_{7})-\frac{1}{2}+\operatorname{erf}(x)-\frac{2}{\sqrt{\pi}}x\mathrm{e}^{-x^{2}}\right] \tag{6.24}$$

$$e_{y}^{+}(t)=\frac{B}{x^{2}}\left[6\cos(\theta-\varphi_{7})\cos^{2}\left(\varphi+\frac{\theta+\varphi_{7}}{2}\right)-3\cos(\theta-\varphi_{7})+\frac{1}{2}-\operatorname{erf}(x)+\frac{2}{\sqrt{\pi}}x\mathrm{e}^{-x^{2}}\right] \tag{6.25}$$

在θ=90°的特例下：

$$e_x^+(t)=-B\cdot x^{-2}\left[3\sqrt{2}\cos^2(\varphi+22.5°)-0.5\left(3\sqrt{2}+1\right)+\mathrm{erf}(x)-2\pi^{-0.5}x\mathrm{e}^{-x^2}\right] \tag{6.26}$$

$$e_y^+(t)=-B\cdot x^{-2}\left[-3\sqrt{2}\cos^2(\varphi+67.5°)+0.5\left(3\sqrt{2}-1\right)+\mathrm{erf}(x)-2\pi^{-0.5}x\mathrm{e}^{-x^2}\right] \tag{6.27}$$

一般地，“早期”、“晚期”场值渐近式为

$$e_x^+(t)\overset{x\to\infty}{=\!=}-A\cdot\rho\cdot\left(2-3\cos^2\varphi+3\sin\varphi\cos\varphi\right)=-A\cdot\rho\cdot AF_{e_x^+}^{\mathrm{E}} \tag{6.28}$$

$$e_y^+(t)\overset{x\to\infty}{=\!=}-A\cdot\rho\cdot\left(3\cos^2\varphi-1+3\sin\varphi\cos\varphi\right)=-A\cdot\rho\cdot AF_{e_y^+}^{\mathrm{E}} \tag{6.29}$$

$$e_x^+(t)\overset{x\to 0}{=\!=}-A\cdot\rho\cdot\left(1-3\cos^2\varphi+3\sin\varphi\cos\varphi\right)=-A\cdot\rho\cdot AF_{e_x^+}^{\mathrm{L}} \tag{6.30}$$

$$e_y^+(t)\overset{x\to 0}{=\!=}-A\cdot\rho\cdot\left(3\cos^2\varphi-2+3\sin\varphi\cos\varphi\right)=-A\cdot\rho\cdot AF_{e_y^+}^{\mathrm{L}} \tag{6.31}$$

方位因子(上标 E 和 L 表示“早期”和“晚期”)表达式同频率域的相同。注意到 $e_y^+(t,\varphi)=-e_x^+(t,90°-\varphi)$，即 $e_x^+(t)$ 和 $e_y^+(t)$ 同质化，且激发源能量向高角度方位偏移，$e_x^+(t)$ 场值零值点向低方位后撤。大致在 $\varphi>\varphi_7$ 的区域，归一化函数都是单调的函数，有利于“全期”视电阻率的计算。

2. 磁场水平分量

均匀半空间介质中水平磁场(上、下阶跃和过零、不过零方波激发均类同，此处取“+”字型张量源且上阶跃激发方式)的计算公式为

$$h_x'(t)=\frac{2B}{\mu\cdot r}\cdot\mathrm{e}^{-0.5x^2}\cdot\left[(I_0-I_1)(\cos^2\varphi+0.5\sin2\varphi)x^2+I_1(1-4\cos^2\varphi-2\sin2\varphi)\right] \tag{6.32}$$

$$h_y'(t)=\frac{-2B}{\mu\cdot r}\cdot\mathrm{e}^{-0.5x^2}\cdot\left[(I_0-I_1)(\cos^2\varphi-1-0.5\sin2\varphi)x^2+I_1(3-4\cos^2\varphi+2\sin2\varphi)\right] \tag{6.33}$$

注意到，当 $x\to0$ 时 $I_0\approx1+x^4/16+x^8/1024$ 和 $I_1\approx x^2/4+x^6/128$，得“晚期”渐近式：

$$h_x'(t)\overset{x\to 0}{=\!=}0.5B\cdot(\mu\cdot r)^{-1}\cdot x^2\cdot\left[1-(\cos^2\varphi+\sin\varphi\cos\varphi)\cdot x^2\right] \tag{6.34}$$

$$h_y'(t)\overset{x\to 0}{=\!=}0.5B\cdot(\mu\cdot r)^{-1}\cdot x^2\cdot\left[1-(\sin^2\varphi+\sin\varphi\cos\varphi)\cdot x^2\right] \tag{6.35}$$

即 x 方向和 y 方向水平磁场导数同质化，均逼近于单一源激发下的 y 方向水平磁场导数，且激发源能量对方位角不敏感。

当 $x\to\infty$ 时，$I_0\approx\frac{1}{\sqrt{\pi x}}\cdot\mathrm{e}^{0.5x^2}\cdot\left(1+\frac{1}{4x^2}+\frac{9}{32x^4}\right)$、$I_1\approx\frac{1}{\sqrt{\pi x}}\cdot\mathrm{e}^{0.5x^2}\cdot\left(1-\frac{3}{4x^2}-\frac{15}{32x^4}\right)$ 和 $x^2\left(I_0-I_1\right)\approx\frac{1}{\sqrt{\pi x}}\cdot\mathrm{e}^{0.5x^2}\cdot\left(1+\frac{3}{4x^2}\right)$，可得“早期”渐近式：

$$h_x'(t)\overset{x\to\infty}{\approx}\frac{2B}{\mu\cdot r}\cdot\frac{1}{\sqrt{\pi x}}\cdot\left(1-3\cos^2\varphi-\frac{3\sin2\varphi}{2}\right)=\frac{2B}{\mu\cdot r}\cdot\frac{1}{\sqrt{\pi x}}\cdot AF_{h_x'}^{\mathrm{E}} \tag{6.36}$$

$$h'_y(t) \overset{x\to\infty}{\approx} -\frac{2B}{\mu \cdot r}\cdot\frac{1}{\sqrt{\pi x}}\cdot\left(2-3\cos^2\varphi+\frac{3\sin 2\varphi}{2}\right)=\frac{2B}{\mu \cdot r}\cdot\frac{1}{\sqrt{\pi x}}\cdot AF^{\mathrm{E}}_{h'_y} \tag{6.37}$$

方位因子分别与频率域 $H_x(\omega)$ 和 $H_y(\omega)$ 的远区渐近表达式中的一致。

从图 6.8 可以看出，张量源的激发方式改变了场分量的能量分布状态和方位因子的大小。①y 方向水平磁场导数：采用单一源，在 $\varphi=\varphi_2$ 的方位上“早期”场值过零。采用张量源，场值增大；“早期”的零值点后退到 $\varphi=\varphi_9$ 的方位；场的能量更集中在 $\varphi=40°$～$90°$的方位。②x 方向水平磁场导数：场值增大；新生成一个“早期”的零值点 $\varphi=90°-\varphi_9$；场的能量更集中在 $\varphi=0°$～$50°$的方位。事实上，在张量源下，x 方向成了 y 方向水平磁场导数的反像，即同质化 $h'_y(t,\varphi)=-h'_y(t,90°-\varphi)$。③张量源的激发方式改变了场量的能量分布状态和方位因子的大小，x 方向和 y 方向的分量是“此长彼消”的关系，而 $e^+_x(t)$ 和 $h'_y(t)$、$e^+_y(t)$ 和 $h'_x(t)$ 则是同步“消长”的。

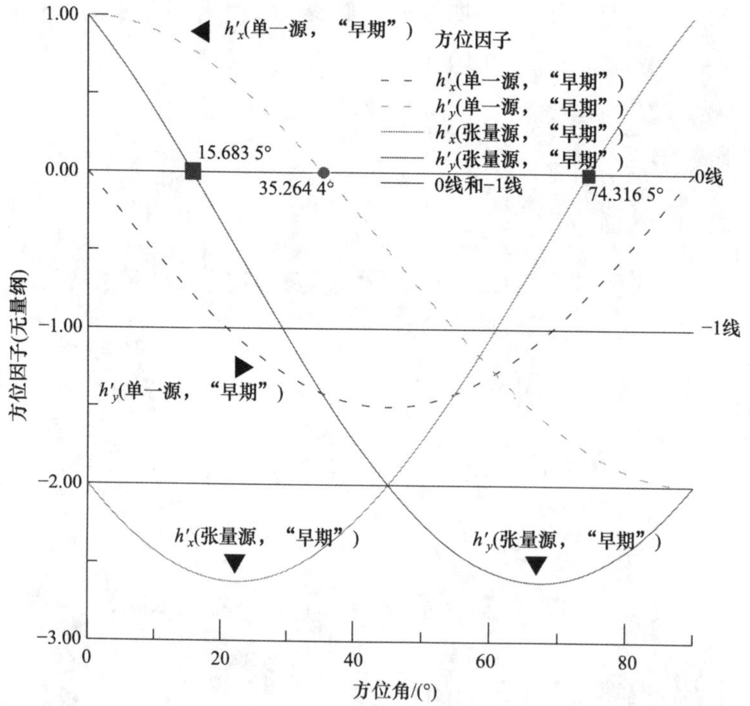

图 6.8　张量源的 x 方向和 y 方向两个水平磁场导数“早期”方位因子随方位角的变化图

现在考察另外一种特别的有限长线源的叠加情况。考虑到水平磁场导数与张量激发源的“场值对称冲零”特点，可以重点研究分离的“∟”字型叠加张量源激发方式(图 6.5)。

在早期，经对有限长线源的积分和对“∟”字型张量源的叠加后，场值表达式与频率域的一致，仅存在系数的差别。方位因子图亦如图 6.6 所示。

下面重点考察“晚期”特性。单一有限长线源水平磁场导数(x 方向)在晚期的场值积分为

$$h'_x(t) \overset{x\to 0}{\approx} D\cdot\mu^2\cdot t^{-3}\cdot\rho^{-2}\cdot\left[\left(4L^2\right)\cdot(x-y)\right]/256 = D\cdot\mu^2\cdot t^{-3}\cdot\rho^{-2}\cdot AF^{\mathrm{L}}_{h'_x}/256 \quad (6.38)$$

方位因子的分布图是以对角线取零值将空间分成正负两个区域。场值与时间 t^{-3} 成正比。单一有限长线源的水平磁场导数(y 方向)在晚期的场值与方位无关，积分结果为

$$h'_y(t) \overset{x\to 0}{\approx} -D\cdot\mu\cdot t^{-2}\cdot\rho^{-1}\cdot\left(4L\right)/32 \quad (6.39)$$

场值与 t^{-2} 成正比。场在空间上是均匀分布的。因此，采用“∟”字型叠加张量源激发方式后，x 方向和 y 方向水平磁场导数同质化，且约等同于 y 方向水平磁场导数的叠加(加倍)，也即

$$h'_x(t) \overset{x\to 0}{\approx} h'_y(t) \overset{x\to 0}{\approx} -D\cdot\mu\cdot t^{-2}\cdot\rho^{-1}\cdot\left(8L\right)/32 \quad (6.40)$$

场在空间上是均匀分布的。

总之，水平磁场导数在早期可以避开场值的零值区域，在晚期一次场则在空间上近于平面波均匀分布。理论上，可在“∟”字型叠加张量源激发方式的正方形区域作局部三维目标的勘测，且能保持各测点信噪比的均衡性。

3. 磁场垂直分量

在“+”字型张量源上阶跃激发下，垂直磁场导数表达式为

$$h'_z(t) = 3B\cdot(\sin\varphi+\cos\varphi)\cdot\left(\mu\cdot r\right)^{-1}\cdot x^{-2}\left[\operatorname{erf}\left(x\right)-2\pi^{-0.5}x\left(1+2x^2/3\right)\mathrm{e}^{-x^2}\right] \quad (6.41)$$

将其“早期”渐近式：

$$h'_z(t) \overset{x\to\infty}{=\!=} 3B\cdot\left(\mu\cdot r\right)^{-1}\cdot(\sin\varphi+\cos\varphi)\cdot x^{-2} \quad (6.42)$$

对比于水平磁场分量，可见垂直磁场导数归一化函数与 x^{-2} 成正比，而水平磁场导数与 x^{-1} 成正比。对于早期 $x>1$，水平磁场导数相比垂直磁场导数处于优势。就场值本身而言，垂直磁场导数为常数，而水平磁场导数则随延迟时间变小而趋于无穷大。

将其“晚期”渐近式：

$$h'_z(t) \overset{x\to 0}{=\!=} 1.6B\cdot\pi^{-0.5}\cdot\left(\mu\cdot r\right)^{-1}\cdot(\sin\varphi+\cos\varphi)\cdot x^3 \quad (6.43)$$

对比于水平磁场分量，可见垂直磁场导数与 x^3 成正比，而水平磁场导数与 x^2 成正比。对于晚期 $x<1$，水平磁场导数相比垂直磁场导数处于优势。

一般而言，垂直磁场导数优势体现在：归一化函数为恒正或恒负的双值函数；对电阻率参数更灵敏；水平线圈测量更容易。

但是，在张量源激发的情况下，x 方向和 y 方向水平磁场导数已同质化，且可通过适当地选取张量源的方位而避开水平磁场导数的零值点，亦因此具有了垂直磁场导数的“归一化函数为恒正或恒负的双值函数”的优良特性。第 2 章的试验基本模型的模拟结果表明：在某些情况下，水平磁场导数对电性的反映更灵敏。考虑到水平磁场导数与张量激发源的“场值对称冲零”特点，或可采用分离的“∟”字型张量源使水平磁场导数测量也能用于浅层的局部目标勘探，此张量源下时间域早期渐近公式的方位因子图与频率

域的完全相同(图 6.7)。

对大回线(图 6.7，类磁偶极子，“□”字型张量源)激发方式，垂直磁场导数在“晚期”的场值只与测点到线源的垂向距离有关，换言之，与方位角无关。采用针对有限长线源积分和四个方位张量源的叠加，总场值表达式为

$$h_z'(t) \overset{x\to 0}{=\!=} -0.4D\cdot\pi^{-0.5}\cdot\mu^{1.5}\cdot t^{-2.5}\cdot\rho^{-1.5}\cdot L^2 \tag{6.44}$$

就是说，场值是均匀的，且大小与大回线面积成正比。

考察“早期”渐近特征：

$$h_z'(t) \underset{x\neq\pm L;y\neq\pm L}{\overset{x\to\infty}{\approx}} D\cdot\rho\cdot\mu^{-1}\cdot AF_{h_z'}^{\mathrm{E}} = D\cdot\rho\cdot\mu^{-1}\cdot AF_{H_z}^{\mathrm{F}} \tag{6.45}$$

为常数，即不随延迟时间而变化，相对应的，在频率域的感应电动势则与频率无关。

当 $x=y=0$ 时，$h_z'(t) \overset{x\to\infty}{\approx} D\cdot\rho\cdot\mu^{-1}\cdot\left(20/\sqrt{2}\right)\cdot L^{-3}$。

这些结果也与时间域中心回线方式(“◎”字型)的一致(注意面积等效)。补充说明：当测点逃出线圈之外时，就渐变为分离的磁偶极子发射和磁偶极子接收的 S-s 方式(“□—○”字型或“○—○”字型)，而其资料处理的方法相应地过渡到基于磁偶极子源的场的解析解。本书所述的电偶极子源的方法技术完全可以类推到磁偶极子源方法。

6.3　张量源下“全区”和“全期”视电阻率

6.3.1　一维介质中场的计算公式

不失一般性，设 CD 源相对 AB 源旋转了 θ 角(图 6.1)，按单一源激发下的正演公式计算完成后得到相应分量 $\Theta_x(\omega,t)$ 和 $\Theta_y(\omega,t)$，则张量源激发下的场值[$\Gamma_x(\omega,t)$ 和 $\Gamma_y(\omega,t)$](频率域和时间域)统一按以下公式合成

$$\begin{cases}\Gamma_x(\omega,t)=\Theta_x(\omega,t)(1+\cos\theta)+\Theta_y(\omega,t)\sin\theta\\ \Gamma_y(\omega,t)=\Theta_y(\omega,t)(1+\cos\theta)-\Theta_x(\omega,t)\sin\theta\end{cases} \tag{6.46}$$

而垂直磁场计算公式则为

$$H_z(\omega,t)=H_z(\omega,t,\varphi)+H_z(\omega,t,\varphi+\theta) \tag{6.47}$$

设若考虑有限长线源加张量的观测方式，则不论是“+”字型、“∟”字型、“∠”字型又或“□”字型，在利用上式合成之前要完成相应分量 $\Theta_x(\omega,t)$ 和 $\Theta_y(\omega,t)$ 的求积计算。对“∟”字型或“∠”字型或“□”字型，多个源的中心点不重合，求积时要特别注意积分路径。

6.3.2　频率域“全区”视电阻率

采用张量源的目的之一是寻求场值的非零化和最大化，以提高资料采集品质。另一个目的是期望在高角度方位所界定的测量范围内，使场的归一化函数能保持较好的形态

一致性，便于计算“全区”视电阻率。

下面仅以 $E_x(\omega)$ 为例，阐述张量源激发下“全区”视电阻率的定义和求解方法。其他电、磁分量类同；磁场还要考虑归一化函数的双值特性；对电场分量还可用“非直电场”方式处理。

设若采用“＋”字型电偶极子的张量源激发，并假定 $\theta=90°$，改写均匀半空间的 $E_x(\omega)$ 表达式并获得其渐近式：

$$E_x(\omega)=A\cdot\rho\cdot\left[3\sqrt{2}\cos^2(\varphi+\varphi_{11})-0.5\left(3\sqrt{2}+1\right)+(1+kr)\mathrm{e}^{-kr}\right]$$
$$\begin{cases}\overset{kr\to\infty}{=}A\cdot\rho\cdot\left[3\sqrt{2}\cos^2(\varphi+\varphi_{11})-0.5\left(3\sqrt{2}+1\right)\right]\\ \overset{kr\to 0}{=}A\cdot\rho\cdot\left[3\sqrt{2}\cos^2(\varphi+\varphi_{11})-0.5\left(3\sqrt{2}-1\right)\right]\end{cases}\tag{6.48}$$

可以看出：“远区”和“近区”的零值点分别在 $\varphi=\varphi_9$ 和 $\varphi=\varphi_{10}$ 处。

“全区”视电阻率 $\rho_{E_x}^{\mathrm{A}}(\omega)$ 的定义是以 $k=\sqrt{(-\mathrm{i}\omega\mu)/\rho_{E_x}^{\mathrm{A}}(\omega)}$ 形式隐含在以下对实测资料的拟合等式中：

$$E_x(\omega)=C\cdot(-\mathrm{i}\omega\mu)\cdot F_{E_x}(kr)\tag{6.49}$$

其中，拟合时用以计算假想等效的均匀半空间理论归一化函数为

$$F_{E_x}(kr)=(kr)^{-2}\cdot\left[3\cos^2\varphi-2-3\sin\varphi\cos\varphi+(1+kr)\mathrm{e}^{-kr}\right]\tag{6.50}$$

它的振幅(其曲线如图 6.9 所示，取 $\Delta\varphi=1°$)基本特征与电偶极子激发下的结果(图 2.9)有所不同。①在 $\varphi=\varphi_9$ 方位上，归一化函数高频趋于零。②在 $\varphi=\varphi_{10}$ 方位上，场值在低频趋于零，归一化函数则单调地趋于常数 0.5。③在 $\varphi>\varphi_{10}$ 时归一化函数没有奇点，且为单调函数，可采用“二分法”直接求出“全区”视电阻率。因为没有奇点和零值点，所

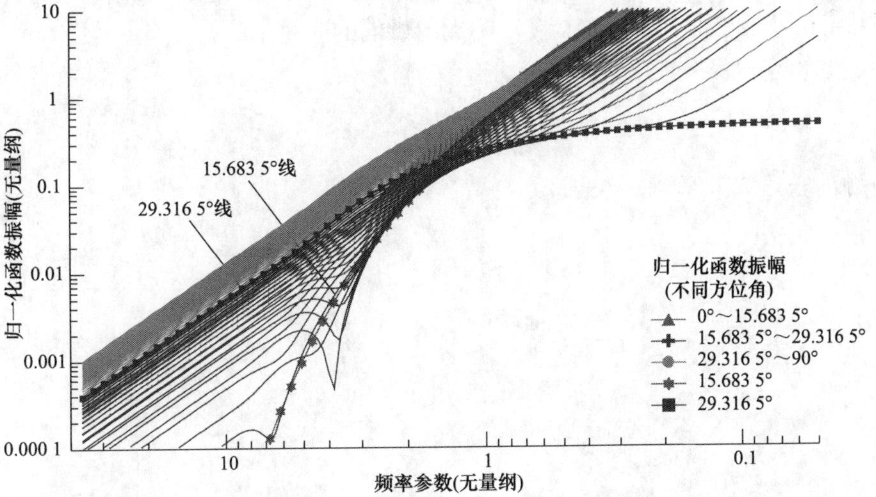

图 6.9　均匀半空间归一化函数 $F_{E_x}(kr)$ 在不同方位角时的振幅曲线

图中红色区域对应 $\varphi<\varphi_9$，单调间或出现三值。蓝色区域对应 $\varphi_9<\varphi<\varphi_{10}$，间或也出现三值。因在这两个方位上，远、近区近似必须过零值点。其他方位归一化函数是单调的。$\Delta\varphi=1°$

以“全区”视电阻率的解更光滑，解的过程更稳定。用“二分法”搜索“全区”视电阻率的过程中，涉及归一化函数理论值的计算，必须使用针对有限长线源的数值积分和针对张量源的叠加处理技术。④在 $\varphi_9 < \varphi < \varphi_{10}$ 时归一化函数可能出现三值形态也可能是单调的(过渡位置需要采用数值逼近法获取)，要按第 2 章所述方法求解“虚拟全区”视电阻率。当然，实际勘探设计时，对 $\varphi < \varphi_{10}$ 甚至 $\varphi < \varphi_7$ 的情况，可将 *CD* 源的电流反向供电。这样就自然避开了零值和三值的局面。⑤在 $\varphi < \varphi_9$ 时，归一化函数单调。

6.3.3　时间域“全期”视电阻率

仅以 $e_x^+(t)$ 为例。若采用“＋”字型电偶极子的张量源激发，均匀半空间的 $e_x^+(t)$ 表达式为

$$e_x^+(t) = -B \cdot x^{-2}\left[3\sqrt{2}\cos^2(\varphi+\varphi_{11}) - 0.5\left(3\sqrt{2}+1\right) + \mathrm{erf}(x) - 2x\mathrm{e}^{-x^2}/\sqrt{\pi}\right] \tag{6.51}$$

“早期”、“晚期”视电阻率的零值点分别在 $\varphi = \varphi_9$ 和 $\varphi = \varphi_{10}$ 方位上。

设有均匀半空间的理论归一化函数表达式为

$$T_{e_x^+}(x) = x^{-2}\left[3\sqrt{2}\cos^2(\varphi+22.5°) - 0.5\left(3\sqrt{2}+1\right) + \mathrm{erf}(x) - 2\pi^{-0.5}x\mathrm{e}^{-x^2}\right] \tag{6.52}$$

对实测资料而言，“全期”视电阻率 $\rho_{e_x^+}^{\mathrm{A}}(t)$ 的定义将以 $x = r\sqrt{\mu/[4\rho_{e_x^+}^{\mathrm{A}}(t)t]}$ 的形式隐含在以下拟合等式中：

$$T_{e_x^+}(x) = e_x^+(t)/(-B) \tag{6.53}$$

基于理论归一化函数的两个基本特性：①在 $\varphi = \varphi_9$ 和 $\varphi = \varphi_{10}$ 时出现零值；②在 $\varphi > \varphi_{10}$ 时没有奇点，且为单调函数。若保持在 $\varphi > \varphi_7$ 的方位进行勘探，一般而言，因归一化函数的形态基本上是单调的，“全期”视电阻率存在唯一解，可采用“二分法”直接求解。而对 $\varphi < \varphi_7$ 的区域，则简单采用对 *CD* 源反向供电的应对策略。

对“非恒定电场”或下阶跃响应，有

$$e_x^-(t) = B \cdot x^{-2}\left[\mathrm{erf}(x) - 2x\mathrm{e}^{-x^2}/\sqrt{\pi}\right] \tag{6.54}$$

同单一源的表达式是完全一样的，不复赘言。

参 考 文 献

陈高，张明玉，苏朱刘，等，2012. 复视电阻率法(CR)在浅层油藏探测中的应用[J]. 工程地球物理学报，9(6)：726-731.

陈乐寿，王光锷，1990. 大地电磁测深法[M]. 北京：地质出版社.

陈乐寿，刘任，王天生，等，1989. 大地电磁测深资料处理与解释[M]. 北京：石油工业出版社.

陈重，崔正勤，2002. 电磁场理论基础[M]. 北京：北京理工大学出版社.

邓建中，葛仁杰，程正兴，等，1985. 计算方法[M]. 西安：西安交通大学出版社.

傅良魁，1982. 激发极化法[M]. 北京：地质出版社.

傅良魁，1983. 电法勘探教程[M]. 北京：地质出版社.

何继善，2010. 广域电磁测深法研究[J]. 中南大学学报：自然科学版，41(3)：1065-1072.

赫尔曼，1985. 由投影重建图像：CT 的理论基础[M].北京：科学出版社.

霍进，黄景龙，吴成友，等，2004. 复电阻率法在浅层稠油油气检测中的应用[J]. 特种油气藏，11(3)：21-24.

李金铭，2005. 地电场与电法勘探[M]. 北京：地质出版社.

刘崧，1998. 谱激电法[M]. 武汉：中国地质大学出版社.

柳建新，董孝忠，郭荣文，等，2012. 大地电磁测深法勘探：资料处理、反演与解释[M].

朴化荣，1990. 电磁测深法原理[M]. 北京：地质出版社.

苏朱刘，1988. 由实测视电阻率曲线求转换函数的一种新方法[J]. 石油地球物理勘探，23(1)：119-120，130.

苏朱刘，胡文宝，2002a. AB-s 方式瞬变电磁测深资料处理方法研究[J]. 石油地球物理勘探，37(3)：262-266.

苏朱刘，胡文宝，2002b. 大地电磁测深“降维逼近法”二维反演[J]. 石油地球物理勘探，37(5)：516-523.

苏朱刘，胡文宝，2002c. 中心回线方式瞬变电磁测深虚拟全区视电阻率和一维反演方法[J]. 石油物探，41(2)：216-221.

苏朱刘，胡文宝，2004. 复合源电磁测深法的实现和解释方法研究[J]. 江汉石油学院学报，26(1)：42-44.

苏朱刘，严良俊，胡文宝，等，1996. 瞬变电磁资料的处理和解释[J]. 石油物探，35(增刊)：6-11.

苏朱刘，胡文宝，戴远东，等，2002a. 电磁勘探中磁场的直接测量方法[J]. 江汉石油学院学报，24(3)：18-20.

苏朱刘，罗延钟，胡文宝，等，2002b. 大地电磁测深“正演修正法”一维反演[J]. 石油地球物理勘探，37(2)：138-144.

苏朱刘，胡文宝，张翔，等，2004a. 电磁资料中的物理去噪法[J]. 工程地球物理学报，1(2)：110-115.

苏朱刘，张交东，胡文宝，等，2004b. 瞬变电磁法中磁场的特性及测量方法[J]. 工程地球物理学报，1(1)：70-73.

苏朱刘，胡文宝，严良俊，等，2005a. 电阻率和极化率测深法的正演修正法反演[J]. 石油物探，44(2)：194-198.

苏朱刘，吴信全，胡文宝，等，2005b. 复视电阻率(CR)法在油气预测中的应用[J]. 石油地球物理勘探，40(4)：467-471.

苏朱刘，胡文宝，颜泽江，等，2009. 油气藏上方激电谱的野外观测试验结果及分析[J]. 石油天然气学报， 31(6)：59-64.

汤井田，何继善，2005. 可控源音频大地电磁法及其应用[M]. 长沙：中南大学出版社.

王家映，2002. 地球物理反演理论[M]. 北京：高等教育出版社.

王耀南，2003. 智能信息处理技术[M]. 北京：高等教育出版社.

吴小平，徐果明，卫山，等，1998. 利用新的 MT 视电阻率定义识别薄互层[J]. 石油地球物理勘探，33(3)：328-335.

殷长春，朴化荣，1991. 电磁测深法视电阻率定义问题的研究[J]. 物探与化探，15(4)：290-299.

张建国，武欣，齐有政，等，2014. 时间域编码电磁勘探方法研究[J]. 雷达学报，3(2)：158-165.

张翔，胡文宝，严良俊，等，1999. 大地电磁测深中的地形影响与校正[J]. 江汉石油学院学报，21(1)：46-50.

赵一丹，何展翔，郑求根，等，2014. 时频电磁法含油气有利区预测在 T 盆地的应用[J]. 石油地球物理勘探，49(增刊 1)：228-232.

ANDERSSEN R S，1975. On the inversion of global electromagnetic induction data[J]. Physics of the earth and planetary interiors，10(3): 292-298.

BACKOUS G E，GILBERT J F，1967. Numerical application of a formulism for geophysical inverse problem[J]. Geophysical journal international，13(1/3): 247-276.

BACKOUE G E，GILBERT J F，1968. The resolving power of gross earth data[J]. Geophysical journal international，16(2): 169-205.

BACKOUS G E，GILBERT J F，1970. Uniqueness in the inversion of inaccurate gross Earth data[J]. Philosophical Transactions of the Royal Society of London，Series A，Mathematical and Physical Sciences，266(1173): 123-192.

BAILEY R C，1970. Inversion of the geomagnetic induction problem[J]. Proceedings of the Royal Society of London, Series A, Mathematical and Physical Sciences，315(1521): 185-194.

BERDICHEVSKY M N，DMITRIEV V I，1976. Basic principles of interpretation of magnetotelluric sounding curves[C]//ADAM A. Geolectric and geothermal studies.Budapest: Akademiai Kiado:163-221.

BOSTICK F X，1977. A simple almost exact method of MT analysis[C]//Workshop of Electrical Methods in Geothermal Exploration: University of Utah，Research Institute，US Geological Survey. Utah: University of Utah: 174-183.

BOSTICK F X，1986. Electromagnetic array profiling (EMAP) [C]//56th Ann. Mtg. Soc. Expl. Geophys. Expanded Abstracts：60-61.

BROWN R J，1985. EM coupling in multifrequency IP and a generalization of the Cole-Cole impedance model[J]. Geophysical prospecting，33(2)：282-302.

CAMPBELL W H，1987. Introduction to electrical properties of the Earth's mantle[J]. Pure applied geophysics，125(2/3)：193-204.

CONSTABLE S C，PARKER R L，CONSTABLE C G，et al.，1987. Occam's inversion：a practical algorithm for generating smooth models from EM sounding data[J]. Geophysics，52(1)：289-300.

D'ERCEVILLE I，KUNETZ G，1962. The effect of a fault on the earth's natural electromagnetic field[J]. Geophysics，27：651-665.

GROOM R W，KURTZ R D，JONES A G，et al.，1993. A quantitative methodology to extract regional magnetotelluric impedance and determine of the conductivity structure[J]. Geophysical journal international，115(3): 1095-1118.

HOBBS B A，DUMITRESCU C C, 1997. One-dimensional magnetotelluric inversion using an adaptation od Zohdy's resistivity method[J]. Geophysical prospecting，45(6)：1027-1044.

JACKSON D D，1972. Interpretation of inaccurate，insufficient，and inconsistent data[J]. Geophysical journal international，28(2)：97-109.

JUPP D L B, VOZOFF K, 1975. Stable iterative methods for the inversion of geophysical data[J]. Geophysical journal international, 42(3): 957-976.

KAUFMAN A A, KELLER G V, 1983. Frequency and transient soundings[M]. Amsterdam:Elsevier.

KENNETH P W, DOUGLAS W O, 1992. Inversion of magnetotelluric data for a one dimensional conductivity[M]//DAVID V. Fgeophysical monography series: 5th . Tulsa: Society of Exploration Geophysicists.

NABIGHIAN M N, 1988. Electromagnetic methods in applied geophysics:Vol. 1, Theory[G]. Tulsa:Society of Exploration Geophysicists.

PARKER R L, 1984. The inversion problem of resistivity sounding[J]. Geophysics, 49(12): 2143-2158.

PARKER R L, 1976. Understanding inverse theory[J]. Annual review of earth and planetary sciences, 5(1): 35-64.

RANGANAYAKI R P, 1984. An interpretive analysis of magnetotelluric data[J]. Geophysics, 49(10): 1730-1748.

SASAKI Y, 1989. Two-dimensional joint inversion of Magnetotelluric and dipole-dipole resistivity data[J]. Geophysics, 54(2): 254-262.

SHENG Y, 1986. A single apparent resistivity expression for long-offset transient electromagnetics[J]. Geophysics, 51(6): 1291-1297.

SIMMS J E, MORGAN F D, 1992. Comparison of four least-squares inversion schemes for studying equivalence in one. dimensional resistivity interpretation[J]. Geophysics, 57(10): 1282-1293.

SMITH J T, BOOKER J R, 1988. Magnetotelluric inversion for minimum structure[J]. Geophysics, 53(12): 1565-1576.

SPITZ S, 1985. The magnetotelluric impedance tensor properties with respect to rotations[J]. Geophysics, 50 (12): 1610-1617.

STERNBERG B K, WASHBURNE J C, PELLERIN L, et al., 1988. Correction for the static shift in magnetotellurics using transient electromagnetic soundings[J]. Geophysics, 53(11): 1459-1468.

STRACK K M, LIISCHEN E, KÖTZ A W, 1990. Long offset transient electromagnetic (LOTEM) soundings applied to deep crustal studies in Southern Germany[J]. Geophysics, 55(7): 834-842.

SU Z L, YAN L J, CHEN Q L, et al., 1997. Synchronized Array MT Sounding in mountain areas[J]. The leading edge, 16(4): 375-378.

TATORRACA G A, MADDEN T R, KORRINGA J, 1986. An analysis of the magnetotelluric impedance for three dimensional conductivity structures[J]. Geophysics, 51 (9): 1819-1829.

WARD S H, HOHMANN G W, 1988. Electromagnetic theory for Geophysical applications[G]//NABIGHIAN M N. Electromagnetic methods in applied geophysics: Vol. l, Theory. Tulsa: Society of Exploration Geophysicists: 130-311 .